高职高专土建施工与规划园林系列"十二五"规划教材

# 园林生态

- 主　编　白　涛　杨艳芳
- 副主编　张文颖　蔡绍平　张庆华
- 参　编　蔡京勇　汪　洋　周火明
　　　　　李宏星　张　薇
- 主　审　张运山

华中科技大学出版社
http://www.hustp.com
中国·武汉

# 内 容 提 要

本书以园林植物环境、园林植物群落和园林生态系统为研究对象,探讨了城市及其周边区域内园林生物与环境之间的生态关系,强调园林与人类之间的协调。全书共 11 个单元。首先,从植物所处的环境出发,介绍植物与环境的相互关系,重点阐明与园林生态环境密切相关的各主要生态因子(光照、温度、水分、大气、土壤、生物等)的基本特征,这些生态因子对园林植物的生态作用和园林植物对这些生态因子的耐性、适应性及其生态类型。同时,还研究这些因子在园林中的调控应用。然后,在此基础上引入种群、群落和生态系统,研究群落的结构特征、发生发展和演替规律等。生态系统的研究是把植物群落和其生态环境视为不可分割的整体,着重研究生态系统内植物、动物、微生物与其所处环境之间的相互关系及各成分之间物质循环、能量转换、信息传递的过程。紧接着,详细阐述园林生态系统,介绍城市生态系统,园林生态系统组成、结构及类型、功能与调控,提出园林生态规划的含义。最后,就园林生态最关注的热点实践问题即园林植物的生态配置进行了论述。

本书为适应高等职业院校课程改革的需要,针对园林生态的实际情况,在编写时强调了实验、实训教学环节,着重加强学生职业能力的培养。本书可作为高职高专院校园林、林学、园艺等专业学生的教材,也可作为相关专业中等职业教育、各类成人教育的教材,还可供城镇园林管理、园林规划决策者和研究者阅读参考。

**图书在版编目(CIP)数据**

园林生态/白 涛 杨艳芳 主编.—武汉:华中科技大学出版社,2010.9(2022.7重印)
ISBN 978-7-5609-6503-1

Ⅰ.园… Ⅱ.①白… ②杨… Ⅲ.园林植物-植物生态学-高等学校:技术学校-教材
Ⅳ.S688

中国版本图书馆 CIP 数据核字(2010)第 160936 号

**园林生态** 白 涛 杨艳芳 主编

策划编辑:袁 冲
责任编辑:沈婷婷
封面设计:刘 卉
责任校对:朱 玢
责任监印:徐 露
出版发行:华中科技大学出版社(中国·武汉)  电话:(027)81321913
　　　　　武汉市东湖新技术开发区华工科技园　邮编:430223
录　　排:武汉市兴明图文信息有限公司
印　　刷:广东虎彩云印刷有限公司
开　　本:787mm×1092mm　1/16
印　　张:16.25
字　　数:420 千字
版　　次:2022 年 7 月第 1 版第 10 次印刷
定　　价:32.00 元

本书若有印装质量问题,请向出版社营销中心调换
全国免费服务热线:400-6679-118　竭诚为您服务
版权所有　侵权必究

# 前　言

长期以来，随着人口的迅猛增长、工业的飞速发展、城市化进程的快速推进，出现了一系列的环境问题，如温室效应、臭氧层被破坏、水体污染、土地荒漠化、濒危物种灭绝、大气污染等。特别是在城市范围内，城市环境污染、城市病等对人类的影响已越来越明显，人们的身体健康受到威胁，人类的社会发展也受到限制。与此同时，随着社会的发展进步，人类对居住和工作环境的质量要求越来越高，这就迫切要求加快生态园林城市建设的步伐。就协调城市发展与环境而言，园林生态可以从理论和实践的角度解决和协调上述关系。大地园林化与城市园林化是改善人居环境的重要举措之一，生态环境的治理与保护是园林规划建设的基本目标之一。

园林生态主要研究城市及其周边区域内园林生物与环境之间的生态关系，强调园林与人类之间的和谐、协调。它的研究内容在城市生态建设、绿化、规划、管理等方面具有重要的理论意义和生产实践价值。

多年来，有关园林生态的书籍较多，但大多偏向理论介绍。根据教育部《关于全面提高高等职业教育教学质量的若干意见》(教高〔2006〕16号)的文件精神，编者在充分调研了国内外有关园林生态教材的基础上，结合20多年教学和实际工作经验，针对高等职业技术教育的特点，对园林生态领域的相关内容进行重组，在生态理论介绍的基础上，更加注重实践能力的培养。每个单元后面都有实验实训的内容，并有复习思考题，使学生不但能够掌握园林生态的理论知识，而且能够运用理论知识，指导城市园林建设的生产实践。

本书主要从四个方面进行论述：园林生态环境、园林生态基础、园林生态系统、园林生态实践。目的是为园林类相关专业人员提供基本的生态学理论指导，结合园林实践，从环境和生态系统的角度，培养他们的生态学意识，并最终在园林实践中体现出来。

本书由白涛(湖北生态工程职业技术学院)和杨艳芳(湖北生物科技职业学院)担任主编，张文颖(湖北生态工程职业技术学院)、蔡绍平(湖北生态工程职业技术学院)、张庆华(湖北生物科技职业学院)担任副主编。具体分工是：第1单元、附录由白涛编写；第2单元、第9单元由张文颖编写；第3单元由李宏星(湖北生态工程职业技术学院)编写；第4单元由张庆华编写；第5单元由蔡京勇(湖北生态工程职业技术学院)编写；第6单元由张薇(湖北生物科技职业学院)编写；第7单元由杨艳芳编写；第8单元由周火明(湖北生态工程职业技术学院)编写；第10单元由蔡绍平编写；第11单元由汪洋(湖北生态工程职业技术学院)编写。全书由白涛提出编写提纲并统稿修订，由陈玲玲(湖北生态工程职业技术学院)负责绘图。

本书由张运山教授(湖北生态工程职业技术学院)担任主审，对书中内容进行了审阅，并提出了许多宝贵意见。在编写过程中，本书参阅和引用了有关专家、学者的专著、论文及教材等，在此一并致以最诚挚的谢意！

鉴于时间和编者水平有限，书中难免有错漏之处，敬请专家、读者批评指正。

白　涛

2010年6月

# 目 录

**第1单元　绪论** ……………………………………………………………… (1)
 1.1　生态学概述 ………………………………………………………… (1)
 1.2　园林生态环境 ……………………………………………………… (5)
 1.3　园林生态的内容和任务 …………………………………………… (10)
 复习思考题 ……………………………………………………………… (10)

**第2单元　园林植物与光** ………………………………………………… (11)
 2.1　光的性质与变化 …………………………………………………… (11)
 2.2　光对园林植物的生态作用 ………………………………………… (12)
 2.3　园林植物对光的生态适应 ………………………………………… (16)
 2.4　光的调控在园林中的应用 ………………………………………… (18)
 技能训练 ………………………………………………………………… (20)
 实验实训一　不同群落和树冠光照强度的观测 ……………………… (20)
 复习思考题 ……………………………………………………………… (23)

**第3单元　园林植物与温度** ……………………………………………… (24)
 3.1　温度及其变化规律 ………………………………………………… (24)
 3.2　温度对园林植物的生态作用 ……………………………………… (25)
 3.3　园林植物对温度的生态适应 ……………………………………… (30)
 3.4　园林植物对城市气温的调节作用 ………………………………… (32)
 3.5　温度的调控在园林中的应用 ……………………………………… (34)
 技能训练 ………………………………………………………………… (37)
 实验实训二　植物与温度生态关系的观测 …………………………… (37)
 复习思考题 ……………………………………………………………… (40)

**第4单元　园林植物与水** ………………………………………………… (41)
 4.1　水及其变化规律 …………………………………………………… (41)
 4.2　水对园林植物的生态作用 ………………………………………… (45)
 4.3　园林植物对水的生态适应 ………………………………………… (48)
 4.4　园林植物对城市水分的调节作用 ………………………………… (54)
 4.5　园林植物对水污染的净化作用 …………………………………… (56)
 4.6　水分调控在园林中的应用 ………………………………………… (57)
 技能训练 ………………………………………………………………… (58)

实验实训三　植物与水分生态关系的观察 …………………………………………… (58)
　　复习思考题 ………………………………………………………………………………… (61)

## 第5单元　园林植物与大气 ………………………………………………………………… (62)
　　5.1　大气组成及其生态意义 …………………………………………………………… (62)
　　5.2　大气污染与园林植物 ………………………………………………………………… (64)
　　5.3　园林植物对大气污染的净化作用 …………………………………………………… (69)
　　5.4　风的生态作用与防风林 ……………………………………………………………… (74)
　　技能训练 …………………………………………………………………………………… (76)
　　实验实训四　防风林风的观测 …………………………………………………………… (76)
　　复习思考题 ………………………………………………………………………………… (77)

## 第6单元　园林植物与土壤 ………………………………………………………………… (78)
　　6.1　土壤组成 ……………………………………………………………………………… (78)
　　6.2　土壤理化性质的生态作用 …………………………………………………………… (91)
　　6.3　园林植物对土壤的适应 ……………………………………………………………… (97)
　　6.4　城市土壤与植物 …………………………………………………………………… (100)
　　技能训练 ………………………………………………………………………………… (105)
　　实验实训五　土壤剖面的野外观察 …………………………………………………… (105)
　　复习思考题 ……………………………………………………………………………… (112)

## 第7单元　园林植物与生物 ……………………………………………………………… (113)
　　7.1　植物与生物的生态关系 …………………………………………………………… (113)
　　7.2　生物关系调节在园林中的应用 …………………………………………………… (116)
　　技能训练 ………………………………………………………………………………… (120)
　　实验实训六　种间竞争和他感作用 …………………………………………………… (120)
　　复习思考题 ……………………………………………………………………………… (121)

## 第8单元　植物群落 ……………………………………………………………………… (122)
　　8.1　种群的概念及其基本特征 ………………………………………………………… (122)
　　8.2　群落的概念及其基本特征 ………………………………………………………… (126)
　　8.3　植物群落的形成与发育 …………………………………………………………… (130)
　　8.4　植物群落的演替 …………………………………………………………………… (134)
　　8.5　植物群落的分布 …………………………………………………………………… (139)
　　8.6　城市植物群落 ……………………………………………………………………… (148)
　　技能训练 ………………………………………………………………………………… (150)
　　实验实训七　植物种群与群落的调查方法 …………………………………………… (150)
　　复习思考题 ……………………………………………………………………………… (158)

## 第9单元 生态系统概述 (159)

- 9.1 生态系统的概念及其分类 (159)
- 9.2 生态系统的基本特征 (162)
- 9.3 生态系统的结构与功能 (163)
- 9.4 生态系统的平衡 (169)
- 技能训练 (170)
- 实验实训八 大学校园生态系统调查 (170)
- 复习思考题 (173)

## 第10单元 园林生态系统 (174)

- 10.1 城市生态系统概述 (174)
- 10.2 园林生态系统组成 (178)
- 10.3 园林生态系统的结构及类型 (182)
- 10.4 园林生态系统的功能 (188)
- 10.5 园林生态系统的建设与调控 (194)
- 10.6 园林生态规划 (199)
- 技能训练 (202)
- 实验实训九 某综合性公园分区规划 (202)
- 复习思考题 (202)

## 第11单元 园林生态实践 (204)

- 11.1 园林植物生态配置基础 (204)
- 11.2 户外园林植物的生态配置 (207)
- 11.3 室内园林植物的生态配置 (223)
- 技能训练 (230)
- 实验实训十 园林植物的生态配置 (230)
- 复习思考题 (231)

**附录 抗大气污染植物简表** (232)

**参考文献** (250)

# 第1单元 绪  论

掌握生态学的概念和环境因子的分类;熟悉生态因子作用的基本特征和园林生态的内容;了解生态学的发展简史。

## 1.1 生态学概述

### 1.1.1 生态学的定义

生态学(ecology)一词由德国学者海克尔(E. H. Haeckel)于1866年提出。是由希腊文词根"oikos"和"logos"演化而来。oikos之意是"生活场所"或"栖息地",logos意为学问。因此,生态学在创立时,即表达为研究生物有机体与其生活场所之间相互关系的科学。生态学发展至今,其内涵与外延都有了变化。其中最重要的变化是:随着人类活动强度的激增和范围的日趋广阔,人与自然界的协调关系出现了问题。怎样使人与自然、发展经济与保护环境得到协调和持续的发展,这一问题促使生态学的研究内容和任务扩展到人类社会、渗入到人类的经济活动,并成为当今各国政府指导有关发展和建设决策的理论依据。生态学的定义不能局限于当初经典的含义,对此,学者们曾有过很多不同的表述,如美国生态学家 E. Odum(1956)提出的定义是:生态学是研究生态系统结构和功能的科学。我国著名生态学家马世骏认为,生态学是研究生命系统和环境系统相互关系的科学。归纳各方观点,结合生态学发展趋势,本书将生态学表述为:研究生物生存条件、生物及其群体与环境相互作用的过程及其规律的科学,其目的是指导人与生物圈(即自然、资源与环境)的协调。

### 1.1.2 生态学研究的对象

生态学的研究对象并不是一成不变的,它是随着生态学的发展不断演变的。它所研究的往往是当时人类所面临亟待解决的与生存相关的环境问题。传统的经典生态学以个体、种群、群落等不同的生命体系为研究对象。随着现代科技的发展和人们对环境认识的深入,生态学研究日趋系统化和复杂化,近代生态学有向微观和宏观两个方向发展的趋势。微观上,从群体、个体、细胞水平向细胞器、亚细胞器、分子的水平发展。近年来,随着研究水平的深入,分子生态学、微生态学获得了蓬勃的发展,这标志着生态学已进入分子、基因等个体以下层次的研究水平。宏观上,从群体发展到生态系统。现代生态学的研究重点在于生态系统中各个组成成分的相互联系。随着全球环境问题如温室效应、酸雨、臭氧层破坏、全球性气候变化等日益受到重视,全球生态学应运而生并蓬勃发展起来;另外,随着生态学在实践中的广泛应用,它已经扩展到社会经济的诸多领域,从而产生了人类生态学、生态经济学、生态伦理学等分支学科。当前,不管是微观深入还是宏观发展,生态学研究的始终是某个层次上各个组成成分的相互联系和相互作用,并从系统整体上研究其结构、功能、动态、优化和调

控,更加突出了人类活动和经济活动在生态学研究中的地位。生态学已从原本生物学的一个分支学科,发展成为环境科学研究的焦点,并逐渐变为受人瞩目、多学科交叉的综合性学科。

### 1.1.3 生态学发展简史

生态学的发展大致可以分成四个阶段。

**1. 生态学的萌芽时期(公元前5世纪—公元16世纪)**

在人类文明的早期,为了生存的需要,人们不得不对其赖以生存的动物、植物的生活习性以及自然环境进行观察和思考。在与自然界的长期交往及生产实践过程中,人类逐渐积累了丰富的生态学知识。大约从公元前5世纪开始一直到公元16世纪欧洲文艺复兴这段漫长的时期,被称为生态学的萌芽时期。在我国古代和古希腊的一些著作中已经体现出了朦胧的生态学思想。如我国古代《诗经》(公元前5世纪)中就记载了动物之间的相互关系,"维鹊有巢,维鸠居之"描述的就是鸠巢的寄生现象;《尔雅》(公元前3世纪)一书中有草、木两章,记载了176种木本植物和50多种草本植物的形态与生态环境;《管子·地员篇》(公元前200年)也阐述了江淮平原上沼泽植物的带状分布与水文土质的关系;《齐民要术》、《淮南子》、《本草纲目》等许多古书中都有关于生态学知识的记载。公元前100年前后的秦汉时期,我国农历就已经确定了二十四节气,它反映了农作物、昆虫与环境的关系。而在古希腊,亚里士多德(Aristotle)(公元前384年—公元前322年)在《自然史》一书中描述了不同动植物的生态类型,如动物可分为水栖和陆栖,肉食、草食、杂食等,以及植物生长与气候和地理环境的关系;西奥弗拉斯特(Theophrastus)(公元前370年—公元前285年)在《植物的群落》一书中对不同地区的植物和群落类型比较关注;安比杜列斯(Empedocles)注意到植物营养与环境的关系。这些著作都包含生态学内容,只不过没有出现"生态学"的名字而已。正是这些朴素的思想,为生态学的诞生及发展奠定了良好的基础。

**2. 生态学的诞生及发展时期(公元16世纪—19世纪末)**

在这段时期,生态学开始作为一门学科出现,其研究主要侧重于从个体和群体两个方面研究生物与环境的关系。曾被誉为第一个现代化学家的R. Boyle以小白鼠、猫、鸟、蛙、蛇和无脊椎动物为研究对象,在1670年发表了大气压对动物的影响效应,标志着动物生理生态学研究的开端。从18世纪到19世纪,欧洲资产阶级革命成功,经济的迅速发展加大了对生物资源的需求,这在促进生物学发展的同时,也丰富了生态学的内容。1753年,著名的植物学家林奈(Linneus)发表了《植物种志》,它是植物分类学成熟的标志;1807年,德国的植物学家洪堡德(A. Humboldt)在收集了大量的植物标本和资料后,发表了《植物地理学知识》,提出了植物群落、群落外貌等概念,并结合气候和地理因子描述了物种的分布规律,它是世界植物分布研究的基石;1859年,英国的达尔文(C. Darwin)发表了著名的《物种起源》一书,提出了生物进化论,对生物与环境的关系做了深入探讨,创立了生物进化学说。以上这些经典巨著,为生态学的诞生奠定了基础。

直到1866年,德国的生物学家海克尔(H. Haeckel)在《生物体普通形态学》一书中首次提出了"生态学"一词,并赋予定义,标志着生态学的诞生。之后,又有许多学者扩展了生态学含义,如在1877年,德国的默比乌斯(K. Mobius)创立了"生物群落"的概念;1890年,Merriam首次提出"生命带"假说;1896年,Schroter提出了个体生态学和群体生态学等。

1895年,丹麦哥本哈根大学的瓦尔明(E. Warming)发表了《以植物生态地理为基础的植物分布学》(1909年出英文版,改名为《植物生态学》);1898年,德国波恩大学的辛柏尔(A. F. W. Schimper)发表了《以生理学为基础的植物地理学》。这两部具有划时代意义的巨著,全面总结了19世纪末以前植物生态学的研究成就,标志着植物生态学已作为一门生物学的独立分支而诞生,同时也标志着生态学作为一门系统的理论而真正出现。

**3. 生态学的巩固时期(20世纪初—20世纪60年代)**

在这一时期,植物和动物生态学得到了长足的发展,有关生态学的学术著作数量激增,生态学发展达到一个高峰。在植物生态学方面,1901年,芝加哥大学的Cowles对植物群落做了大量研究,成为美国生态学知识的启蒙者;1903年,G. Klebs出版了《随人意的植物发育的改变》;1904年,F. E. Clements出版了《植物的结构与发展》;1908年,B. H. Sukachev的《植物群落学》;1911年,A. G. Tansley的《英国的植被类型》;1921年,Du Rietz的《近代植物社会学方法论基础》;1928年,Braun-Blanquet的《植物社会学》;1929年,J. E. Weaver的《植物生态学》等。在动物生态学方面,V. E. Shelford在1907—1951年间对动物群落做了大量研究,并于1929年和1931年相继出版了《实验室及野外生态学》和《温带美洲的动物群落》;1913年,Adams出版了《动物生态学的研究指南》;C. Elton在1917年和1933年先后出版了两本《动物生态学》;1925年,A. J. Lotka将统计学引入生态学,提出了有关种群增长的数学模型;1931年,R. N. Chapman的《动物生态学》;1937年,费鸿年的《动物生态学纲要》;1945年,Kawkapob的《动物生态学基础》等;特别是在1949年,W. C. Allee等合著的《动物生态学原理》被认为是动物生态学进入成熟时期的标志。

这一时期,还出现了多个研究重点不同的学派,如英美学派、法瑞学派、俄罗斯学派等。其中以美国的克里门茨(F. E. Clements)和英国的坦斯利(A. G. Tansley)为代表的英美学派在植物群落演替和顶极理论最为有名;对演替的研究贡献最多、影响最大的是克里门茨(F. E. Clements),他的《植物演替:植被发展的分析》(1916)是植物生态学的里程碑著作;以法国的布朗布朗克(J. Braun-Blanquet)为代表的法瑞学派主要是以植物群落的组成与结构的分析和以区系为基础的植被分类著称;以苏卡乔夫为代表的俄罗斯学派主要是以生态地植物学及生物地理群落学的研究而闻名。

1935年,英国的生态学者坦斯利(A. G. Tansley)提出了生态系统的概念。之后,前苏联的苏卡乔夫提出"生物地理群落"的概念。这两个概念都包含着生物与非生物环境的整体统一性及作为生物群落与周围非生物环境联系基础的物质循环和能量转化的思想。1942年,林德曼(R. Lindeman)在和他的妻子于20世纪30年代末期对明尼苏达的一个衰老湖泊进行详细的生物学研究后,发表了生态系统中能量流的经典著作《生态学中的营养动态方面》,阐明养分从一个营养级位到另一个营养级位的移动规律,从而创造了营养动态观点,成为群落中能量流动研究的理论基础。文中还以数学方式定量地表达了群落中营养级的相互作用,建立了养分循环的理论模型。这是生态学从定性走向定量研究的标志,具有划时代的意义。

同时,生态学的分支学科开始产生,如景观生态学和人类生态学等,并有一些专门的生态学研究机构(如英国的生态学会、美国的生态学会、地中海与阿尔卑斯山地植物学国际站等)和学术刊物(如The Journal of Ecology(1913,英国)、Ecology(1920,美国)、Ecological Monographs(1931,美国)、Ecological Reviews(1935,日本)等)如雨后春笋般地涌现出来。

1953年,美国著名的生态学家尤金·奥德姆(E. P. Odum)出版了《生态学基础》一书,对生态学的基础理论作了详细的阐述,提出个体生态学、种群生态学、群落生态学和生态系统生态学等学科体系。《生态学基础》的出版是生态学发展史上的一个重要里程碑。之后,生态学进入繁荣发展时期。

**4. 现代生态学发展时期(20世纪60年代至今)**

20世纪60年代以来,生态学进入现代发展时期。这一方面是因为生态学自身学科的积累到了一定程度,形成了自己独特的理论体系和方法论;另一方面,也因为分析测试技术、电子计算机技术、遥感技术和地理信息系统技术等的发展为现代生态学的发展提供了物质基础和技术条件。加之人类对生物圈的影响和干扰不断加强,人类与自然环境之间的矛盾日益突出,全世界面临着能源短缺、资源枯竭、粮食危机、环境退化、生态失衡、气候变暖六大全球性问题的挑战,人类迫切需要解决自然生态系统的自我调节、社会的持续发展及人类生存等重大问题,从而促进了生态学的发展,世界性的大联合成为生态学发展的主流。这一阶段,生态学的理论研究和实践应用也达到了新的高度,为解决人类面临的实际问题做了许多有益的尝试。如1964年联合国教科文组织的"国际生物学研究计划"(International Biological Program,IBP),该计划共有97个国家参加,主要研究全球自然生态系统的结构、功能和生物生产力等;IBP计划结束后,1971年联合国教科文组织又组织了另一项国际性研究计划即"人与生物圈计划"(Man and Biosphere,MAB),主要研究人类各种活动对生物圈各类生态系统的影响;1974年成立了生态系统保持协作组(Ecosystem Conservation Group,ECG),其中心任务是研究生态平衡和自然环境保护,以维护和改进生态系统的生物生产力;1986年出现的"国际地圈-生物圈计划"(International Geosphere-Biosphere Program,IGBP),旨在改进人类对地球环境的认识,提高对全球环境和生命过程重大变化的预测能力等。

目前,生态学不再局限于生物学的范畴,已经渗透到社会的各个领域,成为当今最重要的学科之一。有理由相信,21世纪生态学在充分发展自己的同时,对社会学诸如人文、伦理、价值和世界观等方面也必将产生重大影响,最终实现空间和资源的可持续利用,从而改善全球环境,提高全球环境质量,为人类作出更大的贡献。

园林生态是生态学的一门新的分支学科。西方国家在20世纪20年代首先提出了生态园林的概念,它们的生态园林师以保护自然景观为出发点,与风景园林有着密切联系。当时一些有识之士预见到迅猛的都市化趋势将很快吞没大量自然景观,于是考虑能否把自然景观的生态群落平移到园林设计中。通过大量的"生态园林"设计实践,主要从植物生态学的角度出发,在植物配置和地形、水体创造等方面尽量模仿自然景观,包括植物的自然群落和它们的自然生境,试图对园林植物尽量少地给予人工干预,使之自发地发展为自然园林生态系统。

我国大约在20世纪80年代末期提出园林生态的概念,其主要观点在于提倡具有生态效益的园林绿化,到20世纪90年代,园林生态学作为一门新兴的学科才开始酝酿并逐渐成长起来。由于尚处于起步阶段,学术界对园林生态的概念和内涵还存在不同看法。期间不少学者发表了有关园林生态方面的文章和著作,对园林生态进行了大量研究。2001年,冷平生等出版的大专院校教材《园林生态学》,标志着园林生态学作为一门独立学科正式登上了学术殿堂。

## 1.2 园林生态环境

### 1.2.1 环境的概念

"环境"这一术语应用相当广泛。生态学中,把环境理解为生物生存空间内各种自然因素的总和,或是从各方面影响生物的外部动力与物质的总和,例如:光照、温度、水分、空气、土壤以及其他动植物等。这些环境要素称为"环境因子"。

环境中对生物生长、发育、生殖、行为和分布等有着直接或间接影响的环境要素称为生态因子。在生态因子中,对生物的生存不可缺少的环境条件称为生物的生存条件。生态因子可以认为是环境因子中对生物起作用的因子,而环境因子则是生物体外部的全部环境要素。

对植物而言,其生存地四周的空间就是植物的环境。植物环境中有一些是植物生活所必需的,主要有光、热、水、氧、二氧化碳和无机盐,它们是植物的生存条件,通常称为生活因子。所有生态因子构成生物的生态环境,具体的生物个体和群体生活地段上的生态环境称为生境,其中包括生物本身对环境的影响。

### 1.2.2 环境因子的分类

生态因子存在于任何一种生物的生存环境之中,它们在性质、特征和强度等方面各不相同。构成生物生境的各要素彼此间都是紧密相关的。任何一个要素的变化,都会影响整个环境的生态作用。为了研究的方便,人们常将环境因子进行多种形式的分类,通常按其性质分为以下五类。

1) 气候因子

气候因子包括光照、温度、湿度、降水、雷电、风等。

2) 土壤因子

土壤因子包括土壤结构、土壤的有机成分和无机成分的理化性质及土壤生物等。

3) 地理因子

地理因子包括地球上由于地形和地貌等因素的作用形成多个方面的差异及其与水的相互作用在地球表面上表现出来的形态等,如海洋、陆地、山川、沼泽、平原、高原、丘陵等,纬度、经度、海拔、坡向、坡度等。这些因子都会不同程度地影响植物的生长、发育、分布等。

4) 生物因子

生物因子是指动物、植物、微生物对环境的影响以及生物之间的相互影响因素。

5) 人为因子

人为因子是指人类对自然资源的利用、改造和破坏所造成的影响等。

以上列举的五类因子中,气候因子、土壤因子和生物因子都是直接对植物发生作用的,而地理因子对植物的作用,是由于地形影响了气候和土壤,并通过改变了的气候和土壤而影响植物。因此,地理因子对植物只有间接的作用。人为因子对植物的影响往往超过其他所有因子。因为人类的活动通常是有意识有目的的,所以对自然环境中的生态关系起着促进或抑制、改造或建设的作用,有时则是起着破坏的作用。当然,自然因子中有些强大的作用,也不是人为因子所能代替的。例如,昆虫对虫媒花植物,风对风媒花植物在广阔地域内的传

粉,就不是人工授粉所能胜任的。至于强大台风的破坏作用,目前人们还只能被动防御,尚无法改变。

### 1.2.3 生态因子作用的基本特征

**1. 生态因子的综合作用**

事物是相互联系的,各生态因子间也是相互联系的。不存在单一生态因子的环境,也没有单一生态因子独立地对植物起作用。一个生态因子无论对植物怎样重要,只有在其他因子配合下才能显示出来。如温度对植物的生长发育十分重要,但只有在光照、水分、养分及通气等适宜时,植物才能在所需温度范围内正常生长发育,否则,只要缺少任何一个生活因子,即使温度再适宜,植物也生长发育不良。

各种生态因子都不是孤立存在的,而是彼此联系、相互促进和相互制约的。任何一个单因子的变化,都将引起其他因子不同程度的变化。例如,光和温度的关系密不可分,改变植物的光照条件,不仅影响空气的温度和湿度,同时也会影响土壤的温度和湿度,这些又会引起土壤中微生物的生命活动发生变化,土壤中微生物的活动又影响到土壤养分状况,这些变化都会影响植物的生命活动。

因此,生态因子对生物的作用不是单一的而是综合的,共同对生物的生长发育起综合作用。

**2. 生态因子的不可替代性和可补偿性**

环境中各种生态因子对生物的作用虽然不尽相同,但都各具重要性,哪个因子的缺乏或过多都会对生物造成严重影响。如植物在生长发育过程中,所需要的生存条件,如光照、温度、水分、无机盐等,对于植物来讲虽然不是等价的,但都是同等重要且不可缺少的,任何一个生活因子都不能被其他因子代替,这就是生态因子的不可替代性和同等重要性。

但是,在一定的情况下,当某一因子在量上不足时,可以由其他因子的增加或加强得到补偿,仍然可以获得相似的生态效应,这就是生态因子的可补偿性。例如土壤水分充足,可以补偿大气湿度的不足;光照充足的阳坡,可以补偿寒冷地区温度的不足;同样的光合强度既可以发生于强光照与稀二氧化碳的配合条件下,又出现于弱光照与浓二氧化碳的配合条件下,光和二氧化碳一方的强化补偿了另一方的不足;植物在低氮水平比高氮水平需要较多的水分,以防止植物凋萎,这是水对氮肥的补偿作用。但是,各生态因子间的补偿作用是有限的,只能在一定的范围内进行,否则,一个生态因子再强也起不到补偿作用。

**3. 生态因子的主导作用**

在环境中,虽然各生态因子是同等重要,不可替代的,但是各生态因子所处的地位并不一致。其中有的生态因子在一定条件下,常对其他因子的变化起主导作用,这样的因子称为主导因子。当其他生态因子的质和量保持不变时,主导因子的改变常能引起植物与环境生态关系的根本变化,导致植物生长发育情况的变化。例如,光合作用时,光强是主导因子,温度和二氧化碳为次要因子;春化作用时,温度为主导因子,湿度和通气条件是次要因子。又如,水是水生植物、旱生植物生存和生态特性形成的主导因子;菊花在正常生长发育过程中每天光照时间长短的变化,成了影响菊花提前或延迟甚至是否开花的主导因子。也可以通过控制主导因子来改变环境,使之朝着有利于植物的方向发展。例如,北方植物冬季休眠,光照是起决定作用的,为主导因子。秋季由于光照缩短,太阳辐射量减少,温度下降,使植物的各种生理活动减弱,逐渐进入休眠状态;春季,则由于太阳辐射加强,温度回升,植物逐渐打破休眠,开始萌动生长。主导因子不是一成不变的,它随着时间和空间及植物生长发育的阶段不同而发生变化。因此,在一个地区某一时间内起主导作用的因子,在另一地区或另一时间就不一定是主导因子了。在确定主导因子时,应根据实际情况,具体问题具体分析。

**4. 生态因子的阶段性**

植物在整个生长发育过程中,对各个生态因子的需求随着生长发育阶段的不同而有所变化,也就是说,植物对生态因子的需求具有阶段性。

最常见的例子就是温度。通常植物的生长温度不能太低,太低往往会对植物造成伤害,但在植物的春化阶段低温又是必需的。一般植物种子的忍耐力较强,而大多数植物的花对寒冷最为敏感。同样,在植物的生长时期,光照长短对植物影响不大,但在有些植物的开花、休眠期间光照长短则是至关重要的,如果在冬季低温来临之前仍维持较长的光照时间,植物因不能及时休眠而容易造成低温伤害。

**5. 生态因子的直接和间接作用**

生态因子对植物的作用,有的是直接的,有的是间接的。区分生态因子的直接作用和间接作用对认识生物的生长、发育、繁殖及分布都很重要。光照、温度、氧气、二氧化碳、矿物质营养元素等因子直接对植物的生长发育起作用,属直接作用的因子。而很多地形因子,如地形起伏、坡向、坡度、海拔高度及经纬度等,可以通过影响光照、温度、雨量、风速、土壤性质等,间接地对植物产生影响,从而引起植物与环境的关系发生变化,这些因子属间接作用因子。例如,在吉林省东部山区,一般在山的阳坡上部,由于土壤瘠薄,光照充足,空气湿度小,温度变幅大,主要分布着以蒙古栎为主的耐瘠薄树种;而在山下的小溪两侧,因土壤肥沃,水分充足,则分布着以核桃楸、水曲柳、黄波萝等为主的喜肥湿性树种。在山的阴坡,由于光照弱,温度变幅小,空气湿度大,土层厚,分布着以云杉、冷杉为主的耐阴性树种。

**6. 生态因子的限制作用**

1) 利比希最小因子定律

1840年,德国农业化学家利比希(J. Liebig)在研究各种生态因子对作物生长的作用时发现,作物的产量往往不是受其大量需要的营养物质所制约(如二氧化碳和水,因为这些营养物质在周围环境中的储存量是很丰富的),而是取决于那些在土壤中较为稀少,而且又是植物所需要的营养物质,如硼、镁、铁、磷等。因此,利比希得出一个结论,即"植物的生长取决于环境中那些处于最小量状态的营养物质"。进一步的研究表明,利比希所提出的理论也同样适用于其他生物种类或生态因子,因此利比希的理论被称为最小因子定律(law of minimum)。该定律的基本内容是:任何特定因子的存在量低于某种生物的最小需要量,是决定该物种生存或分布的根本因素。

利比希最小因子定律的提出具有划时代意义,但随着对其认识的深入,发现最小因子定律也有不足之处。美国著名的生态学家尤金·奥德姆(E. P. Odum)等对最小因子定律作了两点补充。

(1) 最小因子定律只有在严格稳定的条件下才能应用。如果在一个生态系统中,物质和能量的输入/输出不是处于平衡状态,那么,植物对于各种营养元素的需求就会不断发生变化,在该种情况下,最小因子定律不适用。

(2) 在应用最小因子定律时,还要考虑各因子之间的相互关系。当一个特定因子处于最小量时,其他处于高浓度或过量状态的物质可能起着补偿作用。

2) 谢尔福德耐性定律

1913年,美国生态学家谢尔福德(V. E. Shelford)提出:生物的生存不仅受生态因子最低量的限制,而且还受生态因子最高量的限制。若超过了某种生物的耐性限度,则该物种不能生存,甚至灭绝。这一概念被称为 Shelford 耐性定律(Shelford's law of tolerance)(见图1-1)。例如,玉米生长发育所需的温度最低不能低于9.4 ℃,最高不能超过46.1 ℃,耐受限度为9.4~46.1 ℃。这说明,生物的耐性会因发育时期、季节、环境条件的不同而变化,当一种因子导致生物生长旺盛时,会提高对一些因子的耐受限度;相反,当遇到不利因子影响它的生长发育时,也会降低其对其他因子的耐受限度,如图1-1所示。

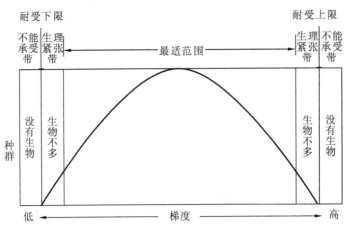

图1-1 Shelford 耐性定律

3) 限制因子

把上述利比希最小因子定律和谢尔福德耐性定律结合起来应用,便产生了限制因子(limiting factor)的概念:生物的生存和繁殖依赖于各种生态因子的综合利用,但是其中必有一种和少数几种因子是限制生物生存和繁殖的关键因子,这些关键性因子就是限制因子。任何一种生态因子只要接近或超过生物的耐受范围,它就会成为这种生物的限制因子。

如果一种生物对某一生态因子的耐受范围很广,而且这种因子又非常稳定,那么,这种因子就不太可能成为限制因子;相反,如果一种生物对某一生态因子的耐受范围很窄,而这种因子又易于变化,那么,这种因子就特别值得详细研究,因为它很可能就是一种限制因子。例如,氧气在陆地上是丰富而稳定的,因此一般不会对生物起到限制作用;但氧气在水体中的含量有限且波动较大,因此常常成为水生生物分布的限制因子。

限制因子的发现在实践中具有重要的意义。较差环境中植物的长势不好或不能生存,很大程度上是由于限制因子的限制作用,找到了限制因子,消除植物生长的限制条件,能很容易使植物成活或较好发育。例如大城市的中心区由于原始土壤的破坏,土壤质地差便成为植物成活或长势差的主要原因,这里的土壤因子就是植物的限制因子,通过人工土壤改良等措施,便可促使植物成活。

### 1.2.4 城市环境因子的特点

城市是人口最为集中,人类的活动特别是工业生产、交通运输最为集中、最为频繁的地方,也是园林工作较为集中的地方。人类的生活、生产活动,极大地改变了城市内及其近郊的环境因子,因而也明显地影响了园林绿地中植物的生长、发育。

**1. 大气成分发生了明显的变化**

城市中各种燃料的燃烧、废气的排放以及人类的频繁活动,增加了城市空气中二氧化碳的含量,由一般平均含量0.032%(按体积)增加到0.05%～0.07%,局部地区可高达0.2%。有毒气体也大量增加;粉尘、有毒的重金属微粒,如铅、锡、铬、砷、汞等,以及一些放射性物质都有所增加。空气中有害物质的增加,易对植物产生危害。

**2. 雾多、云多,太阳辐射减弱,日照缩短,气温升高**

城市空气中存在的许多固体粉尘、微粒,有许多是吸湿性核或冻结核,能使水汽凝结。在垂直对流作用下,会使云、雾增多。据统计:城市中的雾日天数,在冬季比农村多一倍,夏季比农村多20%～30%。城市空气中的固体微粒较多及二氧化碳等含量高,吸收和反射了太阳辐射,加之云雾多,以致光强度减弱,减弱程度可达10%～20%。特别是减弱了其中的红黄光和紫外线的强度,影响了植物的同化作用和花青素的形成。因此,城市中培育的鲜花,就不及远郊培育的艳丽多彩。此外,在城市高层建筑的阻挡下,日照时间也缩短,一般能减少5%～15%,有的地段甚至整天接收不到直射光。

城市中,人们生产和生活活动,使热量增加。同时,二氧化碳含量的增加又阻止了地面热的扩散。加之马路、建筑物的强烈反射,以致城市气温一般都较农村高1～2 ℃,尤其在晴朗无云、无风的天气;日落后,甚至能高好几度。城市温度就像周围农村"低温"海洋上的"热岛",这种现象称为"热岛效应"。许多喜温植物,在城市环境中较在同纬度的旷野环境中得以顺利越冬,提高了它们的纬度分布线。

**3. 风速较小,风向改变**

由于城市建筑物的阻挡、摩擦,减低了风速;街道的走向、宽度、两旁建筑物的高度、朝向及形式等的不同,改变了风的方向;有的街道方向与盛行风的风向一致时,产生所谓"狭管效应"而使风速增大。这些因素对园林植物的蒸腾作用、繁殖作用,以及对一些树木的形态均产生一定影响。

**4. 蒸发量小,相对湿度低**

城市里的建筑物,以及封闭性的道路,阻止了土壤对降水的吸收,同时也阻止了土壤水分的蒸发。大部分雨水很快沿地下管道排走。城市里植被少,植物蒸腾量小,气温较高,因而空气中相对湿度较农村小;至于绝对湿度,城市中白天较低,而夜晚,特别是夏天晴朗的夜间,由于空气层极不稳定,空气中水汽不易凝结成露,且有一定量的人为水汽存在,故绝对湿度较农村稍大。由于城市中湿度较小,对一些喜湿性的植物,必须注意喷洒灌溉,或采取群植、丛植措施,以利保湿。

**5. 土壤情况较为复杂**

人类频繁的活动,彻底改变了土壤自然形成后的发育过程,形成了一种特殊的土类——城市土壤。它缺乏完整的发育层次,同时一般都混杂着许多碎砖、碎瓦、石块,以及金属、玻璃、塑料等建筑或生活残余物,土层厚薄及酸碱度变化也较大;土壤空气少,表层特别板结,土壤中有时还含有对植物有害的物质等。

**6. 城市的生态环境不同于山野**

在城市中,一般野生禽兽几乎绝迹,家雀也随人口密度的增加及建筑结构的改变而减

少,而能适应城市环境的昆虫都得到了繁殖的机会。例如许多城市袋蛾、刺蛾等有所增加;白蚁类得到了更有利的环境,促进了繁殖;蜂、蝶类昆虫则逐渐绝迹。因此,城市绿化工作中还要注意加强某些病虫害的防治,对鸟类更需要加以保护或招引。由于益虫的减少,致使一些园林植物优良品种的传粉失去媒介,就需要加强人工辅助授粉了。

## 1.3 园林生态的内容和任务

### 1.3.1 园林生态的内容

园林生态是研究园林生态系统的结构、功能及其与其他生态系统的相互作用和相互关系的一门学科,即研究以人工栽植的各种园林树木、花卉、草坪等植物和自然的或半自然的植物群体等所共同组成的园林生物群落与其相应的环境之间的相互关系。

园林生态学是随着人们对其生存环境要求的逐渐提高而出现的一门新兴的边缘学科,它所涉及的学科门类繁多,如生态学基础、植物生态学、城市生态学、景观生态学、环境科学、植物生理学、气象学、土壤学、园林树木学、花卉学等,而且随着认识的深入,学科门类在不断增多。

园林生态的研究内容主要体现在生态系统水平上,首先从植物所处的环境出发,介绍植物与环境的相互关系,重点阐明与园林生态环境密切相关的各主要生态因子(光照、温度、水分、大气、土壤、生物等)的基本特征、对园林植物的生态作用和园林植物对这些生态因子的耐性、适应性及其生态类型。同时,还研究这些因子在园林中的调控应用。在此基础上引入种群、群落和生态系统,研究群落的结构特征、发生发展和演替规律等。生态系统的研究是把植物群落和其生态环境视为不可分割的整体,着重研究生态系统内植物、动物、微生物与其所处环境之间的相互关系及各成分之间物质循环、能量转换、信息传递的过程。接着详细阐述园林生态系统,介绍城市生态系统,园林生态系统组成、结构及类型、功能与调控,提出园林生态规划的含义。最后就园林生态最关注的热点实践问题即园林植物的生态配置进行讨论,充分体现园林生态理论与实践相结合,为城市园林建设服务的功能,同时也为园林生态的进一步研究提供了有效途径。

### 1.3.2 园林生态的任务

园林生态的主要任务是揭示园林植物个体的生长发育和植物群体的结构、形态、形成、发展与环境之间的生态关系,以及园林生态系统的结构与功能,从而更好地控制和调节园林植物与环境之间的关系。同时,以生态学原理为指导,兼顾环境效应、美学价值、社会需求和经济需求,探索园林植物的最佳生态配置,建立满足人们需求的园林生态系统。

## 复习思考题

1. 什么是生态学?生态学发展经历了哪些阶段?
2. 什么是环境?什么是生态因子?根据其性质可将生态因子分哪几类?
3. 生态因子作用有哪些基本特征?请结合实际举例说明。
4. 简述园林生态的内容和任务。

# 第2单元　园林植物与光

　　光是一切生命活动的能源,地球表面的能量绝大部分都直接或间接地来自太阳光。太阳以辐射的形式将太阳能传递到地球表面。植物通过光合作用,将太阳辐射能转化为化学能,储藏在合成的有机物质中,除满足自身需要外,还提供给其他生物体,为地球上几乎一切生物提供了生长、发育和繁殖的能源。太阳辐射强度、光谱质量及辐射时间随时空发生一系列规律性的变化,这些变化都会对植物的生长和发育产生直接的影响,植物长期适应不同光照条件而形成相应的适应类型。

## 2.1　光的性质与变化

### 2.1.1　太阳的光谱成分

　　太阳是一个表面温度为5 900 ℃、不断以辐射形式向外传递能量的巨大的炽热球体,这种辐射是以电磁波的形式投射到地球表面的辐射线,即常说的光。太阳这种传递能量的过程称为太阳辐射。太阳光的主要波长范围是150~4 000 nm之间,占太阳辐射总能量的99%。

　　太阳辐射按照波长顺序排列便形成太阳光谱。根据人肉眼是否可见分为可见光和不可见光两部分。可见光是人眼能看见的光,其波长范围在380~760 nm之间。波长大于760 nm和小于380 nm的太阳辐射,都是人眼看不见的光,即不可见光。可见光谱根据波长又可分为红、橙、黄、绿、青、蓝、紫七种颜色的光,其波长分布如图2-1所示。

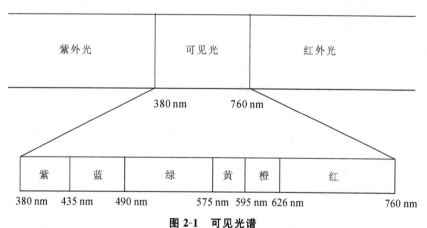

图 2-1　可见光谱

### 2.1.2　光照强度的变化

　　一定时间投射到单位面积上的太阳辐射能量称为太阳辐射量,以 J/m² 为单位。单位时间投射到单位面积上的太阳辐射能量称为太阳辐射强度或辐照度,因为到达地球表面的太阳辐射主要以可见光为主,因此,太阳辐射强度常用光照强度来代替,以 J/(m²·min) 或照度单位勒克斯(lx)来表示。

太阳光穿过大气层后到达地表,一部分被地表反射,另一部分被地表吸收。地表对太阳辐射的反射多少主要取决于地表介质的差别,反射率最大的是新降的积雪,反射率最小的是森林与海洋。

地表介质对光的吸收因介质不同而有所差别,但最终会导致地表升温,地表升温后又将向外辐射一部分热量,主要为红外辐射,大气对该波长的辐射几乎是不传播的,从而造成大气升温,产生类似温室的保温效应,这种现象称"温室效应"。如生产实践中的温室、大棚等设施就是仿效这种效应产生的。温室的玻璃或大棚的塑料薄膜等透明或半透明的密闭的空间就好像大气层一样,能允许光进入内部使其升温,而向外辐射的部分,却不能传播而被吸收,从而达到升温、保温的效果。

太阳光透过大气到达地表,由于纬度、海拔、地形和太阳高度角的差异,光照状况在不同地区以及不同时间都有差异,进而影响着地表的水热状况。

**1. 空间变化**

1) 光照强度随纬度的增加而减弱

这是因为纬度越高,太阳高度角越小,太阳辐射在穿越大气层时的距离越远,其被大气吸收、反射和散射的量就越多,到达地表的太阳辐射就越少。在赤道太阳直射时光的射程最短,光照强度最大;随着纬度增加,太阳高度角变小,光照强度相应减弱。

2) 光照强度随海拔高度的升高而增强

这是因为海拔升高,大气层厚度相对减小,大气透明度增加,太阳辐射在穿越大气层时被吸收、反射和散射的量相应减少的缘故。

3) 坡向和坡度也影响光照强度

在坡地上,太阳光线的入射角随坡向和坡度而变化。在北半球纬度 30°以北的地区,太阳位置偏南,南坡所接受的辐射比平地多,北坡则较平地少,这是由于在南坡上太阳的入射角较大,照射时间较长,北坡则相反,而且这种差异随坡度的增加而增加。在同一坡向上,夏季,平坦的斜坡比陡坡上的光照强度大;冬季,在一定的坡度范围内,南坡的坡度越大,光照就越强。南坡的坡度每增加 1°,中午前后所获得的太阳辐射能相当于水平面向南移一个纬度所获得的太阳辐射能。因此,在引种时,可以把南方喜温植物移栽到北方热量条件得到满足的南坡上;北坡的光照强度正好与南坡相反。

**2. 时间变化**

在时间变化上,一年中以夏季光照强度最强,冬季最弱,一天中以中午最大,早晚最小。

### 2.1.3　日照长度的变化

日照长度反映每天太阳辐射的时数,即所谓的昼长。在北半球,冬半年(秋分到春分)昼短夜长,以冬至的昼最短,夜最长;夏半年(春分到秋分)则昼长夜短,以夏至的昼最长,夜最短。日照长度的季节变化随纬度不同而不同,在赤道附近,终年昼夜相等;在北半球随纬度增加,冬半年昼越短,夜越长;在南半球则恰恰相反。而两极则出现极昼极夜现象。

## 2.2　光对园林植物的生态作用

光谱成分、光照强度和日照时间都会对植物产生重要的生态作用,影响其生长发育、生理代谢和形态结构等,从而使植物产品的产量和质量发生变化。

### 2.2.1 光照成分的生态作用

光谱中可见光是植物色素吸收利用最多的光波段,这部分具有生理活性的波段称为生理有效辐射或光合有效辐射。可见光中,红、橙光是被叶绿素吸收最多的部分,具有最大的光合活性,红光还能够促进叶绿素的形成。蓝、紫光也能够被叶绿素、类胡萝卜素吸收。绿光由于叶片透射和反射的结果很少被光合作用利用。不同波长的光对光合产物的成分也有影响,红光有利于碳水化合物的合成,蓝光有利于蛋白质的形成,蓝紫光与青光对植物的伸长生长及幼芽形成有很大作用,能抑制植物的伸长生长而使其矮化,青蓝紫光还能引起植物向光性的敏感,并能促进花青素等植物色素的形成。红光影响植物开花、茎的伸长生长和种子萌发。

紫外线能抑制植物的伸长生长和促进花青素的形成。大气同温层中的臭氧($O_3$)能吸收紫外线,使地球表面的太阳辐射中仅含有很少的紫外线,植物能够适应。植物表皮是紫外线的有效过滤器,可截留大部分紫外线,仅有2%～5%的紫外线进入叶深层,以保护叶肉细胞。许多高山植物生长矮小,节间短,花色鲜艳,就是因为高海拔处紫外线较强。紫外线透入活组织时,会破坏分子的化学键,对生物组织具有极大的破坏作用,并可引起突变。藻类、真菌及细菌对紫外线都比较敏感,利用紫外线辐射进行表面消毒,杀死微生物。

红外线能促进植物茎的伸长生长,有利于种子和孢子的萌发,改变植物体的温度。红外线和红光是地表热量的基本来源,它们对植物的影响主要是间接地让热效应反映出来。植物叶片对波长大于700 nm的近红外线吸收很少,而对远红外线吸收较多。利用该性质,在生产实践中可用热遥感器探知植物的病虫害状况,感病的植物体温度要比健康的植物高,还可用以快速准确地发现和预报森林火灾。

### 2.2.2 光照强度的生态作用

**1. 光照强度对植物生长发育的影响**

光照强度是指阳光在植物体表面照射的强弱。光照强度对植物生长及形态结构的形成有重要作用,光是植物进行光合作用的能量来源,光合产物是植物生长的物质基础,因此光能促进细胞的增大和分化,影响细胞的分裂和伸长。植物体积的增长,重量的增加,都与光照强度有密切关系。光还能促进组织和器官的分化,制约着器官的生长和发育速度。植物体各器官和组织保持发育上的正常比例,也与一定的光照强度存在直接关系。强光对植物胚轴的延伸有抑制作用。弱光下植物色素不能形成,细胞纵向伸长,碳水化合物含量低,植物为黄弱状称黄化现象。与正常的植物相比,黄化植物的茎细长而弱,节间距离拉长,叶片小而黄。利用强光对植物茎的伸长的抑制作用,可培育矮化的更具观赏价值的园林植物个体。充足的光照条件也有利于苗木根系的生长,形成较大的根茎比,这对苗木的后期生长十分有利。

光照强度还影响植物的发育。植物花芽分化和形成都要求植物体首先要有一定量的养分积累。通常,植物遮光后营养物质积累减少,花芽则随之减少,已经形成的花芽,也由于体内养分供应不足而发育不良或过早脱落。在开花期或幼果期,如果光照减弱,也会引起结实不良或果实发育中途停止,甚至落果。光照强度还影响植物开花的颜色。强光有利于植物花青素的形成,使植物的花色艳丽,如高山植物。此外,光照强弱对植物花蕾的开放时间也有影响。如牵牛花在早晨盛开,酢浆草、半枝莲在中午的强光下开花,紫茉莉、月见草在傍晚的弱光下开花,昙花在黑暗中开花。

**2. 光照强度对光合作用的影响**

光照强度与植物的光合作用强度之间有密切的关系。在低光照条件下,植物光合作用较弱,光合作用恰好抵偿呼吸消耗时的光照强度称为光补偿点。由于植物在光补偿点时,不能积累干物质,因此光补偿点的高低,可以作为判断植物在低光照强度条件下能否健壮生长的标志。随着光照强度的增加,植物光合作用强度增加,积累的有机物质增加。但光照强度增加到一定程度后,光合作用增加的幅度逐渐减弱,最后达到一定限度,不再随光照强度增加而增加,这时的光照强度称为光饱和点(见图2-2)。

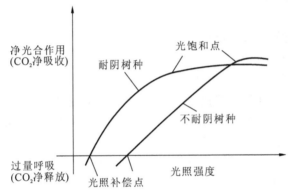

图2-2 光合作用速率与光照强度的关系

不同类型植物的光饱和点和光照补偿点有很大的差异。就饱和点而言,一般树种的光饱和点在20 000~50 000 lx之间;耐光植物的光饱和点更高,可达100 000 lx。喜光性植物比耐阴性植物能更好地利用弱光;就补偿点而言,一般耐阴植物的光补偿点较低,如冷杉、山毛榉等树种的光补偿点只有几百lx,而喜光树种常达几千lx以上,不同类型植物的光饱和点也不同,各类植物的光补偿点与光饱和点见表2-1。

表2-1 最适温度及大气常量二氧化碳条件下,各类植物的光补偿点和光饱和点

| 植物类型 | 光补偿点/lx | 光饱和点/lx |
| --- | --- | --- |
| 草本: | | |
| $C_4$ 植物 | 1 000~3 000 | >80 000 |
| $C_3$ 农作物 | 1 000~2 000 | 30 000~80 000 |
| 阳性草本植物 | 1 000~2 000 | 50 000~80 000 |
| 阴性草本植物 | 200~500 | 5 000~10 000 |
| 木本: | | |
| 冬季落叶乔、灌木阳生叶 | 1 000~1 500 | 25 000~50 000 |
| 冬季落叶乔、灌木阴生叶 | 300~600 | 1 000~15 000 |
| 常绿树及针叶树阳生叶 | 500~1 500 | 20 000~50 000 |
| 常绿树及针叶树阴生叶 | 100~300 | 5 000~10 000 |
| 苔藓及地衣: | 400~2 000 | 10 000~20 000 |

同种植物的光饱和点与光补偿点随环境条件、植物的年龄与生理状态有一定幅度变化;同种植物的不同个体,同一个体的不同部位光补偿点和光饱和点也有一定的差异,如在同一

树冠中,暴露在阳光下的叶片的光补偿点与光饱和点就较生长在内层的叶片为高。

### 3. 光照强度对园林植物观赏性的影响

植物在生长过程中具有向光性。园林植物,特别是园林树木由于各方向所受的光照强度不同,常会使树冠向强光方向生长茂盛,向弱光方向生长不良,形成明显的偏冠现象。此现象在城市的行道树中表现很明显。这是由于在城市中,高楼林立、街道狭窄,改变了光照强度的分布,造成在同一街道的两侧光照强度出现差异。

### 4. 光照强度对园林植物形态的影响

光照对植物生长的影响最终以外部形态的方式表现出来。自然界中,植物为适应各自的光照环境,形成了不同的外部形态,具体可从叶片和树体的形态、生理特征来体现。

(1) 光照的强弱影响叶片形态。一般在全光照或光照充足的环境下生长的叶片属于阳生叶,其特征是叶片短小、角质层较厚、叶绿素含量较多等;在弱光条件下生长的植物叶片属于阴生叶,表现出叶片排列松散、叶绿素含量较多等特点,如表2-2所示。

表 2-2 阳生叶与阴生叶的比较

| 形态结构 | 阳 生 叶 | 阴 生 叶 |
| --- | --- | --- |
| 叶片 | 厚而小 | 薄而大 |
| 角质层 | 较厚 | 较薄 |
| 叶肉组织分化 | 栅栏状组织较厚或多层 | 海绵组织较丰富 |
| 叶面积/体积 | 小 | 大 |
| 叶脉 | 密 | 疏 |
| 叶绿素 | 较少 | 较多 |
| 气孔分布 | 较密 | 较稀 |

(2) 光照的强弱影响树冠结构及叶片分化。一般喜光树种树冠较稀疏,透光性强,自然整枝良好,枝下高长,树皮通常较厚,叶色较淡,叶层较厚;耐阴树种树冠较致密,透光度小,自然整枝不良,枝下高短,树皮通常较薄,叶色较深,叶层薄;中性树种介于其中。此外,一般喜光树种大部分叶片属于阳生叶;耐阴树种由于树冠比较浓密、叶层较厚等特征,外层接受光照的叶片多属于阳生叶,内部弱光下的叶片多属于阴生叶。

## 2.2.3 日照长度的生态作用

### 1. 日照长度与植物开花

从日出到日落太阳光直射到地面的时数称日照长度。自然条件下,白昼与黑暗总是交替进行的,在不同的纬度地区,一天中白天和黑夜的长度随季节的转变发生有规律的变化,这种昼夜日照长短周期性的变化称为光周期。许多植物的开花,要求在生长季节里每天有一定的光照与黑暗的时数,如果光照时间不够或过长都会影响植物的开花,这种植物开花对昼夜长短周期的适应反应称为植物的光周期现象。光周期现象在植物的生活中有很重要的意义,如有的植物要求在白昼较短,黑夜较长的季节开花,如早春的报春花、秋天的菊花;有的植物要求在白昼较长,黑夜较短的季节开花,如夏季的鸢尾花。

经研究证明,在光周期现象中,对植物开花起决定作用的是暗期的长短,即短日照植物必须在超过某一临界暗期的情况下才能形成花芽;而长日照植物则必须在短于某一临界暗期时才能开花。闪光试验进一步证明了暗期的重要性：如对短日照植物在暗期给予短暂光照（用闪光打断），即使光期总长度短于其临界日长，短日照植物也不开花，因其临界暗期遭到间断而使花芽的分化受到抑制；而同样情况却可促进长日照植物开花（见图2-3）。

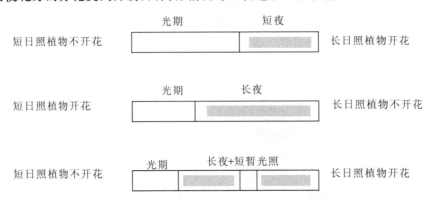

图2-3 短夜、长夜、长夜闪光对长、短日照植物开花的影响

### 2. 光周期与植物休眠

光周期不仅对植物的开花有影响，而且对植物的休眠、营养生长和地下储藏器官也有明显的影响。一般来说，延长日照能使植物的节间生长速度增加，生长期延长；缩短日照则生长减缓，促进芽的休眠。北方深秋植物落叶多与短日照有关，短日照使植物停止生长，进入休眠，有效预防冻害发生。如美国鹅掌楸每天 8 h 的短日照诱导，10 d 就能进入休眠。有些植物对短日照反映比较迟钝，如苹果、李、月桂等。

长日照可促进植物的萌动生长，利用长日照诱导是解除植物休眠的常用方法之一。如城市的树木，由于人工照明延长了光照时间，使它们春天萌动早，展叶早；秋天落叶晚，休眠晚，这样就延长了园林树木的生长期。

植物的休眠与光敏色素有关。休眠芽的形成受暗期中断的影响，红光促进生长而抑制休眠，远红光则抵消红光的效应，抑制生长而促进休眠。

## 2.3 园林植物对光的生态适应

在自然条件下，受植物生长的地域性影响，长期在一定的光照条件下生长的园林植物，在其生理特性及形态结构上表现出一定的生态适应性，进而形成了与不同光照条件相适应的生态类型。

### 2.3.1 喜光性植物与耐阴性植物

根据植物对光照强度的要求，可以把植物分为喜光性植物、耐阴性植物和中性植物三种生态类型。

#### 1. 喜光性植物

喜光植物是指只能在充足光照条件下正常生长发育的植物，在弱光条件下生长发育不良。包括大部分观花、观果类植物和少数观叶植物，如木本植物中的银杏、水杉、柽柳、合欢、刺槐、侧柏、相思属、杨属、柳属、月季、木瓜、石榴、鹅掌楸、贴梗海棠、紫薇、紫荆、梅花、白兰花、含笑、一品红、迎春、连翘、木槿、玫瑰等；草本植物中的芍药、瓜叶菊、菊花、五色椒、三叶草、天冬草、吉祥草、千日红、鹤望兰、太阳花、香石竹、向日葵、唐菖蒲、翠菊等。

喜光性植物叶片排列稀疏,角质层较发达,单位面积上气孔增多,叶脉密,细胞体积较小,木质部和机械组织发达,如果光照不足则枝条纤细,叶片发黄,花少、小,香味不浓,甚至不能开花。喜光性植物多生长在旷野、路边。

**2．耐阴性植物**

耐阴性植物具有较强的耐阴能力,在气候较干旱的环境下,常不能忍受过强光照的植物。耐阴性植物主要是一些观叶性植物和少数观花植物,如木本植物中的云杉、罗汉松、三桠绣球、粗榧、杜鹃花、枸骨、雪柳、瑞香、八仙花、六月雪、蚊母树、海桐、箬竹、棕竹等;草本植物中的蜈蚣草、椒草、万年青、文竹、一叶兰、吊兰、龟背竹、玉簪、石蒜等。

耐阴性植物的细胞壁较薄而细胞体积较大,木质化程度较差,机械组织不发达,叶子表皮薄,无角质层,栅栏组织不发达而海绵组织发达,经强光直射会使叶片焦黄,长时间照射易引起死亡。耐阴性植物多生长在背阴地或生于密林内。

**3．中性植物**

中性植物是指对光照的要求介于喜光性植物与耐阴性植物两者之间的植物。在光照充足时生长最好。但稍加荫蔽亦不受损害,其耐阴性因不同植物而异。一般这类植物随年龄、环境条件不同,表现出不同程度的偏耐阴性或偏喜光性。因此,这类植物往往可根据其耐阴能力的差异分为中性偏阳与中性偏阴二亚类。如五角枫、元宝枫、桧柏、香樟、木荷、七叶树等均为稍耐阴的植物;而杉木、榆属、朴属、榉属、枫杨、连香树、枳等则为较喜阳光而不耐阴的植物。

喜光性植物与耐阴性植物在形态结构、生理特性和个体发育等方面有着明显的区别(见表 2-3)。

表 2-3 喜光性植物与耐阴性植物的主要区别

| 生态类型 | 喜光性植物 | 耐阴性植物 |
| --- | --- | --- |
| 叶型变态 | 阳生叶为主 | 阴生叶为主 |
| 茎 | 较粗壮,节间短 | 较细、节间较长 |
| 单位面积叶绿素含量 | 少 | 多 |
| 分枝 | 较多 | 较少 |
| 茎内细胞 | 体积小,细胞壁厚,含水量低 | 体积大,细胞壁薄,含水量高 |
| 木质部和机械组织 | 发达 | 不发达 |
| 根系 | 发达 | 不发达 |
| 耐阴能力 | 弱 | 强 |
| 土壤条件 | 对土壤适应性广 | 适应比较湿润、肥沃的土壤 |
| 耐旱条件 | 较耐干旱 | 不耐干旱 |
| 生长速度 | 较快 | 较慢 |
| 生长发育 | 成熟晚,结实量少,寿命长 | 成熟晚,结实量少,寿命长 |
| 光补偿点、光饱和点 | 高 | 低 |

植物对太阳辐射的适应能力常用耐阴性来表示。因此,喜光性植物的耐阴性差,耐阴性植物的耐阴性强。树木的耐阴性从其外部形态可大致推断,这些判断树木耐阴性的经验是目前植物造景中的主要依据。

一般喜光性树木的树冠多呈伞形,耐阴性树木的树冠多呈圆锥形且枝条紧密。

枝条下部早落的多为喜光性树木,下部较繁茂的多为耐阴性树木。

树冠叶幕区稀疏透光,叶片色淡而质薄,若为常绿树,叶片寿命也短的,多为喜光性树木;叶幕区浓密,叶片色浓而质厚,若为常绿树木,其叶可在枝条上生活多年的,多为耐阴性树木。

针叶树中,叶片为针状的,多为喜光性树木;叶片扁平或呈鳞片状,叶表和叶背分明的多为耐阴性树木。

阔叶树中,常绿的耐阴性树木居多,落叶的多为喜光性树木或中性树木。

一般来说,喜光性植物生长发育快,开花结实相对较早,寿命也较短,耐阴性植物却与此相反。从植物的生境看,喜光性植物一般耐干旱贫瘠,抗高温、抗病虫能力较强;耐阴性植物则需要比较湿润、肥沃的土壤条件,抗性较差。

### 2.3.2 长日照植物与短日照植物

根据植物对光周期的不同反应,可将植物分为长日照植物、短日照植物和中间性植物。

**1. 长日照植物**

长日照植物是指只有在日照长度超过临界日长才能开花的植物,也就是日照长度必须大于某一时数(这个时数称为临界日长)才能开花的植物。如苹果、梅花、碧桃、山桃、榆叶梅、丁香、连翘、天竺葵、大岩桐、兰花、令箭荷花、倒挂金钟、唐菖蒲、紫茉莉、风铃草类、蒲包花等,这类植物每天需要的光照时数要达到 12 h 以上(一般为 14 h)才能形成花芽,而且光照时数愈长,开花愈早;否则,将维持在营养生长状态,不开花结实。通常以春末和夏季为自然花期的观赏性植物,生长在纬度超过 60°地区的植物大多数是长日照植物。

**2. 短日照植物**

短日照植物是指只有在日照长度短于其临界日长时才能开花的植物。如一品红、菊花、蟹爪兰、落地生根、一串红、木芙蓉、叶子花、君子兰等。这类植物每天需要的光照时数要在 12 h 以下(一般为 10 h)才能形成花芽,而且黑暗时数愈长,开花愈早,在长日照下只能进行营养生长而不开花。多数早春和深秋开花的植物、许多原产于热带、亚热带和温带春秋季节开花的植物大多数属于此类。

**3. 中间型植物**

植物在生长发育过程中,对光照长短没有严格的要求,只要其他生态条件合适,在不同的日照长短下都能开花。如番茄、黄瓜、四季豆等。

## 2.4 光的调控在园林中的应用

利用光对园林植物的生态效应和园林植物对光的生态适应性不同,适当调整光与园林植物的关系可提高园林植物的栽培质量与产量,增强其观赏性,达到更好的园林绿化效果。

### 2.4.1 提高园林植物的光能利用率

**1. 合理密植**

栽植园林植物时要进行合理的密植,保持适宜的叶面积指数(植物绿叶总面积与所占土地面积的比值),既不能太稀,也不能太密。太稀,群体内每个个体虽能得到较好发展,但单位面积上光能利用不充分;太密,叶片过多,互相遮蔽,下层叶片受光少;密度过大通风不良,株间温度高,湿度大,易发生病害。所以密植要合理,才能充分利用阳光,提高光能利用率。

与此同时,延长园林植物的光合时间可提高园林植物光能利用率。在实践中,可以选用常绿的园林植物,特别是常绿的阔叶植物。

**2. 科学栽培**

采用间作、套种、复种、立体栽培、育苗移栽、地膜覆盖等栽培措施。充分利用生长季的阳光,提高光能利用率。

另外,在植物品种的选育过程中,应选育叶片较短较直立、叶片分布合理、耐阴性较强、适于密植等特点的植物品种,这些特点也有利于植物对光能的利用。

### 2.4.2 利用光调整园林植物的生长发育

**1. 调控花期**

城市中举办的一些牡丹节、菊花节、桂花节等,这是因为能将不同品种的花期调节在一定的时期开放。每逢佳节,各地园林部门在公园等地展出多种不同时节之花,将四季之花绽放于一时。这些效果都是园林技术人员根据植物开花对日照时数的要求不同,采取人为控制光照时间的手段,调整园林花卉植物的花期来实现的。如短日照植物菊花,其正常的花期是在秋季 10 月份以后,若把菊花的枝在 5 月中旬扦插于大田中,5 月底可生根成活,6 月移入盆内栽培,到 7 月中旬放入黑布篷中,从此时起从 8:00—9:00 到 16:00—17:00,每天只给 8 h 的光照时间,这样进行一段时间的遮光处理,约到 8 月底或 9 月初的时候便可开花了。长日照植物瓜叶菊、唐菖蒲、晚香玉等,在秋、冬及早春短日照条件下不开花,可采用灯光补充光照的办法,以使其提前开花。通过改变光照时间,可以改变植物的开花习性。如昙花一般在夜间开花,若在其花蕾为 6~10 cm 时,白天遮去阳光,夜间用日光灯进行人工照明,可以使其白天开花,还能延长开花时间。

**2. 引种驯化**

不同植物对生长地域的自然环境存在长期的适应性,因此,在引种时要考虑引种地和原产地日照长度的季节变化,以及该种植物对日照长度的反应特性,同时还要考虑到其对温度和其他生态因素的要求。不同的植物对光周期的要求不同,只有在适合的光周期条件下生长,才能正常的开花结实。通常,短日照植物北种南引,由于南方生长季节光周期时间比北方短,气温比北方高,会出现生长期缩短、发育提前的现象;若短日照植物南种北引,由于北方生长季节内日照时数比南方长,气温比南方低,往往出现营养生长期延长、发育推迟的现象。而长日照植物北种南引时,则发育延迟,花期推迟甚至不开花,若要使其正常发育,则必须满足其对长日照的要求,补充光照时间,才能开花结实。若长日照植物南种北引,则发育提前,生长期缩短,花期提前。如原产于斯里兰卡的短日照热带植物穿心莲,在引种北京的过程中,在幼苗出土后,用塑料薄膜和草帘中间再加一层油毡,在每天 17:00 后盖草帘同时先盖上油毡进行全遮光,次日 8:00 左右打开,人工造成了一个短日照环境,使穿心莲南种北引获得成功。

### 3. 改变休眠与促进生长

利用光周期调控植物的休眠。例如利用北方树种对光周期的敏感性,使它们在寒冷或干旱等特定环境因素达到临界点之前进入休眠。生产中,长日照植物北移时,生长季节的长度比原产地长一些,易于满足对光照的需求,生长就会延长,树形也长得高大,甚至结实,但这些植株容易受到早霜危害,北方地区在引种时,可利用短日照处理使树木提前休眠,增强越冬能力;长日照植物南移时,发育延迟,有的甚至不能开花、结实,如钻天杨,原产高纬度的个体仅高 15~20 cm,而原产南方的个体,却高达 2 m 左右,对高纬度地区的钻天杨利用人工光照给以较长的白昼,就会长到 1.3 m 以上,由此可见,白昼的长短对调节生长有着强烈的影响。但要注意原产地与引入地光周期条件差异太大,会造成过早或过晚开花,反而会引起减产或绝收。

长日照处理促进园林植物的营养生长,如对树苗进行长日照处理,可大大促进树苗的生长,松树、云杉幼苗在人工照明下,其生长为不采取人工照明时的 5 倍。长日照还可以促进节间的伸长,如莲座状植物翠菊,在长日照下可以很快抽茎,但在短日照下花茎停止伸长。城市中的树木,由于人工照明延长了光照时间,从而使春天萌动早,展叶早;秋天落叶晚,休眠晚。

调节光照强度促进园林植物的生长发育。许多植物的幼苗发育阶段要进行弱光处理,照射强度过大,容易发生灼伤。有些对光照强度反应比较敏感的大树也会因光照过强而受到伤害,如对其进行涂白、缠塑料薄膜等人为保护措施可避免受强光的伤害。

### 4. 栽植配置

掌握园林植物的生态类型,在园林植物的栽植与配置中非常重要。只有了解植物是喜光性种类还是耐阴性种类,才能根据环境的光照特点进行合理密植,做到植物与环境的和谐统一。例如,在城市高大建筑物的阳面应以种植阳性植物为主,在其背面则以耐阴性植物为主。在较窄的东西走向的楼群中,由于道路两侧光照条件差异很大,所以树木的配置不能一味追求对称,南侧树木应选耐阴种类,北侧树木应选耐阳树种。

## 实验实训一 不同群落和树冠光照强度的观测

### 一、目的

(1) 了解测定光强度的几种方法,并掌握照度计的使用方法。
(2) 通过不同树冠内及不同群落中光强度的测定,认识植物和光的相互影响,明确光对园林植物生长发育和形态结构的影响。

### 二、材料与工具

2D-1 型照度计、钢卷尺、皮卷尺、记录纸等。

### 三、方法与步骤

取 2D-1 型照度计,将电池放入主机箱内,再将光探头与主机连接,然后在测量环境内进行调试。先将倍率开关置于"×100"挡,工作选择开关置于"调零",旋转调零电位器使电表指针对准零,然后选择将工作开关旋至"测"。电表指示数字乘以100,即为此时的光强度测定值。如电表指示数字小于满刻度值的1/10,应变换量程。将倍率开关旋至"×10"挡,并重复以上调零步骤,以提高测量精度。测试结束后,将选择开关拨回"关"位置。

掌握仪器调试方法后,在事先选好的被测树木及测试群落内分组进行下列测定。

(1)不同树冠内光的分布。在校园中选树冠密实与疏散的树木各一株,参照图2-4,分层测定树冠内的光强度;同时测定树冠外的光强度,作为对照。每一层重复测定6次,记入表2-4中。

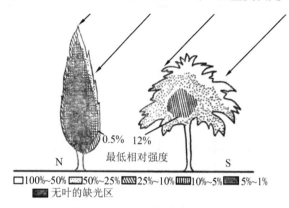

**图 2-4　不同类型树冠内光的削弱**

(2)不同群落中光强度测定:选禾草群落、杂类草群落及人工林各一块。在每一群落中随机设置3个样点,每一样点上参照图2-5,分层测定光强度(图中圆圈中数字为百分比),每层重复4次,填入表2-5中,取平均值,计算各层相对光强度。

**图 2-5　辐射在北欧混交林(上)和草甸(下)中的削弱**

表 2-4 树冠内光强度测定记录表

植物名称：

取样时间：

取样地点：

观测人：

最大树冠幅(m)：

树高(m)：

| 测定位置 \ 测定次数 | 1 | 2 | 3 | 4 | 5 | 6 | 平均 | 相对值/(%) |
|---|---|---|---|---|---|---|---|---|
| 对照 |  |  |  |  |  |  |  |  |
| 1 |  |  |  |  |  |  |  |  |
| 2 |  |  |  |  |  |  |  |  |
| 3 |  |  |  |  |  |  |  |  |
| 4 |  |  |  |  |  |  |  |  |
| 5 |  |  |  |  |  |  |  |  |

表 2-5 群落内光强度测定记录

群落名称：

取样时间：

取样地点：

观测人：

群落高度：

| 层次 \ 测定光强度/lx | 1 | 2 | 3 | 平均 | 相对值/(%) |
|---|---|---|---|---|---|
| 对照 |  |  |  |  |  |
| 1 |  |  |  |  |  |
| 2 |  |  |  |  |  |
| 3 |  |  |  |  |  |
| 4 |  |  |  |  |  |
| 5 |  |  |  |  |  |

## 四、实训报告

根据观测结果，分析不同树冠内及不同群落中光强度的变化。

## 复习思考题

1. 简述光对园林植物的生态作用。
2. 根据植物对光照强度的要求,可以把植物分为哪几类?
3. 何谓植物的耐阴性?喜光性植物与耐阴性植物有何不同?
4. 列举当地栽植的园林植物中,哪些属喜光性植物,哪些属耐阴性植物。
5. 什么是光周期现象?在园林花卉生产中有什么意义?
6. 为什么高山地区植物茎干低矮、花色鲜艳?

# 第3单元　园林植物与温度

**教学目标**

了解温度及其变化规律;熟悉温度对园林植物的生态作用,园林植物对温度的生态适应;掌握温度的调控在园林中的应用;学会植物与温度生态关系的观察。

温度与自然界息息相关,密不可分。植物都生长在具有一定温度的外界环境中,并受温度变化的影响。温度的变化又能引起环境中其他因子,如湿度、降水、风、水中氧的溶解度等的变化,而环境诸因子的综合作用,又能影响植物的生长发育。

## 3.1　温度及其变化规律

### 3.1.1　温度与热量平衡

太阳辐射是地表面的热源,地面因吸收太阳辐射而增温,同时又不断放出辐射,即地面辐射,地面辐射是近地面层大气的主要热源。大气主要通过接受地面辐射增温,同时又向外辐射,其中射向地面的那部分辐射称为大气逆辐射,它也是地面热量的一个来源。地面辐射与大气逆辐射之差称为地面有效辐射。因此,地面的辐射收入部分主要包括太阳直接辐射和散射辐射及大气逆辐射,支出部分包括地面辐射和地面对太阳辐射的反射。

近地面温度的变化主要取决于太阳总辐射量的大小、地面对其的反射及地面有效辐射三个因素的综合:太阳总辐射量大时,温度升高快;地面介质反射率小,吸收的热量增加,温度增加较快;大气密度大时,地面有效辐射变小,温度变化相对缓慢。

### 3.1.2　温度的变化规律

温度的自然变化表现在空间上和时间上的变化两方面。

**1. 温度在空间上的变化**

温度的空间变化主要体现在受纬度、海拔高度、海陆位置、地形等变化的制约上。一般,纬度和海拔越低温度越高,海陆位置和地形对温度变化的影响较为复杂。

地球表面上各地的温度随所处的纬度、海拔高度和地形的不同而有很大变化。从纬度来说,随着纬度增高,太阳高度角减小,太阳辐射量随之减少,温度也逐渐降低。一般纬度每增高1°(约111 km),年平均温度下降0.5~0.9 ℃。另外高纬度地区所接受的太阳辐射量变化较大,致使温度的变幅增加。从海拔高度来看,随着海拔升高,虽然太阳辐射增强,但由于大气层变薄,大气密度下降,导致大气逆辐射下降,地面有效辐射增多,因此温度下降。一般海拔每升高100 m,气温下降0.5~0.6 ℃。

海洋和湖泊等大型水体在夏季会储存大量的热量,使冬季吹过水面的大气暖化,结果靠近水体的陆地比其他陆地温度相应的要高些,夏季大型水体通过对流使其附近的陆地温度下降。

温度与坡向也有密切的关系,南坡接受的辐射量较多,北坡较少,西南坡接受的辐射量较多而蒸发较少,因而西南坡的温度比南坡温度高。南坡相对温暖干燥,多种植喜温耐旱的植物,北坡温度相对较低而湿润,以耐阴喜湿的植物居多。

盆地、谷地有其独特的温度变化规律:谷中间受热强烈,再加上地形封闭,热空气不易输出,所以白天谷中气温较周围其他地区高;夜间没有太阳辐射,地面向外辐射冷空气,冷空气沿坡下沉,在凹陷处地表形成一层冷空气层,并将热空气抬升,从而形成了一定范围内温度随海拔升高而升高的逆温现象,如图3-1所示。

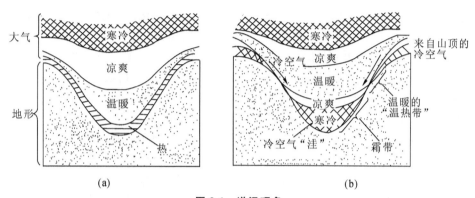

**图 3-1 逆温现象**
(a)凉而晴朗的白天;(b)冷而晴朗的夜间

**2. 温度在时间上的变化**

温度在时间上的变化可分为季节变化和昼夜变化。我国地处北半球的亚热带和温带地区,夏季温度较高,冬季温度较低,春、秋两季适中。温度年较差即一年内最热月与最冷月平均温度的差值是衡量温度季节变化的指标。温度年较差受纬度的影响显著,一般赤道地区的年较差最小,随着纬度的增加,年较差呈递增趋势。另外,大型水体对温度的年较差有较大影响,靠近大型水体的区域温度变化平缓,年较差较小,而远离大型水体的大陆则温度变化起伏大,年较差较大。

温度的昼夜变化也是很有规律的,一般气温的最低值出现在凌晨日出前。日出以后,气温上升,在中午13:00—14:00达最高值,以后开始持续下降,一直到下一个日出前为止。通常用气温日较差,即每天的最高气温与最低气温的差值,来衡量温度的昼夜变化。气温日较差一般随纬度的增加而减小。

## 3.2 温度对园林植物的生态作用

### 3.2.1 节律性变温对园林植物的生态作用

温度随季节和昼夜发生有规律的变化称为节律性变温。对于季节性变温,纬度越低的地方越不明显,而昼夜变温在两极及其附近地区不明显。植物长期适应节律性变温,会形成相应的生长发育节律。

**1. 昼夜变温与温周期现象**

植物适应于温度昼夜变化的现象称为温周期现象。昼夜温差大对植物生长有利,白天

温度高有利于植物光合作用,进而合成的有机物多,夜间适当低温使呼吸作用减弱,消耗的有机物质少,使得植物净积累的有机物增多。光合作用净积累的有机物越多,对花芽形成越有利,开花就越多。昼夜变温对植物的影响主要体现在:能提高种子萌发率,对植物生长有明显的促进作用。昼夜温差大则对植物的开花结实有利,并能提高产品品质。例如,在不同昼夜温度下培育的火炬松苗,在昼夜温差最大时(日温 30 ℃,夜温 17 ℃)生长最好,苗高达 32.2 cm,昼夜温度均在 17 ℃时,苗高 10.9 cm,差异十分明显。需要注意的是,有些植物的生长很少受温周期的影响。例如,红杉在昼夜温差很小或无差别时,也能正常生长。

**2. 季节变温与物候**

植物适应一年中气候条件(主要是温度条件)的季节性变化,形成相适应的植物发育节律,称为物候。例如:大多数植物在春季温度开始升高时发芽、生长,继之出现花蕾;夏秋季高温下开花、结实和果实成熟;秋末低温条件下落叶,随即进入休眠。这种发芽、生长、现蕾、开花、结实、果实成熟、落叶休眠等生长、发育阶段,称为物候期。物候期是各年综合气候条件(特别是温度)如实准确的反映。因此,凡是影响地区气候的因素都影响植物的物候期,如纬度、经度和海拔等因子。

在我国,物候变化从纬度上看:从广东湛江沿海至福州、赣州一线纬度相差 5°,春季桃花开花期相差 50 d 之多;南京和北京纬度相差 6°,桃花开花期相差 19 d。前者每 1 纬度相差 10 d,后者相差 3 d 多。纬度相同的洛阳和盐城,经度相差 8°,初春洛阳迎春花期比盐城的早 22 d,由西向东平均每移动一个经度,物候期延迟 1 d。物候在海拔高度上的差异,从唐朝大诗人白居易诗句"人间四月芳菲尽,山寺桃花始盛开"中可见一斑,桃花的始花期在庐山上的要比山下约迟 1 个月,可见影响物候期的因素是比较复杂的。

植物的物候现象是同周围的环境条件紧密联系的。在城区内,温度一般比城市以外地区高,其物候期一般要早一些,所以植物的萌动、开花在市区比郊区早,市区植物的生长期亦更长,落叶休眠较晚。由于植物的物候期反映过去一段时期内气候和天气的积累,是比较稳定的形态表现,因此通过长期的物候观测,可以了解植物生长发育季节性变化同气候及其他环境条件的相互关系,作为指导园林生产和绿化工作的科学依据。

研究物候主要靠物候观测,除地面定期观测外,也可以用遥感等新技术进行。物候观测的结果,可以整理成物候谱、物候图或等物候线,以说明物候期与生态因子或地理区域的联系。物候节律研究对确定不同植物的适宜区域及指导植物引种工作具有重要价值。

### 3.2.2 非节律性变温对园林植物的生态作用

非节律性变温是指温度的突然降低和突然升高,包括极端高低温值、升降温速度和高低温持续时间等,对植物有极大的影响。这在我国北亚热带季风及中亚热带季风气候区内很易出现,因为在这些地区南北气流交换最频繁、最剧烈。这种非节律性变温,由于其突然性,常给植物造成极大危害,尤其对外来植物的种子和苗木的影响很大。

**1. 极端低温对园林植物的生态作用**

温度低于一定数值,植物便会因低温而受害,这个数值便称为临界温度。在临界温度以下,温度越低,植物受害越重。低温对植物的直接伤害可分为冷害、冻害和霜害三种。由低温引发其他因素的变化而造成植物的间接伤害有冻举、冻裂和生理干旱三种。

1)冷害

冷害也称寒害,是指 0 ℃以上的低温对植物造成的伤害。喜温植物易受寒害,主要是由于在低温条件下 ATP(三磷酸腺苷)减少,酶系统紊乱,活性降低,导致植物的光合、呼吸、吸收、蒸腾作用及物质运输、转移等生理活动的活性降低,彼此之间的协调关系遭到破坏。寒害多发生在我国南部地区,一般热带树种在温度为 0～5 ℃时,呼吸代谢就会严重受阻。因此,冷害是喜温植物北移的主要障碍。

2) 冻害

冻害是指 0 ℃以下的低温使植物体内形成冰晶而造成的损害。一般植物组织结冰时,细胞壁外面的纯水膜首先结冰,冰晶的形成会使原生质膜发生破裂并使蛋白质失活与变性。随着温度下降,冰晶进一步扩大,这一方面会使细胞失水,引起细胞原生质浓缩,造成胶体物质的沉淀,另一方面使压力增加,促使细胞膜变性和细胞壁破裂,严重时引起植物死亡。

低温期愈长,植物受害也愈重。此外,在相同条件下降温速度越快,植物受伤害越严重。植物受冻害后,温度急剧回升要比缓慢回升受害更重。温度回升慢,细胞间隙的冰晶慢慢融化,细胞原生质能把细胞间隙的水分吸回到细胞内部,避免原生质脱水。如果冰晶融化太快,特别是在直射光照下,细胞间隙的水迅速蒸发,加重原生质失水,更增加植物受害程度。

3) 霜害

霜害是指伴随霜降而形成的低温冻害。霜害的伤害原理与冻害的一样,都是通过破坏原生质膜和使蛋白质失活与变性造成伤害。早霜一般在植物生长尚未结束,未进入休眠状态时发生,常使从南方引入的植物受害。晚霜一般危害春季过早萌芽的植物,辐射降温出现逆温层时,靠近地表的气温最低,故幼苗较易受霜害。所以,从北方引入的树种应种在比较阴凉的地方,抑制早萌动。

4) 冻举

冻举又称冻拔。气温下降,引起土壤结冰,冰的体积比水的大9%,这会使得土壤体积增大,随着冻土层的不断加厚、膨大,会使苗木上举;解冻时,土壤下陷,苗木留于原处,根系裸露地面,严重时倒伏死亡,像被拔出来一样。冻举多发生在寒温带土壤含水量过大、土壤质地较细的土地条件上,一般对苗木或幼树造成伤害,小苗比大苗受害严重。

5) 冻裂

白天太阳光直接照射到树干,入夜气温迅速下降,由于木材导热慢,树木受光面和背光面温差较大,热胀冷缩产生弦向拉力,使树皮纵向开裂,而造成伤害。冻裂一般发生在昼夜温差较大的地方。在高纬度地区,许多薄皮树种如乌桕、核桃、槭树、悬铃木、榆树、七叶树、橡树类等树干向阳面,越冬时常发生冻裂。对这类树种可采取树干包扎、缚草或涂白等措施进行保护。

6) 生理干旱

生理干旱又称冻旱。土壤低温或土壤中盐分浓度高,树木根系吸不到水分,而地上部分不断蒸腾失水,就会引起枝条甚至整棵树木干枯死亡。冻旱多发生于土壤未解冻前的早春。风能大大增加树的蒸腾作用,可在树木迎风面用竹席等挡风,或在幼龄树北侧设置月牙形土埂以提高地温,缩短冻土期或浇灌返青水,从而减轻生理干旱的危害。

植物受低温伤害的程度主要决定于该种类抗低温的能力。对同一种植物而言,不同生长发育阶段、不同器官组织的抗低温能力也不同。

**2. 极端高温对园林植物的生态作用**

当温度超过植物适宜温区上限时,会对植物产生伤害作用,使植物生长发育受阻,特别

是在开花结实期最易受高温的伤害,并且温度越高,对植物的伤害作用越大。高温可减弱光合作用,增强呼吸作用,使植物的这两个重要生理过程失调,植物因长期饥饿而死亡;高温还可促进蒸腾作用,破坏植物的水分平衡,使植物干枯甚至死亡;高温抑制氨化物的合成,氨积累过多而毒害细胞;高温还加速生长发育,促使蛋白质凝固和导致有害代谢产物在体内积累。

园林植物受强烈阳光照射和高温影响常会产生日灼现象。根据灼烧部位的不同可分为如下两类。

1) 树皮灼烧

树皮灼烧或称为日灼伤,是由高温引起的伤害,树木受强烈的太阳辐射,温度升高特别是温度的迅速变化而引起形成层细胞和树皮组织的局部死亡。在冬季,朝南或南坡地域,以及有强烈太阳光反射的城市街道,容易产生过热。树皮光滑的成年树木最易发生树皮灼烧,受害树木的树皮呈现斑点状的死亡或片状剥落,极易发生病菌侵入,更严重地危害整棵树木。在生产实践中,可以给树干涂白,反射掉大部分热辐射而减轻危害。

2) 根茎灼伤

根茎灼伤又称干灼。当土壤表面温度增高到一定程度时,会灼伤幼苗柔弱的茎而造成伤害。根茎灼伤的部位在土表上下 2 mm 之间,形成环状伤害。春末秋初,北方雨季之前,太阳辐射强烈,土表温度回升快,幼苗根茎容易灼伤。太阳辐射越强,土表温度越高,持续时间越长,灼伤越严重。根茎灼伤多发生在苗圃,可通过遮阴或喷水降温来减少危害。

非节律性变温对植物的影响较普遍,其影响程度一方面取决于极端最高、最低温度持续的时间,温度变化的幅度、快慢,例如降温越快,低温持续时间越长,植物受害越重;另一方面取决于植物本身的抵抗能力。抗寒能力主要取决于植物体内含物的性质和含量,如植物体内可溶性碳水化合物、自由氨基酸及核酸的含量和抗寒能力成正相关关系。同一种植物在不同发育阶段,其抵抗能力是不同的,一般休眠阶段抗性最强,生殖生长阶段抗性最弱,营养生长阶段居中。

### 3.2.3 温度对植物分布的影响

**1. 三基点温度**

植物只有在一定的温度范围内才能生长。温度对植物生长的影响是综合的,它既可以通过影响光合、呼吸、蒸腾等代谢过程,也可以通过影响有机物的合成和运输等代谢过程来影响植物的生长,还可以直接影响土温、气温,通过影响水肥的吸收和输导来影响植物的生长。由于参与代谢活动的酶的活性在不同温度下有不同的表现,所以温度对植物生长的影响也具有最低、最适和最高温度三基点。最低温度是指某一生理过程开始时的温度;最适温度是指该生理过程最旺盛时的温度;最高温度是指某一生理过程停止时的温度。植物只能在最低温度与最高温度范围内生长。虽然生长的最适温度是指生长最快的温度,但这并不是植物生长最健壮的温度。因为在最适温度下,植物体内的有机物消耗过多,植株反倒长得细长柔弱。因此在生产实践上培育健壮植株,常常要求的温度低于最适温度,这个温度称协调的最适温度。不同植物生长的温度三基点不同。这与植物的原产地气候条件有关。原产热带或亚热带的植物,温度三基点偏高,分别为 10 ℃、30~35 ℃、45 ℃;原产温带的植物,温度三基点偏低,分别为 5 ℃、25~30 ℃、35~40 ℃;原产寒带的植物生长的温度三基点更低,北极的或高山上的植物可在0 ℃或0 ℃以下的温度生长,最适温度一般很少超过10 ℃。

同一植物的温度三基点还因器官和生育期而异。一般根生长的温度三基点比芽的低。例如苹果根系生长的最低温度为10 ℃、最适温度为13~26 ℃;最高温度为28 ℃,而地上部分的均高于此温度。多数一年生植物,从生长初期经开花到结实这三个阶段中,生长最适温度是逐渐上升的,这种要求正好同从春到早秋的温度变化相适应。播种太晚会使幼苗过于旺长而衰弱,同样如果夏季温度不够高,也会影响生长而延迟成熟。

**2. 影响植物分布的温度因素**

1) 极端低、高温度

在高纬度或高海拔地区:冬季的极端低温往往是限制植物分布的主要因素,它直接决定了物种水平分布上向极地延伸的界限及垂直分布的上限,如在通常状况下,低温限制了橡胶树、椰子树等只能在热带、在亚热带地区栽种;其他时期的极端低温对植物分布也产生重要影响,如秋初的极端低温及春季的晚霜可能比冬季低温更直接地影响物种的分布界限,而夏季的温度不足也可能是限制植物分布的另一个原因,由于夏季短暂且比较凉爽,植物的光合作用不足,使植物的生产力和竞争力下降而成为植物分布的限制因素。

在低纬度或低海拔区域:夏季的极端高温成为植物分布的限制因素,极端高温往往引起植物的代谢失调、失水过度、光合不良、呼吸速率过高等而限制植物的分布,如自然状态下白桦和云杉不能在华北平原生长,就是由于高温的限制;冬季的低温不足,使有些植物打破其休眠比较困难,或者冬季时间较短,同样影响植物的分布。

2) 年平均温度

各区域的平均温度也对植物的分布产生重要影响,特别是一年的平均温度及比较典型月份的平均温度,如最冷的月份和最热的月份。贝尔格根据平均温度把全球划分为五个植被气候类型:热带雨林气候、亚热带森林气候、温带季风气候、原始针叶林气候(寒温带)和苔原气候(寒带)。如温带季风气候指1月份平均气温在−20 ℃以下,7月份平均气温为20~25 ℃的气候类型。

3) 积温

植物在生长发育过程中必须从环境摄取一定的热量才能完成某一阶段的发育,而且植物的各个发育阶段需要的总热量是一个常数。不同植物对温度的要求不同,积温常用来表示植物对热量要求。植物完成其生命所需的一定温度总量称为积温。它既可表示各地热量条件,又能说明生物各生长发育阶段和整个生育期所需要的热量条件。通常把植物整个生长期或某一发育阶段内高于一定温度的日平均温度总和称为某植物生长期或某发育阶段的积温。积温分为有效积温和活动积温两种。有效积温指植物开始生长活动的某一阶段时期内的温度总量。生物学零度为某种植物生长活动的下限温度,低于此温度植物则不能生长活动。

有效积温的计算方法为

$$K = N(T - T_0)$$

式中:$K$——有效积温;

$T$——当地某时期的平均温度;

$T_0$——生物生长活动所需要的最低临界温度(生物学零度);

$N$——某时期的天数。

活动积温是以物理学零度为基础,即某一阶段内 0 ℃ 以上的日平均温度总和。计算时将某一时期内的平均温度乘以该时期的天数即得活动积温,即

$$K = NT$$

植物在整个生长发育期要求不同的积温总量,根据各种植物需要的积温量,再结合各地的温度条件,初步可知植物的引种范围。此外,还可根据各种植物对积温的需要量,推测或预报各发育阶段到来的时间,以便及时安排生产活动。

**3. 植物分布**

以日温大于等于 10 ℃ 的积温和低温为主要指标,我国分为 6 个热量带。由于每个带温度不同,都有其相应的树种和森林类型,如表 3-1 所示。

表 3-1 我国热量带划分表

| 热量带类型 | 积温 | 最冷月平均气温 | 主要植物种类 | 备注 |
|---|---|---|---|---|
| 赤道带 | 9 000 ℃ 左右 | 平均气温超过 26 ℃ | 椰子、木瓜、羊角蕉和菠萝蜜等 | 位于北纬 10 ℃ 以南中国南海岛屿地区,年降雨量超过 1 000 mm |
| 热带 | ≥8 000 ℃ | 不低于 16 ℃ | 樟科、番荔枝科、龙脑香科、使君子科、楝科、桃金娘科、桑科、无患子科和豆科 | 包括雷州半岛、湛江及其以南地区,低地植被主要是热带雨林 |
| 亚热带 | 4 500～8 000 ℃ | 0～16 ℃ | 壳斗科、榉科、茶科、冬青科等常绿阔叶树,马尾松、柏树、杉木等针叶树 | 天然植被为常绿阔叶林或混生常绿阔叶树的阔叶林 |
| 暖温带 | 3 400～4 500 ℃ | 0～8 ℃ | 雪松、白皮松、侧柏、泡桐、麻栎等 | 是亚热带和温带之间的过渡,主要分布落叶阔叶林 |
| 温带 | 1 600～3 400 ℃ | −28～−8 ℃ | 紫椴、水曲柳、千金榆、黄刺梅等 | 天然植被为针叶树与落叶阔叶树混交林,此外为草原与荒漠 |
| 寒温带 | <1 600 ℃ | 低于 −28 ℃ | 落叶松、樟子松、蒙古栎、榛子等 | 天然植被为落叶松林 |

## 3.3 园林植物对温度的生态适应

### 3.3.1 园林植物随温度变化适应的生态类型

植物的生长发育和休眠都要求一定温度,温度过高或过低都可能受害。不同种类植物还会由于原产地的气候不同,而对温度的要求不同。由于植物对温度等的适应性不同,会形成不同的温度生态类型。如园林植物类,通常根据其对温度的要求分成三类,如表 3-2 所示。

表 3-2　园林植物随温度变化适应的生态类型

| 植物类型 | 温　度 | 主要植物种类 |
| --- | --- | --- |
| 喜高温园林植物 | 要求白天室温 20～22 ℃，夜间不低于 10 ℃ | 一品红、仙客来和大多数附生兰花等 |
| 喜低温园林植物 | 一般长江流域可露地越冬，北方室内种植，越冬温度不低于 5 ℃ | 月季、桂花、柑橘、山茶花、春兰、八仙花、杜鹃花、栀子花、苏铁等 |
| 中温园林植物 | 介于前两类之间，在广东、广西地区可以露地越冬，最低温度应不低于 10 ℃，应保持在 18 ℃ 左右 | 白兰花、茉莉花、米兰、扶桑、大部分仙人掌类植物、秋海棠类植物、仙客来、荷包花等 |

植物对温度的适应性有很大差别，根据植物与温度的关系，从植物分布的角度上可分为两种生态类型：广温植物和窄温植物。广温植物指具有较强的温度适应能力，能在较宽的温度范围内生活的植物。如松、桦、栎等能在－5～55 ℃ 温度范围内生活，分布范围较广。窄温植物指只生活在较窄的温度范围内，不能适应温度较大变动的植物。窄温植物由于对温度的要求较窄，其类型相对较多。只能在低温范围内生活严格受高温限制的植物，称为低温窄温植物，如雪球藻、雪衣藻只能在冰点温度范围发育繁殖；仅能在高温条件下生长发育严格受低温限制的植物，称为高温窄温植物，如椰子、可可等只分布在热带高温地区。

温度并不是唯一限制植物分布的因素，在分析影响植物分布的因素时，要考虑温度、光照、土壤、水分等因子的综合作用。

### 3.3.2　园林植物对非节律性变温的生态适应

植物长期受低温影响后，会产生生态适应，主要表现在形态和生理两方面。形态上如孢粉和种子的形态有利于抵御低温，芽和叶片常有油脂类物质保护（芽具鳞片，叶表面被蜡粉和密毛覆盖），树皮有发达的木栓组织，高山植被植株矮小等，都可以增强其抗冻性。生理上主要通过原生质特性的改变，如细胞水分特别是自由水的减少，提高了溶质和胶体的浓度；通过积累糖类等增加细胞质含量，以提高渗透压；通过糖类、脂肪和色素物质的增加，以降低冰点；对光谱中的吸收带更宽、低温季节来临时休眠，也是有效的生态适应方式。

植物对高温的适应能力与种类、不同生长发育阶段等有关。如热带沙漠里生长的仙人掌科植物可在 50～60 ℃ 的高温环境中生长而不受害。对于同一植物来讲，植物的休眠期最能抵抗高温，生长期的抗性相对较弱，而繁殖期是植物对高温最敏感的时期。植物对高温的生态适应方式也主要体现在形态和生理两个方面。形态上如：生密绒毛和鳞片，过滤部分阳光；呈白色、银白色的叶片革质发亮，反射部分阳光；叶片垂直排列使叶缘向光或在高温下叶片折叠，减少光的吸收面积来减少光照；树干和根茎有很厚的木栓层，起绝热和保护作用。生理方面主要有：降低细胞含水量，增加糖或盐的浓度，以利于减缓代谢速率和增加原生质的抗凝能力；生长在高温强光下的植物蒸腾作用旺盛，避免体内过热而受害；一些植物具有反射红外线的能力，且夏季反射的红外线比冬季多。反射的红外线越多，越能有效抑制植物体温的升高。

## 3.4 园林植物对城市气温的调节作用

### 3.4.1 城市"热岛"效应

所谓城市"热岛"效应是指城市化的发展,导致城区的气温高于外围郊区的现象。在气象学近地面大气等温线图上,郊外的广阔地区气温变化很小,如同一个平静的海面,而城区则是一个明显的高温区,如同突出海面的岛屿,由于这种岛屿代表着高温的城市区域,所以就被形象地称为城市"热岛"。在夏季,城市局部地区的气温,能比郊区高 6 ℃甚至更多,形成高强度的"热岛"。

城市的"热岛"效应是很明显的,在不同纬度的城市都普遍存在,一般城市年均气温比周围郊区高出 0.5~1.5 ℃。北京夏季城区平均气温比郊区高 3~4 ℃。由于高大建筑物表面使太阳辐射增加许多倍,白天积累的热量,晚上又散发出来,引起城市的高温化。

城市"热岛"效应是一种中小尺度的气象现象,它受到大尺度天气形势的影响。当天气形势情况稳定、气压梯度小、微风或无风、天气晴朗无云或少云时,"热岛"效应较为明显。"热岛"效应还与城市规模、季节有关系,中小城市的"热岛"效应较弱,在一年当中,一般秋、冬季城市的"热岛"效应较强,而夏季较小。特别在北方城市,由于冬天取暖,人为散发热量大大增加,也增强了城市"热岛"效应。

城市的"热岛"效应常会使城市春天来得较早,秋季结束较迟,城区的无霜期延长,极端低温趋向缓和。但这些有利于树木生长的因素,会由于城市高温,低湿的加剧而丧失,特别在街道、广场或朝南增温的前方,局部地区的温度有时可达到极高程度,如沥青路面温度最高时达 51 ℃。

### 3.4.2 园林植物对城市气温的调节作用

**1. 园林植物的遮阴作用**

夏季在树荫下会感到凉爽宜人,这是由于树冠能遮挡阳光,减少日光直接辐射所致。太阳辐射直接加温于空气的作用是很小的,每小时仅能上升 0.02 ℃,而太阳辐射到地面后,通过地表散热,才是直接加温于空气的主要热源,因此,通过植物遮阴降低小环境温度的作用是很明显的。一般植物叶片对太阳光的反射率为 10%~20%,对致热的红外光的反射率可高达 70%,而城市铺地材料沥青的反射率仅为 4%,鹅卵石为 3%。据保萨哈夫测定,在冷杉树冠下,只有 5.2% 的光辐射量透过,在松树下为 6.5%。树木通过遮挡阳光,减少辐射量,而产生明显降温效果,而且不同树种间的降温效果差异较大,这与树冠的大小、树叶的疏密度和叶片的质地相关。据测定,有树荫的地方一般比没有树荫的地方要低 3~5 ℃。而在冬季,一般在林内比对照地点温度要高 1 ℃左右。

在附近有建筑物的地方,树冠不仅阻挡了太阳直接辐射,而且也阻挡建筑物墙面的反辐射,正午时全部被树冠覆盖的庭院所获得的总辐射量一般只有空旷庭院的 1/10。当然,如庭院完全被覆盖后又对空气流通、采光和接收紫外线不利。但如树冠覆盖度达到 7/10 时则可使庭院接受到的辐射总量减小一半左右,兼顾适量采光、通风,又可大大降低炎热天气条件下的温度。

**2. 园林植物的蒸腾降温作用**

植物一方面可阻挡太阳的热辐射,另一方面又可通过蒸腾作用消耗掉大量热量,并提高周围空气的湿度,从而产生凉爽效应。栽种植物的地方,地面的长波辐射热比建筑材料铺装地面低得多,从而能够达到降温的效果。Baumgartner测定,一片云杉林每天通过蒸腾作用可消耗掉66%的太阳辐射能。Ruge(1972)计算了汉堡市的年平均降水量为771 mm,其中1/3没有经过蒸发而流入城市下水道排走,也就是流走257 mm,即2 570 $m^3/hm^2$。他认为,1棵行道树每年蒸腾消耗的水分为5 $m^3$,那么每公顷500棵行道树将能蒸腾掉相同面积内与流走的数量相同的水分,它的凉爽效应为$1.5×10^9$ Lcal/($hm^2$·a)。显然,在夏季植物蒸腾作用所消耗的热量对改善城市热环境具有巨大的作用。

**3. 园林植物改善城市小气候的作用**

小气候主要是指距离地面10~100 m高度空间内的气候,这一层正是人类生活和植物生长的区域和空间。人类的生产和生活活动、植物的生长和发育都深刻影响着小气候。植物叶面的蒸腾作用能调节气温、调节湿度、吸收太阳辐射热,对改善城市小气候具有积极的作用。其影响因素除太阳辐射和气温外,直接随作用层的狭隘地方属性而转移,如地形、植被、水面等,植被对地表温度和小区域气候的影响尤大。夏季人们在公园或树林中会感到清凉舒适,这是因为太阳照到树冠上时,有30%~70%的太阳辐射热被吸收。树木的蒸腾作用需要吸收大量热能,从而使公园绿地上空的温度降低。另外,由于树冠遮挡了直射阳光,使树下的光照量只有树冠外的1/5,从而给休憩者创造安闲的环境。草坪也有较好的降温效果,当夏季城市气温为27.5 ℃时,草地表面温度为22~24.5 ℃,比裸露地面低6~7 ℃。到了冬季绿地里的树木能降低风速20%,使寒冷的气温不至降得过低,起到保温作用。

城市地区大面积园林绿地还可形成局部微风。在夏季,建筑物和水泥沥青地面气温高,热空气上升,而绿地(主要是大片森林)内气温低,空气密度大,冷空气下降,并向周围地区流动,从而使得热空气流向园林绿地,经植物过滤后凉爽的空气流向周围,使周围地区的温度下降,如图3-2所示。而在冬季,树冠阻挡地面的辐射热向高空扩散,无树的空旷地空气易流动,散热快,因此在树木较多的小环境中,其气温要比空旷处高,这时树林内热空气会向周围空旷地流动,提高周围地区温度。城市的带状绿地,如道路绿化与滨江滨湖绿地是城市的绿色通风走廊,可以将城市郊区的自然气流引入城市内部,为炎夏城市的通风创造良好条件;而在冬季,则可减低风速,发挥防风作用。总之,城市大片园林绿地能对周围环境起到冬暖夏凉的作用,而且这种空气的流动,对城市地区无风天气,具有促进空气交换,加快大气污染物扩散的功效。

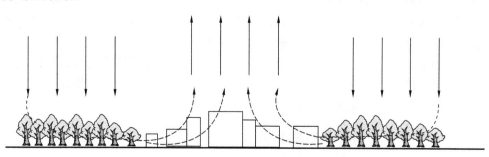

图3-2 城市园林绿地在白天形成局部微风

#### 4. 园林植物覆盖面积效应

刘梦飞等人对植物覆盖率与降温效应的关系进行分析,将北京市规划区以每 500 m×500 m 为一块分成网格,调查每个网格内的覆盖率,并分成不同的等级,再与网格内的 200 多个观测点的温度进行对比,发现绿化覆盖率与气温有负相关关系,即覆盖率越高,气温越低。在白天,覆盖率每增加 10% 时,气温下降约 2.6%;在夜间,植物的降温作用表现得更强烈,绿化覆盖率每增加 10%,可使气温下降约 2.88%。当绿化覆盖率增加到 50% 时,可使气温下降 13% 左右。为了控制城市气温,减弱"热岛"效应,除了在市区内提高绿化覆盖率外,还应重视郊区的大环境绿化。在郊区建植面积较大的森林公园或片林,有利于促进空气流动,改善城市大气质量,在城市中形成以绿地为中心的低温区域,使其成为人们户外游憩活动的优良环境。

#### 5. 园林植物消除"热岛"效应

植物覆盖在减弱城市"热岛"效应方面具有重要意义。据刘梦飞等人调查,北京市的城市"热岛"并不是标准的同心圆,即不是市中心温度最高,离市中心越远温度越低;而是多中心型的,具有若干个高温区,这些高温区的分布与地面上植被的多少密切相关,凡有大块绿地和水面,或绿化程度较高的地方,温度普遍较低,城市"热岛"被分割开,从而出现了城市多个"热岛"现象。每公顷绿地平均每天可从周围环境中吸收 $81.8 \times 10^6$ J 的热量,相当于 189 台空调的制冷作用。很大程度上缓解了城市"热岛"效应,改善了人居环境。

## 3.5 温度的调控在园林中的应用

温度是影响园林植物生长发育的重要生态因子,通过温度调控,可最大限度发挥园林植物的作用。

### 3.5.1 温度调控与引种

引种是园林植物起源与演化的基础,可增加园林植物的种类多样性。包括温度、光照、水分、湿度等因素的气候相似性是引种成功的决定因素,温度因子对引种限制最明显。在长期的生产实践中,得出了植物引种的经验:北种南移或高海拔引种到低海拔比南种北移或低海拔引种到高海拔容易成功;草本植物比木本植物容易引种成功;一年生植物比多年生植物容易引种成功;落叶植物比常绿植物容易引种成功。

在温度相似的区域引种的成功率最大,对于一些引种跨度较大,一次引种难以成功的植物,可采取"三级跳"的引种方法,即在引种区和被引种区的中间寻求一个或几个过渡地带,先将引种的植物引种到过渡区,使其逐渐适应后,再逐步引到目的区域。

引种植物经过一定的适应锻炼后,可逐渐适应新的环境,保持正常的生长状态,引种植物往往要比乡土植物具有相对较弱的抗性。植物对新环境的适应性具有潜在的范围,植物的引种驯化是将这种潜在的适应性充分发挥的结果。

### 3.5.2 温度调控与种子萌发及休眠

种子萌发是指种子从吸胀开始的一系列有序的生理过程和形态发生过程。种子的萌发需要适宜的温度,因为种子内部营养物质的分解与转化,都要在一定的温度范围内进行。温度过高或过低造成种子伤害,大部分种子萌发的适温是 15~22 ℃。

种子的温度处理可以促使种子早发芽,出苗整齐。根据各种园林植物种子大小、种皮厚薄、本身性状的不同,应采用不同的处理方法区别对待,如表 3-3 所示。

表 3-3　园林植物种子萌发温度处理方法

| 种子类型 | 处理方法 | 具体操作 | 植物举例 |
| --- | --- | --- | --- |
| 比较容易发芽的种子 | 冷温水处理 | 可用冷水(0~30 ℃)浸种 12~24 h,温水(30~40 ℃)浸种 6~12 h,以缩短种子膨胀时间,加快出苗速度 | 如万寿菊、羽衣茑萝、一些仙人掌类种子 |
| 出苗比较缓慢的种子 | 变温处理 | 先用温水浸种,待种子膨胀后,平摊在纱布上,然后盖上纱布,放入恒温箱内,保持 25~30 ℃ 的温度,每天用温水连同纱布冲洗 1 次,待种子萌动后立即播种 | 珊瑚豆、文竹、君子兰、金银花等 |
| 休眠种子 | 低温沙藏和变温处理 | 把种子分层埋入湿润的素沙里,然后放在 0~7 ℃ 环境下,层积时间因种类而异,一般在六个月左右。如杜鹃、榆叶梅需 30~40 d,海棠需 50~60 d,桃、李梅需 70~90 d,腊梅、白玉兰需 3 个月以上,红松等则在 6 个月以上 | 如桃、杏、荷花、月季、杜鹃、白玉兰等 |

### 3.5.3　温度调控与园林植物开花

花期与温度关系最大。温度高开花早,温度低则开花迟。故控花常用控温手段实现。以毛鹃为例,在室外自然气候下,某市在 5 月 1 日前为盛花期,如果在冬季放进温室,白天在 12 ℃ 左右,夜间在 5 ℃ 左右,可提前至 4 月初开花;若白天 15 ℃,夜间 7~8 ℃,则 3 月份就能开花;若要提早至元旦开花,10 月份应进冷房半个月;若要在春节开花,只要提前 70~80 d 在室内加温,白天 20 ℃、晚上 10 ℃ 即可。相反,低温冷藏可延迟开花。将有花苞的植株,放在 0 ℃ 左右的冷库中,给以人工光照,可贮到 10 月 1 日前取出开花。另外,也可用摘心的方法调控开花期,如表 3-4 所示。

表 3-4　园林植物花期调控处理方法

| 植物类型 | 措施 | 目的 | 举例 |
| --- | --- | --- | --- |
| 较高温度下开花 | 在气温下降前,继续给以高温,夜温保持在 22 ℃ 以上 | 不断发生新枝,形成花芽,连续开花 | 白兰、茉莉、紫薇、月季 |
| 在高温下进行花芽分化,经过低温休眠开花 | 花芽分化基本完成以后,在休眠期给以高温(如 28 ℃)以打破休眠 | 可望提前开花 | 梅花、桃花、牡丹、樱花 |
| 在高温下进行花芽分化,经过低温休眠开花 | 气温即将上升时,如继续给以低温,温度 0 ℃ 左右,延长休眠期 4~5 个月,即可推迟花期 | 推迟花期 | 杜鹃、水仙、梅花、桃花 |

切花作为流通的鲜活商品,最显著的特点就是须保证周年均衡供应和节日旺季消费集中供花,其经济效益才能达到最佳。改变自然开花期,使之根据人们的意愿开花,称为花期控制栽培。其中比自然花期提前的,称为促成栽培;比自然花期延迟的,称为抑制栽培。

**1. 增加温度**

大多数花卉在冬季加温能提前开花,因此加温有明显的催花作用,但须注意要逐渐升高温度。

**2. 降低温度**

1) 延长休眠期,推迟开花

包括各种耐寒、耐阴的宿根和球根花卉及木本花卉,如将菊花、满天星、洋桔梗、新铁炮百合的种苗或其宿根冷藏后进行栽培。低温的作用是打破莲座状,促进花茎生长。注意应选择相应的晚花品种,水尽量少浇。

2) 延缓生长期,推迟开花

多用于含苞待放的花卉,如菊花、唐菖蒲、切花月季等,同时应注意控制浇水。

3) 降温避暑,使不耐高温的开花能够顺利开花

很多原产于夏季凉爽地区的花卉,如补血草、洋桔梗、马蹄莲等,在夏季降温,保持28 ℃以下,6~9月仍能正常开花。

4) 利用人为低温,提前度过休眠和实现低温春化阶段

利用球根花卉的花芽分化和休眠期的温度周期性变化规律,进行促成栽培。例如秋植类球根花卉,其花芽分化阶段通常是在夏季高温休眠期度过的,而花芽的伸长生长却要求较低的温度。郁金香的促成栽培技术即是在其完成花芽分化后,经35 d预冷(13~20 ℃)和35 d的真冷(0~3 ℃),移入温室栽培(15~20 ℃)后,提前开花。再如春植类球根花卉,一般在叶片伸长后才进行花芽分化,如唐菖蒲、百合、晚香玉等。抑制栽培的基本方法则是通过低温贮藏种球来抑制其萌动,以达到延迟花期的目的。

另外因冬季低温,有些切花的花苞已形成却难以完全开放,若在栽培地实施大面积加温则耗用成本高,可剪切后集中在室内进行人工催花,此法操作简便,效益可观。如香石竹、满天星等在花苞期切割后,置于温度25~27 ℃的室内,并给予每天12~16 h的光照(光强2 000 lx以上),空气相对湿度保持在90%~95%,则经5~7 d开花。

### 3.5.4 温度调控与储藏

花卉的冷藏保鲜是指根据低温可使花卉生命活动减弱、呼吸减缓、能量消耗少的原理,采用冷藏方式延缓其衰老,同时避免花卉变色、变形及病菌的滋生的过程。切花的储藏是延长采后切花寿命的主要方法,并且是解决切花周年供应、淡旺季平衡、减少生产成本的重要途径之一,具有很高的应用价值和经济价值。低温是最基本、最有效的储藏手段。储藏的最适温度须根据不同切花的生理特性加以选择,一般起源于温带的花卉适宜的储藏温度为0~1 ℃,而热带和亚热带的花卉分别为7~15 ℃和4~7 ℃,热带花卉10~12 ℃;如:红掌、天堂鸟、兰花;普通花卉5 ℃左右,如玫瑰、菊花等。有些较耐储藏的鲜切花如香石竹、菊花等,采取真空预冷后在低温低压下储藏可达3~4个月以上。如菊花切花在湿度85%~90%、温度20~25 ℃条件下仅能保鲜7 d,2 ℃条件下可保鲜14 d,0 ℃条件则可保鲜30 d。

### 3.5.5 温度调控与防寒

温度不仅影响园林植物的地理分布,而且影响其生长发育的每一阶段。如植株的休眠、茎的伸长、花芽的分化和发育等。热带宿根花卉的生长发育需温度较高且变幅较小的环境;

亚热带和暖温带的花卉,则依其原产地的气候条件,有不同的适温要求。

花卉的生长习性不同,对温度要求也不同,一般根据对温度要求的不同可将温室分为四种,如表3-5所示。

表3-5 温室花卉防寒所需温度比较表

| 种 类 | 室 内 温 度 | 举 例 |
| --- | --- | --- |
| 冷室花卉 | 1～5 ℃ | 棕竹、蒲葵 |
| 低温温室花卉 | 5～8 ℃ | 瓜叶菊、樱草类、海棠类、报春类 |
| 中温温室花卉 | 8～15 ℃ | 仙客来、倒挂金钟、蒲包花等 |
| 高温温室花卉 | 15～25 ℃ | 气生兰、变叶木、鸡蛋花等 |

因此对于不同的花卉类型,应采取不同的温度配置,使其安全越冬,防止温度忽高忽低。一般温室内的温度白天高于夜晚,昼夜温差保持在5～8 ℃之间为宜。不同种类的花卉或同种花卉不同的发育时期,对温度的要求各不相同。花卉生长、开花阶段,所需温度较高;越冬休眠期,所需温度较低。调节室内温度时,应考虑到这些情况。

室外园林植物要采取行之有效的防寒措施防止各种低温带来的伤害,如可用石灰水加盐或石硫合剂对树干进行涂白防止冻裂现象;可用稻草或草绳将已遭受冻害的树干或枝条进行包扎;将一些小灌木或比较柔软的大灌木覆土以保证越冬;树木可在封冻前浇一次透水,然后在根茎处用松土堆40～50 cm;比较矮的幼苗,可采取覆土、盖草帘子或覆膜等方式处理以免遭冻害。

### 3.5.6 温度调控与防暑

冬季加温防寒固然重要,但夏季的降温措施也是不可少的。仙客来、球根海棠、倒挂金钟在武汉市生长不好,都是因为夏季温度太高所致。简便的办法是在室外空气流通处设荫棚,上面遮阴,地面喷水。温室内较好的降温方法是利用水墙蒸发降温。

# 实验实训二 植物与温度生态关系的观测

## 一、园林植物物候期观测

**1. 目的**

(1)掌握树木的季相变化,为园林树木种植设计、形成四季景观提供依据。

(2)为园林树木栽培(包括繁殖、栽培、养护与育种)提供生物学依据。

**2. 材料与工具**

笔记本、笔、放大镜。

**3. 方法与步骤**

(1)根据观测目的的要求和项目特点,决定观测时间的间隔长短,一天中一般宜在气温高的下午观测(但也应随季节、观测对象的物候表现情况灵活掌握)。

(2) 应选向阳面的枝条或上部枝(物候表现较早)。高树顶部不易看清,宜用望远镜或用高枝剪剪下小枝观察;无条件时可观察下部的外围枝。

(3) 应靠近植株观察各发育期,不可远站粗略估计进行判断。物候观测应随看随记。

一般树木的物候观察记载包括下列项目:

① 萌动前(休眠中)的状态,如落叶树的芽形芽色,常绿树的叶色;
② 芽的膨胀、萌发、最盛和完结日期;
③ 展叶开始和最盛日期;
④ 花芽出现、膨大、开花、盛花及终花日期,传粉时间;
⑤ 侧枝和顶枝的延长生长,形成层的开始活动和终止日期;
⑥ 果实增大过程,果实膨大、始熟、正熟、过熟日期;
⑦ 果实或种子脱落日期(始落、盛落、终落);
⑧ 树叶变色、落叶日期(始落、盛落、终落);
⑨ 冬芽的形成过程;
⑩ 在休眠期中(冬季)对低温的反应(如冻害等)。

**4. 实训报告**

填写园林植物物候观测记录卡。

**园林植物物候观测记录卡**

编号_____ 观测地点_____ 观测者_____

| 物候期<br>植物 | 萌芽期 | | 展叶期 | 开花期 | 果实发育期 | 新梢生长期 | 秋叶变色与脱落期 | |
|---|---|---|---|---|---|---|---|---|
| | 花芽 | 叶芽 | | | | | 变色期 | 落叶期 |
| | | | | | | | | |
| | | | | | | | | |
| | | | | | | | | |

## 二、有林地与空旷地温度的测定

**1. 目的**

(1) 不同生境中气温与地温的测定,掌握测定温度的一般方法。

(2) 讨论植物与温度的生态关系。

**2. 材料与工具**

普通温度计、通风干湿表、乳白玻璃插入式温标温度计、最高和最低温度表、木杆、笔、笔记本。

**3. 方法与步骤**

(1) 观测场地的选择。在校园或野外任选一林地,尽可能选择植物个体分布均匀的地段,并在邻近相似地形部位选一空旷地,用于对比观测。

(2) 仪器的安置。观测项目的设计,包括气温、地表温度完整的一组,安置各种测温表的方法如下:在上述场地内各选择有代表性的观测点,牢固地埋入1~3根直的木杆,露出地面的高度可根据群落的高度来确定,木杆应比群落稍高。将通风干湿表悬挂在木杆上,温度表球部位离地面以上的位置按草层高度确定,通风干湿表可用细绳系其两端,水平地挂于木杆的钉子上,但应避免光线直接射入双层金属套管内。如不具备通风干湿表可用乳白玻璃插入式温标温度计替代,温度计球部应用白色硬质卡纸遮阴。森林内温度表安置高度应结合林内各层次结构的高度具体决定,因此,在无特制升降观测架的条件下,最好使用自记温度计。将仪器安装在测杆上,用滑轮绳索提升到各相应位置。

用最高和最低温度表测定地表温度。白昼使用最高温度表,夜间应更换为最低温度表;同时用一支普通温度计辅助做定时观测。无论是最高、最低或定时温度计都水平地安置于地面,温度表球部一半埋入土中并紧贴土壤。

空旷地的一组温度表安置方法同上。

(3) 观测程序。试验要求得到一个温度日进程的完整概念,因此要求全日观测,每 2 h 读数一次,记录在表格内。

**4. 实训报告**

填写环境温度观测读数记录表,比较林地与空旷地温度的不同,思考如何利用植物改善城市小气候。

**环境温度观测读数记录表**

日期＿＿＿＿＿＿＿＿＿＿　　　地点＿＿＿＿＿＿＿＿

环境一般特点＿＿＿＿＿＿＿＿

群落名称及一般特征＿＿＿＿＿＿＿＿

观测人＿＿＿＿＿＿＿＿

| 时间 | 各层次气温 | | | | 土表温度 | | | | | | 天气状况 |
|---|---|---|---|---|---|---|---|---|---|---|---|
| | 裸地 | | 群落 | | 裸地 | | | 群落 | | | |
| | | | | | 定时 | 最高 | 最低 | 定时 | 最高 | 最低 | |
| | | | | | | | | | | | |

## 复习思考题

1. 温周期现象对园林植物的生态作用有哪些?
2. 举例说明园林植物的物候现象。
3. 非节律性变温对园林植物有哪些影响?
4. 温度调控在园林中有哪些应用?
5. 什么是积温?积温对园林植物生长的影响有哪些?
6. 园林植物对温度有哪些适应性?举例说明。

# 第4单元　园林植物与水

掌握水分的形态及其变化规律,水分对植物体的生态作用;园林植物对水分的生态适应类型,理解其对城市水分的调节和对水污染的净化作用;熟悉调节水分在园林中的应用。

## 4.1　水及其变化规律

### 4.1.1　水对园林植物的重要性

**1. 水是植物有机体中无机成分的组成之一**

水在生长着的植物体中含量最多。原生质含水量为80%～90%,其中叶绿体和线粒体含50%左右,液泡中则含90%以上。组织或器官的含水量随木质化程度增加而减少。含水最少的是成熟的种子,一般仅10%～14%,或更少。代谢旺盛的器官或组织含水量都很高。原生质只有在含水量足够高时,才能进行各种生理活动。其含水量一般在80%～90%,这些水使原生质呈溶胶状态,从而保证了新陈代谢旺盛地进行,例如根尖、茎尖就是这样。如果含水量减少,原生质会由溶胶状态变成凝胶状态,生命活动会大大减弱,例如休眠的种子就是这样。如果细胞失水过多,可能引起原生质破坏而招致细胞死亡。

**2. 水是新陈代谢过程的反应物质**

植物在光合作用、呼吸作用、蒸腾作用、有机物的合成和分解过程中,都必须有水分子参与。

**3. 水是植物对物质吸收和运输的溶剂**

一般说来,植物不能直接吸收固态的无机物和有机物,这些物质只有溶解在水中才能被植物吸收。同样,各种物质在植物体内的运输也必须溶解于水中才能进行。

**4. 水能保持植物体的固有状态**

植物细胞含有大量水分,能够维持细胞的紧张度(即膨胀),使植物体的枝叶挺立,便于充分接受光照和交换气体,同时也使花朵开放,有利于传粉。

**5. 水能维持植物体的正常体温**

水具有很高的汽化热和比热,又有较高的导热性,因此水在植物体内的不断流动和叶面蒸腾,能够顺利地散发叶片所吸收的热量,保证植物体即使在炎夏强烈的光照下,也不致被阳光灼伤。

植物体内的水分状况涉及许多重要的植物生理活动。同时,水又是植物体与周围环境相互联系的重要纽带。水是生命发生的环境,也是生命发展的条件。植物的水分代谢一旦失去平衡,就会打乱植物体的正常生理活动,严重时能使植物体死亡。

### 4.1.2 水的循环和平衡

地球表面约有70%以上是水域,总水量约为 $1.45 \times 10^9 \text{ km}^3$,其中海水、盐湖水和高矿化地下水等咸水合计占97.47%,淡水仅占总储量的2.53%。在淡水中,大约只有1%的水与植物的生命活动发生直接关系,这一部分淡水包括地表水、土壤水和地下水,它们的来源是大气降水。

水因蒸发或植物蒸腾形成水汽,被送入大气,而大气中的水汽又以雨状液态和雪状固态等形态降落到地面,从而构成水循环。地球上的平均年蒸发量(包括蒸腾量)与降水量是相等的,每年接近1 100 mm。当然,各地的蒸发量是不同的,一般高纬度地区的蒸发量比低纬度地区的低。海洋表面的年蒸发量占地球年总蒸发量的84%,陆地上的蒸发量(包括植物的蒸腾等)约占16%;每年通过各种降水到达海洋表面的降水量为总降水量的77%,到达陆地表面的降水量为总降水量的23%,其中有7%的降水通过地表径流归还给海洋以达到平衡。

水分在地球的流动和再分配有三种方式:大气环流、洋流、地表径流。依靠这三种方式以维持地球各地的水分平衡。地球上的水分循环又可分为大循环和小循环。水分的大循环又称为外循环,是指水从海洋以水汽的形式被运送到大陆上空,凝结成降水沿地表或地下流入海洋的过程。水分的小循环又称为内循环,是指水从陆地或水面蒸发成水汽进入大气中,又凝结成降水回到地面或水面的过程(见图4-1)。

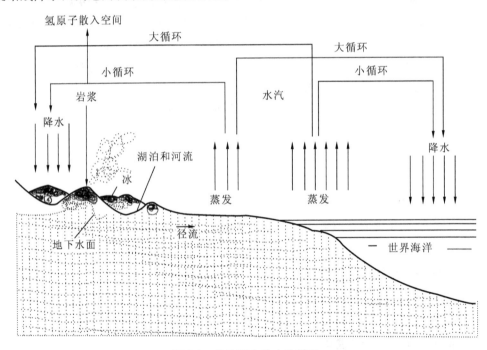

图4-1 生物圈中的水分循环

水分循环就总体来说保持不变,达到平衡。北半球各纬度的水分平衡中,大气环流对赤道带与中纬度的降水(极地纬度的一部分)造成有利条件,在赤道上因雨水多而使陆上、海上的蒸发量都低于降水量;在北纬20°~40°的亚热带地区,因高气压环流而不利于降水,降水少而蒸发少,而洋面蒸发量却大大超过降水量,这一带洋面所蒸发的水分一部分随气流带到赤道或中纬度;在中纬度和部分极地地区,降水又多于蒸发;在高纬度地区,因温度低,空气中含水量少,降水量和蒸发量都小。

### 4.1.3 水的形态及其变化规律

**1. 气态水(空气湿度)**

空气中水汽含量的多少称为湿度。通常以水汽压、相对湿度、绝对湿度与饱和差来表示。大气湿度的高低影响雨量的多少,同时影响蒸发作用和植物的蒸腾作用。

1) 大气湿度

它可以用最大水汽压(空气中水汽的压强称为水汽压)和实际水汽压的差数来表示,该差数值称作饱和差,就是指离饱和程度还差多少气量(单位为 mm)。温度降低,最大水汽压相应减少,如果空气中水汽的含量不变,那么温度越低,饱和差就越小,空气就越潮湿,蒸发和蒸腾就越弱;饱和差越大,空气越干燥,蒸发和蒸腾就越强。

2) 相对湿度

我们通常用它来表示空气中的水汽储量。相对湿度是指大气中实际水汽压与饱和水汽压(也指最大水汽压)之比($e:E$)。在一定温度下,一定容积的空气中所能容纳的水汽量有一个限度,所以水汽压也有一个限度。如果水汽含量正好达到这一限度,就把该水汽压称为饱和水汽压。饱和水汽压随温度升高而增大,随温度降低而减少。相对湿度用 $R$ 表示,即

$$R = \frac{e}{E} \times \frac{100}{100}$$

相对湿度越小,空气越干燥,植物的蒸腾和土壤的蒸发就越大。相对湿度随温度的增高而降低,随温度的降低而增高。一天内,相对湿度早晨最高,下午最低;一年内,理论上,应该是最冷月相对湿度最大,最热月最小。但是在我国季风地带,冬季受干燥大陆气流影响,夏季受湿热海洋气流控制,因此,相对湿度变化恰恰与理论上相反。

3) 绝对湿度

单位体积空气中所含汽水质量,称为绝对湿度,通常用 $a$ 表示,单位是 $g/m^3$。顾名思义,它表示空气中水汽的绝对含量。但在实际工作中,空气中的水汽含量要直接测定并不容易,所以 $a$ 通常用 $e$ 来代替。在一般情况下,水汽压与绝对湿度,在数值上近似,所以通常可用绝对湿度来代替水汽压。

苔藓及某些蕨类植物能够直接从空气中吸收水分,它们很薄的叶片及兰科植物根上的根被有直接吸收空气中水分的能力;沙漠中某些小型浅根性一年生植物,依赖气态水更甚于液态水。

**2. 液态水**

液态水包括雾、露、云、雨。当空气中水汽处于饱和状态时,水汽的过饱和部分就会发生凝结现象,凝结为液态水或固态水。雨、雪、雹等降落到地面上未经蒸发、渗透、流失而积聚在水面上的水,就构成了降水量,通常以 mm 或 cm 为单位表示。

1) 雾

空气中水汽达到饱和就形成雾。雾实际上就是地面的云层。在低层空气容易冷却的地区,如果遇上水汽丰富,风力温和,并存在大量的凝结核,便容易形成雾。雾能减少植物蒸腾和地面蒸发,又能补充植物水分的不足。在热带森林地区,由雾引起的降水量,尤其能弥补干季降水的不足。

**2) 露**

夜晚在地面上,由于辐射冷却,相对湿度增加,当温度降低到露点温度(空气达到饱和时的温度)时,就形成露。任何物体只要善于辐射热量,同时又不善于传热,就易形成露。例如,杂草善于向外辐射热量,而又不善于传热,因此它们的温度在夜间可比空气低 6~8 ℃,很容易形成露。尽管露的降水量很少,但在热带地区,多露之夜一夜的露水可达 3 mm。因此,露水数量虽少,但在干旱少雨地区对植物的生长有相当大的作用。例如北非沙漠地区,晚冬、早春期间,白天阳光强烈、温度高,该地区生长的短命植物主要就是靠夜间不小的露水生存。

**3) 云**

空气上升,绝热膨胀冷却,温度降低,水汽凝结成云。空气中云量多少影响该地区的光照强弱和实照时数。云量是指空气中云覆盖的多少,按我国气象部门规定,空气状况一般划分为:晴、少云、多云和阴四个等级。它以低云量(或高云量或总云量)占天空面积的几分之几来划分。其等级标准如表 4-1 所示。

表 4-1 天空状况等级标准

|  | 晴 | 少云 | 多云 | 阴 |
| --- | --- | --- | --- | --- |
| 低云量占天空面积 | — | 1/10~3/10 | 4/10~7/10 | >8/10 |
| 高云量占天空面积 | — | 4/10~6/10 | 6/10~10/10 | — |
| 总云量占天空面积 | <1/10 | 1/10~2/10 | 3/10~5/10 | >8/10 |

**4) 雨**

雨是一种最重要的降水形式,在地球上大部分地区,大部分降水都是以降雨的形式来实现的。一个地区每年降雨总量叫"年降雨量"。雨是通过空气上升,绝热膨胀冷却,水汽凝结而形成的。按其成因降雨可分为气旋雨、地形雨、对流雨、台风雨四种。我国幅员辽阔,由于南北(纬度)的差异和东西(经度)距离的远近不同,降雨量差别很大。加上山脉连绵,地形复杂,各地降水总量及其季节分配很不相同。但总的规律是:自东向西由于距离渐远,海洋性气候逐渐减弱,大陆性气候逐渐加强,降水量相应减少。降水量不仅因地区的不同而异,还因季节不同而有很大的差异,一般夏季降雨量最多,其次是春季或秋季,最少为冬季。我国降水量多少还和同期的温度高低正相关,这对植物的生长发育很有利。但降水方式影响其对植物发生的效应,如果降水强度愈缓和,渗入土壤中的水分愈多,则降水的效应也就越大,空气湿度和温度也能影响水的效应。

**3. 固态水**

固态水包括霜、雪、冰雹、雨凇、雾凇等形态。

**1) 霜**

夜晚,由于地面上的草、木、石块等物体向外辐射热量,温度下降,降至露点时,地面物体附近空气中的水蒸气便达到饱和。如果露点温度在 0 ℃ 以下时,水蒸气则要在地面物体的表面上直接凝结成水冰粒,这便是霜。霜有早霜和晚霜之分,一般早霜在秋季发生,晚霜在春季发生。

**2) 雪**

当高空中空气的露点温度达到 0 ℃ 以下时,水汽就直接凝结成固体小冰晶,当小冰晶增大到能够克服空气的阻力和浮力时,降落到地面就成为雪或冰雹。雪是植物重要的水源之一。我国西北某些干旱地区,由于高山的存在,冷空气的移动速度受阻变慢,形成了降水条件,从而延长高山上降水时间,增加降水量。又由于山顶气温低,形成了"万年冰雪",成为植物灌溉的天然储水库。高山冰雪每年在夏季融化后,变为地表径流,形成山泉。雪不易传热,是不错的绝缘体。在寒冷多雪的山区,对植物越冬起保护作用,使其免受低温伤害。雪还可以增加土壤中的氮肥,雪中含的氮化物要比雨水多五倍。但是,雪也能伤害植物,如土壤未冻结,植物尚未进入休眠期时,过早积雪易使植物根系缺氧窒息而死;在生长季节短的地区,春季溶雪降低了土壤温度,会缩短植物的生长期。积雪还会造成植物的机械伤害,如折枝、断干、损冠,甚至倒树。通常,常绿阔叶林比落叶林、密林比稀林、纯林比混交林受害更严重。

3)冰雹

冰雹是一种特殊的降水,对增加土壤水分来源的意义不大,但对植物有严重的机械损伤作用。通常草本植物,枝叶茂盛、叶面积大的植物受害严重。降雹的季节,一般发生在4~10月间;一天内以午后最易发生。降雹还与地形有关,通常在高山边缘和丘陵地带较多,平原较少;大陆性气候强的内陆地区较多;沿海海洋性气候地区较少。我国冰雹最多的地区在青藏高原和祁连山区;西北、华北和东北地区也常下冰雹。

4)雨淞、雾凇

雨淞、雾凇是指空气中的水汽、雾气遇冷在树木枝干、植物茎秆和固体上凝结的现象,尤其在冬季湿润地区较普遍。凝结的雾凇、雨淞融化后可以补充土壤水分,同时也可形成特殊的景观供人欣赏。

## 4.2 水对园林植物的生态作用

### 4.2.1 植物体的水分平衡

植物体的水分平衡是指植物在生命活动过程中,吸收的水分(根吸收)和消耗的水分(叶蒸腾)之间的平衡。只有蒸腾作用、运输和根的吸水经常协调并保持适当的平衡,植物才不会萎蔫。即当吸水、输导和蒸腾三方面的比例适当时,才能维持植物良好的水分平衡,植物才能正常地生长发育。当植物的水分蒸腾量小于或等于水分供应时,平衡为正值,植物保持膨胀状态。而植物的水分蒸腾量大于水分供应时,水分亏缺的结果引起气孔开张度变小,蒸腾减弱,植物有萎蔫的趋向。

植物主要通过根系吸收水分。陆生植物吸水的动力是根压和蒸腾拉力。根压是根系本身代谢的结果,当根细胞中的溶液保持一定的渗透浓度,并大于土壤溶液浓度时,就会产生根压,水分就由土壤中进入根系细胞中,并通过植物体内细胞渗透压的差异,将水分压送到茎叶各个部分。蒸腾拉力是被动吸水的动力,它是由枝叶的蒸腾作用引起的。当叶片蒸腾失水时,叶肉细胞吸水力增大,将茎部导管中的水柱吸引上升,结果引起根部细胞水分不足,使根部细胞产生更大的吸水力,向土壤吸收更多的水分。在植物吸水过程中,水的移动路线为:土壤中的水分→根毛→根的皮层→根的导管→茎的导管→叶柄的导管→叶及脉导管→叶肉细胞→气孔→空气中。在一般情况下,蒸腾作用产生的拉力是根部吸收水分的主要动力,因为叶肉细胞的细胞液渗透压很高,可达20~40个大气压,而植物根压常只有1~2个大气压。同一植株,由根压吸收的水分通常不足蒸腾拉力吸收的水分的5%。只有蒸腾强度很低的植物(如在春季芽未展开时),根压吸水才成为主要方式。在各种外界条件中,土壤因子直接影响根系的吸水。当土壤温度低时,水的滞性增加,土壤水的移动减缓,根系就不易得到水分;而且温度低时,植物体内原生质黏性增大,水分不易通过原生质,运输受阻,也会减少根系的吸水。

植物在长期的进化过程中,发展有庞大的叶表面积,以充分吸收少量的二氧化碳和接受太阳光能。但是庞大的叶面积暴露在空气中,风吹日晒,又能促进水分的散失。因为接收太阳能的受光面也是受热面,而热量正是蒸腾的动力。水分从整个植株的外表面以及所有与空气接触的内表面蒸发出去的过程为蒸腾。蒸腾现象作为水分从植物体内逸出的主要方式,对植物水分平衡有重要意义。就维管束植物来说,其表面只是角质化的表皮以及与细胞间隙中空气接触的细胞表面。前者是角质层蒸腾,后者是气孔蒸腾。气孔关闭后,主要靠角质层蒸腾,故以下先介绍气孔蒸腾进而介绍角质蒸腾。

**1. 气孔蒸腾**

气孔蒸腾是指水分先由液相转变为气相,随后通过气孔逸出,蒸汽再从植物表面扩散到邻近空气层,并由此而进入空间。

作为一个扩散过程,植物的气孔蒸腾用公式可表达为

$$E_s = \frac{C_i - C_a}{r_s + r_a}$$

式中:$E_s$——气孔蒸腾,$g/(cm^2 \cdot s)$;

$C_i$——叶片内部水汽含量,$g/cm^3$;

$C_a$——大气中水汽含量,$g/cm^3$;

$r_a$——边缘阻力,$s/cm$;

$r_s$——气孔阻力,$s/cm$。

其中边缘阻力主要受空气运动的影响,当风速为 0.1 m/s 时,边缘阻力为 1~3 s/cm;当风速达 10 m/s 时,边缘阻力降到 0.1~0.3 s/cm。气孔阻力主要取决于气孔的结构特性、大小、排列和密度,气孔大开时,阻力最小;气孔很小时,阻力很大。P. G. Jarvis 与 P. Holmger 指出草本植物最小水汽扩散阻力最低,为 0.3~2 s/cm;落叶阔叶树较高,为 2~10 s/cm;松树针叶的最小水汽扩散阻力是落叶阔叶树的 5~10 倍。这是因为针叶类植物由于气孔下腔中常有蜡质填充物,增加蒸腾的障碍。

不同种植物调节气孔开闭的能力是不同的。陆生植物中,阳生草本植物蒸腾最强。阴生植物和大部分树木在轻微缺水时,就能减少气孔开张度,甚至能主动关闭气孔;阳生草本植物仅在相当干燥的环境中,气孔才慢慢关闭,以调控其气孔蒸腾。同一种植物生长在不同地区的个体,甚至同一个体不同部位的叶片,它们的气孔各有不同的开闭规律。

**2. 角质蒸腾**

角质蒸腾指的是通过表皮角质化的外壁和角质层所进行的水分子扩散。角质层扩散阻力很大,旱生型植物和针叶植物叶片扩散阻力能够到达 400 s/cm;湿生型叶子则为 20~100 s/cm。当低温和叶片外表皮干透并收缩时,角质层扩散阻力将成倍增加。因此,在硬叶植物中,如仙人掌,角质层蒸腾是总蒸腾量的 0.05%;柔软叶片角质层蒸腾量也只占 1/10~1/3。

**3. 影响蒸腾的外界条件**

影响蒸腾作用的外界条件主要是太阳辐射(光)、温度、风和大气湿度等。光照能增加气

孔开张度以加速蒸腾。在强光下,温度(叶面温度、土壤温度和气温)高,水分子运动速率增加,叶内细胞间隙的蒸气压也随之增加,而空气中的蒸气压却相应变小,增加了叶内外蒸气压差值,增加了蒸腾量。

蒸腾的速度取决于叶面空气间蒸汽压力梯度,因此当空气湿度大时,叶面与空气间的蒸汽压力梯度变小,蒸腾作用变慢。在某些情况下,特别是湿度非常低和气温较高时,湿度和温度可能是控制蒸腾速度的主要因素。

风能把叶面附近的水汽吹干,增大叶内外蒸气压差值,从而加速蒸腾速度。但强风不如微风利于蒸腾,这是因为强风引起气孔关闭。为了控制过大的蒸腾量以维持水分平衡,除了调节光照、温度、风速等条件外,目前还采用某些化学药剂,促使气孔暂时关闭以减少蒸腾量。

植物经过长期进化,形成了调节水分的吸收和消耗以维持水平衡的能力。气孔能自动开关,以保证叶子内部和大气中的空气和水分的交换,同时避免水分过多蒸腾。如果水分充足,气孔就会开张,水分、空气交换畅通;在缺水、干旱时,气孔则闭合,减少水分的损耗。气孔实际上起着自动"安全阀门"的作用,它控制着植物体的水分平衡。此外,强大的根系能从土壤中吸取大量的水分,以保证植物对水分的消耗,也是维持植物体水分平衡的一种适应方式。如处于生长期的大豆,$1\ m^2$ 植株有根毛30亿条,总长约达300 km,吸水总面积达 $15\ m^2$ 以上。若非拥有这样强大的根系吸收水分,将难以保证在强大的蒸腾条件下,维持水分的平衡。

事实上,植物体的水分平衡是相对的、短暂的,不平衡反而是常态。当大气湿度很大,植物蒸腾很微弱时,根系吸水常常超过蒸腾量而呈现水分过剩,如果时间短,叶片往往以吐水的方式将液态水排出体外。如果阴雨连绵或低洼涝湿,长时间水分过多,根系正常吸水功能受到影响,体内正常水分平衡受到破坏,常导致涝害。当土壤水分不足或大气干旱时,蒸腾大于根系吸水,植物体缺水,细胞膨压降低,气孔关闭,出现萎蔫。如果萎蔫时间持续不久,植株还是能恢复正常的。但如这种萎蔫持续时间较长,特别是土壤长期缺水,就会造成永久萎蔫。这将对植物生长发育产生极大的危害。

即使植物达到水分平衡,在不同地区和不同季节,它所吸收和消耗的水量也还是不同的。植物吸水和蒸腾量都和温度高低有直接关系。在低温地区和低温季节,植物吸水量不大,蒸腾量也小,生长缓慢;在高温地区和高温季节,植物蒸腾量变大,耗水量多,生长旺盛。所以说,在不同气候带的地区,植物达到水分平衡时吸收和消耗的水量是不同的。

### 4.2.2 水分对植物体的生态作用

水对植物的生态作用可以从种子发芽时说起。树木如柳、杨的种子在成熟后的几天内,就一定要与湿土接触,否则就会丧失发芽的能力。需要休眠的种子,多数也只有吸收足够的水分后,才能恢复和进行生命活动。有些荒漠植物的种子含有某些水溶性的化合物,如果气候干旱,这些化合物就会阻止种子萌发,只有水分充足,水溶解这些物质后,种子才有可能萌发。

水分对植物伸长生长有影响。由于植物本身的生长特性不同,对水分的需求也会有很大差别,但对植物供水量的多少直接影响着植物的伸长生长,特别在早春水分的供应就显得尤为重要。有些植物在生长季节对水分的需求十分明显,水分增多,伸长生长增加也比较明显,其生长与水分供给之间基本上呈现正相关,如杨树、落叶松、杉木等,一旦出现干旱,伸长生长就会受到影响,甚至形成顶芽,若秋季水分供应充足,有些树木还会出现二次生长现象。

此外,土壤的含水量,直接影响植物根系的发育。在土壤潮湿时,植物根系生长很缓慢;

当土壤水分含量降低到田间持水量以下时,根系生长速度明显加快,根茎比相应增加;生长在干燥土壤里,尤其是在荒漠草原地区,植物的根系通常很发达,大多数属于深根系植物,往往地上部分只有几寸高,但主根可长达数尺甚至十多尺,并且根系扩展的范围很广,以吸收更大范围的土壤水分。此外,根系吸收表面积的大小也和含水量有关,土壤过于潮湿,根没有根毛;土壤湿度较小时,根毛一般都发达,以增加水分吸收面积。土壤水分多少还影响某些草本植物生物学特性的改变。例如,某些禾本科植物,在土壤少湿的条件下,就具有丛生的习性,种子繁殖力旺盛;土壤水分过多就转变为根茎性,以无性繁殖为主。

土壤含水量对各种生理活动的影响是不一样的。例如,大多数植物同化作用的最合适土壤水分大概是50%~80%,最合适生长的土壤水分比最适合蒸腾的土壤水分要高,同化的最恰当土壤水分比蒸腾的最适当土壤水分要低。这是因为细胞膨压大时生长才更旺盛,所以有效水分的减少对生长影响最大,其次是蒸腾和同化。实验也证明在萎蔫前蒸腾量减少到正常时的65%,同化减少到55%;相反,呼吸却增加62%,从而导致生长基本停止。

图4-2 苦草的授粉

水对植物繁殖也十分重要。例如金鱼藻、茨藻、眼子菜和苦草属植物的花粉是靠水搬运和授粉的。在这类植物中,苦草具有最典型的授粉特点,它的雄花在花粉成熟后自动从花序脱落,漂浮在水面上;雌花的花茎很长,能把柱头送到水面。雌花花茎开始卷曲后,把幼果拉到水下,在水下完成发育直到成熟(见图4-2)。靠水授粉是水生植物的主要特点,但是很多低等的陆生植物至今仍保持其祖先的特点,在水中授精。

有些植物依靠水来传播繁殖,这种传播方式称为水播。借水传播的植物为水播植物,例如,藻类和水生霉菌的孢子、椰子、萍莲草、苍耳、红树等植株,可以传播到很远的地方。陆生植物依靠水体传播的种类很少,因为种子、果实长期泡在水中,会缺氧导致植物腐烂、死亡。依靠水体传播的陆生植物,它们的种子、果实一般都有气腔或气囊以增加传播体的漂浮力,种子果实外壳都有坚硬、不透水的保护层。如椰子的果实能长期忍受盐水的浸渍,它可以依靠洋流长期在海洋中飘浮迁移。

## 4.3 园林植物对水的生态适应

### 4.3.1 园林植物对水分适应的生态类型

根据环境中的含水量和植物对水分的依赖程度,可以把植物划分为水生、陆生植物两大类。

**1. 水生植物**

水生植物是指那些可以长期生活在非常潮湿乃至100%饱和水土壤里的所有植物。在狭义上,水生植物只是指维管束植物,仅包括蕨类植物、裸子植物及被子植物;但从广义上说,水生植物则泛指水生的所有植物,包括维管束植物与那些不具有维管束构造的低等植物,如藻类植物、苔藓植物等。

水体的主要特点是弱光、缺氧、密度大和黏性高、温度变化平缓,以及能溶解各种无机盐类。水体中光照弱,氧的储量很低(按体积计不大于2.5%,不小于0.03%,平均为0.6%~

0.8%)。植物适应缺氧的结果,就是它们的各类器官已与陆生植物有了很大的差异,尤其是水生植物的根、茎、叶等,往往已具有较陆生植物更加发达的气室,例如荷花,从叶气孔进入的空气能通过叶柄、茎的通气组织,而进入地下茎和根部的气室,形成一个完整的开放型通气联络系统,以保证地下各器官、组织对氧的需要(见图 4-3);或是叶片变得格外薄而略显透明,以利于水生植物增加对光量子、无机盐和二氧化碳的吸收表面积,便于二氧化碳、氧气等的储存和输送,从而有利于植物体的光合作用和呼吸作用的进行,如金鱼藻属、狐尾藻属、狸藻属沉没在水中的叶呈线状或呈带状;而另外有些植物叶片非常薄,有的只有两层,如伊乐藻属,有的只有一层细胞(水底苔藓叶片),这不仅能增加受光面积,并且使水中的二氧化碳和无机盐类容易直接进入细胞内。

图 4-3　蘋菜异叶现象

植物体依靠水的大密度、高黏性增加其浮力,使植物生活在不同水(深)层的环境中,植物适应于水体流动的结果,使植物体逐步增强弹性和抗弯扭的能力。如那些完全沉在水下的水生植物,组织不再完全木质化,这使得植物体能够全身柔软而不会被水流折断。此外,一些浅水植物和浮叶植物在形态上也因地上部分所接触环境的不同而发生变化,通常水下叶片组织比较薄且柔软,而水上的则是厚且挺直。

淡水(含盐量小于 0.05%)植物生活在低渗透的水环境中,植物必须具有能自动调节渗透压的能力,才能保证其继续生存;海水(含盐量大于 3.5%)中植物具有等渗透特点,因此缺乏调节渗透压的能力。

水生植物因为适应环境的不同,产生了不同的形态,有些植物体是完全沉浸在水中的,有些植物体是大部分挺出水面的;有趣的是,有些植物的叶片会随着植物的生长生理或环境条件的变化,呈现完全不同的形态。根据不同的形态特征和生态习性,水生高等植物可分为沉水植物、浮水植物和挺水植物等三个生态类型。

1) 沉水植物

沉水植物整个植株沉没在水下,为典型的水生植物。细胞表面没有角质层、蜡质或木栓质等结构,因而可以直接吸收水分、溶解于水中的气体和营养原料。叶小而薄,一般只有几个细胞厚,主要的原因是水里的光度弱,有些水生植物的叶变成细裂的复叶,这可能是由于水流波动,水中的光度弱,而二氧化碳又少所引起的反应。沉水植物的叶绿体大而多,没有栅栏组织或已退化,气孔退化或只有痕迹。因此任何形式的气孔都不具气孔的功能,这种没有功能的气孔的存在,说明水生维管束植物是经陆生的祖先而来的。茎通常纤长,维管束和机械组织都不发达,皮层发达而中柱很小。根系不发达,没有或少分叉,除生于河泥中的少数水生植物外,都没有根毛,有些沉水植物悬浮于水中没有根系,如狸藻和金鱼藻。特别是整个植物体的气腔都很发达。在茎的横断面中,气腔的总面积常常比细胞层的总面积大。气腔白天能聚积光合作用所产生的氧气以供植物夜间呼吸用,夜间随着呼吸作用进行,二氧化碳又在气腔中充满,气腔成为代谢过程中气体产物的储藏所。

2) 浮水植物

叶片漂浮在水面的植物可以分成两大类,一类是根不着生在河泥中的完全漂浮植物;另一类是根着生在河泥中,仅叶漂浮在水面上的浮叶植物。浮水植物的无性繁殖很快,生产量很大,常常形成大面积的群落,如大藻和凤眼莲。着生浮水植物上的叶柄细长,这可能是由于光度不足而发生黄化作用的结果。浮水植物在水面以下的叶是细裂的,但水面以上的叶则比较完整,浮叶植物其体内的腔道通常形成一条连续的空气通道系统,通过这个系统,沉水器官可利用浮水器官的气孔与大气进行气体交换,使植物不因沉水而受低氧的影响。

3) 挺水植物

挺水植物是指根生底质中、茎直立、光合作用组织气生的植物,也即挺立在沿岸带浅水中的水生植物,通常体型比较高大,根和地下茎埋在水下的泥土中,上部茎叶伸出水面。该类型主要为单子叶植物,多属禾本科和莎草科,如芦苇、茭笋、蒲草等。常见种类为宿根性多年生草本植物,借助根状茎越冬和进行有效繁殖,能形成密集的单种群落,比较稳定。

**2. 陆生植物**

在陆地上生长的陆生植物可分为湿生植物、中生植物和旱生植物。

1) 湿生植物

湿生植物是指能适应潮湿环境的一类植物,与一般陆生植物的最大区别在于能够生长在潮湿的土壤环境中,有些种类还能忍耐短期的淹没。它们生长在介于陆地和水体之间的湿地环境中,以莎草科及禾本植物占优势,有些灌木和乔木种类也比较常见。湿生植物就其与光照条件的关系来说,可以分成两个亚类。

(1) 阴性湿生植物。它是适应弱光、大气潮湿的附生植物。它们通常繁殖生长在阴湿的热带或亚热带的森林下层,如膜叶蕨和其他蕨类植物、兰科植物等均属于这种类型。它们由于叶子很薄或由于气根外有根被而能够直接吸收大气中的湿气。在这种森林里,还有海芋、瘤足蕨、华凤仙、翠云草及秋海棠的许多种,它们的根虽然着生在土壤里,但仍然依赖湿度很高的荫蔽植物,否则不能生长。

这类湿生植物有很强的蒸腾作用,几乎相当于蒸发作用。它们的气孔永远是张开着的,而且其叶多用排除液体状态水分的溢泌现象来代替蒸腾作用,如图 4-4 所示。它们的根系浅而分叉不多,极不发达,叶子柔软,海绵组织发达,栅栏组织和机械组织很不发达,细胞间隙很大,角质层和叶毛都很弱。

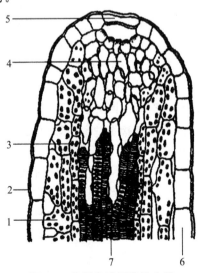

图 4-4 藏报春叶子的排水器

1—叶的上表面;2—叶的下表面;3—栅栏组织;
4—假导管的末端;5—通水组织;6—水孔;7—细胞间隙

(2)阳性湿生植物。大多在阳光下潮湿泥泞的土壤上生长,有时也生长在浅水泛滥或土壤短期缺水的地区,但干燥时间不能很长,否则这类植物将会死亡。其类型主要是莎草科和禾本科植物及水杉、薄桃、池杉等乔木树种。由于生长在阳光下,这类植物的湿生形态结构不明显,常呈现旱生的特征。但它们的根系浅,分叉也很少,没有叉毛,根中有气道,与茎叶中的通气组织相连。

2) 中生植物

中生植物是指生长在适量水分(也即水分条件适中)供给的地方。中生植物的种类最多,尤以温带为最,大多数森林树木属于这种类型。根据其对水分的适应性,是属于旱生和湿生之间的植物。在形态结构上,它们既有旱生结构,同时又有湿生结构。它们在结构上究竟是偏于旱生方面,还是偏于湿生方面,是对生活环境中不同水分条件的适应。中生植物和旱生植物及湿生植物之间存在许多过渡类型。

中生植物表示对水分的依赖关系,同时也表示它们是适度温度、适度营养、适度空气条件下的植物。无机营养的吸收是随水分吸收的变化而变化的,水分的吸收也只是在一定温度和根的呼吸有保障的条件下才能够进行。当它们中生的生理特性偏向干燥或潮湿的一方时,它们的水分条件、温度条件、营养条件、空气条件等就偏向该方。

根据中生植物生境中的水湿差异,可以区分为真中生、旱中生、湿中生植物等。

3) 旱生植物

在干旱环境或缺乏水分环境内生长,能忍受较长时间干旱且仍能维持正常生长的植物,被称为旱生植物。旱生植物适应干燥环境的方法多种多样,有的是形态结构上的,有的是生理上的,也有的二者兼有之。旱生植物可分为如下几种。

(1)肉质植物。肉质植物特征是无叶,茎肥厚,储藏大量水分。如墨西哥和美国西南部沙漠里的大型仙人掌体内可储水几吨,西非的面包树可储水达40 t之多,因此能耐高温(可达65 ℃);茎的表面有很厚的角质层,表皮的下面还有几层厚壁细胞(见图4-5)。气孔很小,而且深深的陷在组织里,张开的时间很短,光合面积小,所以有机物质的合成很慢,养分供应不良,而且原生质黏性大,代谢强度降低,以至于生长非常迟缓。根分布在表土,根系庞大,在干燥时,小的支根都死亡,大根有厚木栓保护,所以不受高温伤害。

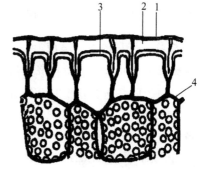

图4-5 肉质植物的叶子结构类型
1—角质层;2—表皮层细胞外面的厚面角质的壁;
3—细胞壁的非角质部分;4—叶肉的细胞

(2)硬叶旱生植物。硬叶旱生植物通常发育在炎热干燥或温暖干燥地带。草原上许多禾本科植物,如针茅,狐茅和篙均属于这类植物。这类植物抵抗萎蔫的能力很强,禾本科硬叶旱生植物的叶上,有多条的棱或槽,气孔深陷在槽内。在干燥的时候,叶缘向内反卷,或由中脉向下叠合,从而大大减少蒸腾作用(见图4-6)。这些植物的维管束和机械组织通常是很发达的,所以不容易显出萎蔫的形态,甚至体内失去50%的水分也不会枯死。硬叶旱生植物通常是多年生草本植物或是低矮的灌木。

硬叶旱生植物的根系是巨大的,吸收面积超过蒸腾面积很多。但根系分布的深浅不一,

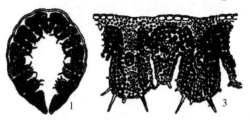

图 4-6 针茅的叶片横切面

1—卷成一个圆筒的叶片；2—铺展开的叶片；3—放大的叶片的一部分，
机械组织非常发达（画着线条之处），有沟、气孔在沟里，向卷成的叶筒里进行蒸腾

一般是扩散性的根系。在幼苗期主根的生长速度很快。有时下雨后，在主根的上部还生出无数细小的支根；在旱季开始前，土壤缺水时，这些小支根也就干枯了。只有其根系能够到达湿度较大而稳定的土层中的植物，才有可能生存。当土壤十分缺水时，小根死亡，大根外面有很厚的木栓保护，这一点和肉质植物相似。

(3) 薄叶旱生植物。薄叶旱生植物不抗热也不能忍受脱水，它们的蒸腾作用很强烈，根系长，有些种的根系深达地下水。豆科的骆驼刺是薄叶旱生植物，它们的气孔在强光高温的环境下张得很大，蒸腾作用很强，因此不仅体温降低，而且光合作用也很旺盛。沙漠地区如果地下水位高，骆驼刺巨大而深长的根系伸展到毛细管水带吸收水分，足以平衡蒸腾作用的消耗。薄叶旱生植物体上，常常密生灰白色或白色毛绒，起着过滤光的作用，保护叶绿素不致因光强而破坏。

### 4.3.2 园林植物对极端水分的适应

**1. 植物对干旱的生态适应**

植物对干旱的生态适应有形态结构与生理机能两方面，而两者又是密切相关的。由于干旱对植物的危害是多方面的，因此植物对干旱的生态适应和抵抗能力也是多种多样的。

1) 植物对干旱的形态适应

植物适应于干旱环境的形态结构如下。

(1) 根系向深的潮湿土壤扩展，根冠比增加（能更有效地利用土壤水分，特别是土壤深处的水分）。

(2) 叶子的细胞较小，细胞间隙也较小。

(3) 气孔较密，输导组织较发达。

(4) 细胞壁较厚，厚壁的机械细胞也较多。

(5) 叶片表面的角质层和蜡质较厚。

如一些杂草趁有水季节迅速地完成其短暂的生活周期，很少处于严重逆境，以避免干旱的影响。在干旱地区经长期适应形成的旱生植物，具有明显的旱生结构，如缩小植物体的表面，降低冠根比值，减少细胞的体积，气孔小而向表皮内凹陷，角质层发达，叶片肉质化和保水力强等。旱生结构使植物在干旱条件下能保持高的吸水、保水能力，减少水分的散失，从而调节了植物体内的水分平衡，这是在特殊生态条件下，植物对干旱的适应性。中生植物的生态适应也有类似的变化。少数肉质植物具有大型蓄水器官，起到了水分储藏的作用。

2）植物对干旱的生理适应

植物对干旱的生理适应，主要有气孔调节和渗透调节。

(1) 气孔调节。气孔调节是指植物适应缺水的环境，通过气孔的开关，控制蒸腾作用速率，以减少水分丧失而抵抗干旱。气孔调节的优点是反应快速灵敏，在短期内是可逆的。气孔调节的范围相当大，在环境条件变化时可由全天关闭到全天开放，部分关闭（或开放）到完全关闭。

气孔关闭的机制可以分为：水被动关闭和水主动关闭。由于保卫细胞暴露于大气中，大气的湿度较低时，保卫细胞通过蒸腾作用直接丧失水分而发生水被动关闭。水主动关闭的机制是保卫细胞中溶质含量减少，从而导致水分丧失，膨压降低和气孔关闭。

(2) 渗透调节。渗透调节也称为膨压调节，是指植物在水分胁迫下除失水被动浓缩外，通过代谢活动提高细胞内溶质浓度、降低水势，也能从外界水分减少的介质中继续吸水，维持一定的膨压，因而使植物能进行正常的代谢活动和生长发育。组织水势的变化主要是由于渗透势的变化。除了适应极端干燥条件的植物，渗透势的变化一般较小，只有 0.2～0.8 MPa。大多数调节是由溶质，包括糖、有机酸和离子（特别是 $K^+$）的增高引起的。

相关研究已经证明，从植物细胞质中提取的酶被高浓度的离子强烈地抑制。在渗透调节过程中离子的积累似乎主要存在于液泡内，不与细胞质或亚细胞器中的酶接触。由于离子的这种区域化作用，一些其他的溶质必须在细胞质中积累以维持细胞内的水势平衡。这些溶质被称为亲和性溶质，主要是不干扰酶功能的有机化合物。脯氨酸通常是一种积累的亲和性溶质，其他的亲和性溶质有糖醇、山梨醇和一种四元胺、甘氨酸甜菜碱。

渗透调节对组织脱水反应缓慢。我们已经知道，具有渗透调节能力的叶片比不能调节的叶片在较低的水势下更能维持膨压。在低水势下，膨压的维持能使细胞继续伸长和增加气孔传导。在这个意义上，渗透调节是一种提高脱水耐性的适应。

渗透调节也在根中发生。在根中，渗透调节的绝对数量比叶片小，但根据最初组织渗透势的比例，可能比叶片大。渗透调节也可能发生在根的分生组织中，提高膨压和维持根的生长。

**2. 植物对水涝的适应**

不同的植物对于水分过多引起的土壤缺氧有不同的适应能力。如水稻和藕都是沼泽植物，但水稻要比藕更能耐涝；水稻之中籼稻比糯稻耐涝，而糯稻又比粳稻耐涝。陆生植物的耐涝性也各不相同，如棉花、大豆只要淹水 1～2 d，叶片就会自下而上枯萎脱落，只有未淹水的顶部叶片尚能保持绿色。此外，即使相同植物在不同的生育期耐涝的程度也是不同的。例如水稻在幼穗形成期到孕穗中期受涝害最严重，而且这时淹水深度不能超过幼穗形成部位；其次，开花期受涝害也较严重；其他生育期受害都较轻，但较长时间淹水没顶，也会严重受害。

1）植物对水涝的形态适应

如果是逐步淹水引起土壤中的氧慢慢下降，则植物根系也相应木质化。有人研究指出，在土壤缓慢缺氧的情况下，根组织内氧化还原电势下降，使细胞内积累木质素。这种木质化了的细胞吸收养分和水分虽比较困难，却也限制了还原物质的侵入，故木质化了的根对土壤还原物有较强的抗性，也即木质化的根尽管处在还原状态的土壤中，但还原产物仍不易进入根系，使根不易腐烂，耐湿性增大。如麦类在逐步淹水的情况下，其根随土壤还原性的增加，木质化从表皮向中柱渐次扩展，外皮层和皮层都发生木质化，耐湿性增大。水稻之所以能在较长期的淹水条件下生长，就是由于水稻根表皮下有显著木质化的厚壁细胞，而且具有从叶向根输送氧气的通气组织，使根系不断地取得氧气，并向土壤分泌氧以适应土壤的还原状态。这是由于水稻根系分泌的氧，使根际土壤的氧化—还原电位较根外土壤更高。

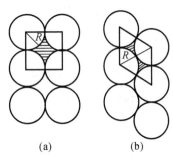

图4-7 孔隙比较

(a)细胞柱状排列；(b)细胞偏斜排列

植物地上部分向根系供氧能力的大小是决定抗涝性的主要因素，而茎叶向根供应氧的能力与植物体内通气组织，特别是根的结构有密切关系。如水稻幼根的皮层细胞为柱状排列，而小麦则为偏斜排列，两种排列方式相比，柱状排列的孔隙比偏斜排列的大两倍以上(见图4-7)，这对通气有好处。植株成长以后，小麦根的结构变化不大。水稻根皮内细胞多数崩溃而形成特殊的通气组织，空气由地上部分经此组织到达根尖。若把小麦和水稻植株的根系浸在 $Fe^{2+}$ 溶液中，这两种根的氧化能力显然不同，因水稻根从地上部分获得了足够的氧气，故有较强的氧化力，使 $Fe^{2+}$ 沉积于根的表面，而小麦根的氧化力很弱，所以 $Fe^{2+}$ 进入了根内。

2) 植物对水涝的生理适应

一些植物(或者植物器官)能忍受较长时期的无氧环境。水稻和落芒草的胚和胚芽鞘能在缺氧的条件下存活几个星期。它们的根状茎在湖边的无氧泥里过冬，一到春天，只要叶片得以展开，氧气就沿着通气组织进入根状茎，然后代谢作用从无氧途径转换到需氧途径，根开始生长。在水稻和落芒草种子的萌发过程中，胚芽鞘钻出水面，成为氧气到植物其余部分的通道。实验证明，如果玉米的根尖突然失氧，只能存活 20~24 h。在缺氧条件下，发酵作用缓慢产生三磷酸腺苷(ATP)，细胞的能量状态逐渐下降。当玉米根尖缺氧时，大约有20种厌氧胁迫多肽产生。其中三种被鉴定为糖酵解途径的酶。而另外的两种多肽是丙酮酸脱羧酶和乙醇脱氢酶，它们催化丙酮酸到乙醇的发酵。乙醇发酵是高等植物缺氧细胞中ATP合成的主要代谢途径，较高的发酵速率与细胞的能量状态有关，因而这些厌氧胁迫多肽可能在缺氧过程中利于植物实现其生理过程。

## 4.4 园林植物对城市水分的调节作用

### 4.4.1 城市的水分特点

**1. 水污染严重、水质恶化**

水体污染是指排入水体的污染物质超过水体的自净能力，使水的组成和性质发生变化，引起动植物生长条件恶化，人类生活和健康受到不良影响。城市地区工业和生活污水多，而且我国污水处理率低，相当数量污水直接排入水体，造成水体污染，水质恶化。1997年调查表明，我国总河流长 65 406 km，其中符合我国(地面水环境标准)Ⅰ、Ⅱ类标准的河流占 32.8%，Ⅲ类的占23.6%，Ⅳ、Ⅴ类的占27.7%，超Ⅴ类的占15.9%。通过城市地区的河段往往是污染最严重的。上海苏州河、南京秦淮河、天津的海河，在治理前污染最严重时实际就是排污河，地表水污染会导致地下水质的恶化，使地下水的硬度、矿化度和硝酸盐含量等大大增加。城市水体污染类型主要有以下几种。

（1）水体中氮、磷、钾等植物营养物质过多，致使水中的浮游植物过度繁殖的水体富营养化。无锡的太湖、昆明的滇池均存在严重的水体富营养化问题。造成水体富营养化原因在于：农业生产大量使用化肥、城市生活污水中的粪便和含磷洗涤剂富含大量养分。

（2）汞、铬、铝、铜、锌等重金属和有机氯、有机磷、芳香族氨基化合物等化工产品所引起的有毒物质的污染。

（3）工业生产过程中产生的废余热使水体温度明显升高，影响水生物的正常生长发育，这种污染称为热污染。一般越高级的微生物，其生存的上限温度越低，如真核微生物的上限温度比原核生物低；异氧细菌与无机化能细菌的上限温度均超过 90 ℃。

**2. 城市水资源短缺**

城市水资源是指在当前技术条件下可供城市工业、郊区农业和城市居民生活所需的水资源，包括处理后的工业和城市生活污水重新用于工业、农业和城市其他用水。由于经济规模不断扩大，耗水量逐年增加，使城市地区人均水资源拥有量不断下降，而严重的水污染又加剧了城市的水资源短缺。目前，我国 700 多个城市中，有一大半城市缺水，其中百万以上人口城市的缺水程度更为严重。特别是北方城市，对地下水超采现象严重，很多城市出现地下水区域下降漏斗，如北京漏斗面积达 1 014 km$^2$。一些沿海城市过度开采地下水，导致地面沉降、海水倒灌，土地盐碱化加重。

近年，我国城市的绿化用水呈快速上升趋势，特别是草坪的盲目发展，消耗了有限的水资源，增加了养护成本。因此，水资源不足的城市应逐步发展节水生态型园林，通过节水灌溉技术、污水开发利用技术及抗旱节水园林植物材料的选用来减少园林绿化用水量。

**3. 城市径流量增加**

郊区地表透水性良好和孔隙度较高，雨水降落到地表，一部分渗入地下，补充地下水，一部分为土壤孔隙吸收，一部分填洼和蒸发，其余部分形成地表径流。而在市区，由于自然植被受到破坏，土地利用方式为街道、广场、建筑物、混凝土和沥青等，地表径流量明显增加，洪水高峰期提前。

### 4.4.2 园林植物群落对城市水分的调节作用

**1. 园林植物群落的截留作用**

园林植物群落的截留作用使大量的水分直接蒸发到大气中，增加城市上空的湿度。园林植物群落面积越大，群落层次结构越复杂，截留效应越明显。

**2. 园林植物群落的蒸腾作用**

园林植物群落蒸腾作用可增加群落内部及其附近环境的空气湿度。如果园林植物群落在一个城市中均匀分布，则能够改善城市的空气湿度。

**3. 园林植物群落增加城市水资源的作用**

园林植物群落可增加城市自然土壤的面积。因此，自然降水会更多地渗入到土壤中，不会直接通过排水系统输出，结果增加了城市水资源总量，同时还能维持园林植物群落对水分的需求。合理选用本土园林植物，配置结构完善的植物群落，有利于充分发挥园林植物群落

的节水理水功能。

## 4.5　园林植物对水污染的净化作用

### 4.5.1　水污染对植物的危害

水污染是直接将污染物排入水体,使该物质含量超过水体的本底含量和水体的自净能力,从而破坏水体原有的性质。

水污染物种类主要有:固体污染物(系指固体悬浮物)、有机污染物(如碳水化合物、蛋白质、脂肪、氨基酸等)、油类污染物、有毒污染物(主要指无机化学毒物、有机化学毒物和放射性物质)、生物污染物(如病原菌、炭疽菌、病毒及寄生性虫卵等)和营养物质污染物(如氮、磷、钾等营养物质)。

另外,还有酸碱污染物、热污染物及其他污染物等。

上述污染物或多或少会影响植物的各种生理生化活动,不利于植物的生长发育。如化工厂的酸性污水会使菱、藕、莲等腐烂死亡;电镀车间排放的含铬废水能使悬铃木根系腐烂死亡。与此同时,这些污染物也会对人类和其他生物造成危害。

### 4.5.2　植物对水污染的净化作用

植物通过对水体中的污染物质进行吸收、分解而净化水体。植物从水体环境吸收的物质,一般出现以下几种变化。

**1. 植物通过体内新陈代谢利用污染物**

在低浓度条件下,植物吸收利用有些污染物质,超过一定浓度植物可能受到伤害。如少量的铬有利于植物的生长,但过量的铬对植物有害;植物对富营养化(主要是氮和磷)水体进行净化,亦是利用植物的吸收利用原理。如香根草、茭白净化富营养化水体,而慈菇、渣草和水花生对氮的净化效果显著,用满江红净化磷效果较好,但是浓度太高也会在植物体内富集。

**2. 植物的富集作用**

富集作用是指植物将吸收的物质积累在体内。通常,某种植物对一种特定的元素或化合物具有较强的富集作用,亦即对某种元素或化合物具有选择性吸收作用,如椴木具有富集钙的能力,其富集量可达到叶重的 $2\% \sim 4\%$。

应用植物的富集作用来净化水体显示出广阔的前景。如利用凤眼莲来净化炼油废水,利用荇菜来净化水体的镉污染。在利用植物净化水体的过程中,越来越多的水生植物被利用,效果较为显著。但也应看到,植物在净化污染的同时,特别是浓度较高时,也会对植物造成毒害作用。因此,如何协调植物与环境中污染物浓度之间的关系,尚需深入研究。

植物对污染物的吸收富集随其器官不同而有一定的差异。一些重金属元素如铅、砷、铬等在植物体内的移动较慢,因此根部含量较多,茎叶次之,其他部位较少;而硒元素由于比较活跃,可在植物体内各个部分分布,但以叶片较多。因此,在利用各种植物净化水体时要注意植物不同器官积累差异,以免造成二次污染。

**3. 植物将其吸收的物质进行转化或转移**

有些污染物质进入植物体后,可被植物分解或转化为毒性较小的成分,该类型的植物在净化水体中的作用将会越来越重要。如某些有毒的金属元素进入植物体后与硫蛋白结合,形成金属硫蛋白,结果毒性显著降低;有些植物吸收苯酚等有机污染物后,可以将其完全分解,最后释放出二氧化碳。

## 4.6 水分调控在园林中的应用

### 4.6.1 合理浇灌

浇灌是满足植物对水分的需要,维持植物体水分平衡的重要措施。特别是在造园工作中,浇灌是极为重要的手段。水分调控表现为合理灌溉,体现在一方面适时灌溉,另一方面适度(量)灌溉。根据植物的生态习性、生长发育阶段、所处的环境条件及天气等因素,确定灌溉的方式。喜湿耐涝的植物如蕨类、秋海棠、兰科植物、瓜叶菊、慈菇花等采用多浇的方式,耐旱植物如仙人掌类等多浆液植物则应适当少浇,以防止浇水过多而引发涝害。在花卉播种或扦插育苗期间,应该适当地多浇勤浇,出苗后可适当少浇;随着植物生长、开花,浇水量逐渐增加;到结实期又需要少浇些;休眠期更要少浇。培育良苗壮苗,应在土壤干燥到一定程度再进行下一次灌溉。天气干燥的晴天多浇,阴湿天少浇或不浇。冬季植物的灌溉还需考虑植物对温度的适应性,如果温室或大棚不采取供暖,灌溉量和次数要适当减少,以提高植物对低温的抗性。夏季天热,很多花卉移出室外,蒸发量大,浇水量要增加。浇灌方法以采用喷灌为佳,更可增加大气湿度,对一些观叶类的花卉更为有利。

### 4.6.2 调整花期、花态、花色

水分调控可以起到调整花期的目的。植物在生殖生长阶段控制水分有利于花芽分化及花器形成,并提高花的观赏价值。部分园林植物在遇到恶劣的环境时,为了延续后代的需要,会在很短时间内,完成开花结果整个繁衍后代的过程。利用园林植物的此种特性,采取控制水分的措施,可达到提前开花的目的。如三角梅,在肥、光、土、温均适合生殖生长的前提下,停止浇水,直至叶片萎蔫脱落,再少量的浇水,保持 20 d 左右,即可孕无叶之蕾,开出满树的花。

夏季高温干旱常迫使一些花木进入夏季休眠,有些植物会加快花芽的分化,花蕾提早成熟。如于初秋进行干旱处理促使植物落叶,以后再通过喷水或灌水,给予水分,则能很快解除休眠而恢复生长,并进而开花。玉兰、紫荆、桃、梨等花木,使其在国庆节期间开花可采用这种方法。牡丹是春季开花的,如果于秋季落叶后,移入 25 ℃左右的温室内,日夜喷水 5~6 次,促使花芽萌动、生长,则可于冬季或早春开花。如于秋季先以干燥冷凉处理,以后每日对枝干喷水 6~7 次,也能使之在国庆节期间开花。再如杜鹃花等,用控制温度和不断在枝干上喷雾、喷水的方法,亦能提早在冬季或春节前后开花。

水分调控对花态也有影响。水分的不断更新交换能维持植物体内正常的渗透压,使花卉处于膨压状态,如花梗的挺立、叶片的伸展、花苞的开放等,都是离不开水的。水分的含量过少会破坏植物体内的水分平衡,使花卉处于凋萎状态。

花色与水分关系也较密切。适宜的湿度条件才能显现出各品种固有的色彩。一般水分

缺乏时花色变浓。例如蔷薇的白色及淡桃色品种,在水分不足的情况下,往往变成乳黄色或浓桃色;菊花也有同样的情形。据实验证明,当水分缺少时,由于色素的形成较多,所以色彩变浓。

### 4.6.3 抗旱锻炼

抗旱锻炼是指使植物处于适当的缺水条件下,经过一定时间,使之适应干旱环境的方法。在实践中已提出许多抗旱锻炼方法,如"蹲苗"、"搁苗"、"饿苗"及"双芽法"等。主要采用在苗期适当控制水分,抑制生长,以锻炼其适应干旱的能力,这叫"蹲苗"。移栽前拔起让其适当萎蔫一段时间后再栽,这叫"搁苗"。扦插时插穗一般要在阴凉处放置1~3 d甚至更长的时间后再扦插,这叫"饿苗"。试验证明,经锻炼的苗,根系发达,植株保水力强,叶绿素含量高,以后遇干旱时,代谢比较稳定,尤其表现蛋白氮含量高,干物质积累多。

### 4.6.4 灌水防寒

合理灌水,特别是封冻水和返青水应适时浇灌,并浇足浇透。封冻水是在土壤封冻前进行,浇透水后,土壤含有较多水分,严寒表层地温不至于降过低、过快,开春表层地温升温也缓慢。浇返青水一般在早春进行,由于早春昼夜温差大,即时浇返青水,可使地表昼夜温差相对减少,避免晚春危害植物根系。

## 实验实训三 植物与水分生态关系的观察

### 一、目的

通过观察水生植物、湿生植物、旱生植物的不同水分生态环境和植物对水污染的净化作用,使学生能了解园林植物对水的生态适应类型和植物对水污染的净化作用,从而理解园林植物与水分的生态关系。

### 二、材料与工具

记录板、扩大镜、笔等。

### 三、方法与步骤

**1. 园林植物对水的生态适应类型观察**

按照植物对水分的需求不同可分为水生植物、湿生植物、旱生植物三种类型。

1)水生植物的观察

生长在水中的植物叫水生植物。依其与水的关系可将其分为三种类型。

挺水植物:植物体的大部分露在水面以上的空气中,如芦苇、香蒲、荷花。

浮水植物:根生于水下泥中,仅叶及花浮在水面,如萍蓬草、睡莲等。或者植物体完全自由地漂浮于水面,如凤眼莲、浮萍等。

沉水植物:植物体完全沉没在水中,如金鱼藻等。

水生植物主要属于挺水植物及浮水植物。水生植物的形态和机能特点是植物体的通气组织发达,在水面以上的叶片大,在水中的叶片小,常呈带状或丝状,叶片薄,表皮不发达,根系不发达。

种类介绍如下。

荷花　睡莲科莲属(*nelumbo mucifera.*)。水生植物,性喜相对稳定的平静浅水,湖沼、泽地、池塘是其适生地。荷花花大叶丽,清香远溢,出污泥而不染,深为人们所喜爱,是园林中非常重要的水面绿化植物。荷花全身皆宝,藕和莲子能食用;莲子、根茎、藕节、荷叶、花及种子的胚芽等都可入药,可治多种疾病。

睡莲　睡莲科睡莲属(*nymphaea tetragona.*)。生于池沼中,喜阳光和富含腐殖质的黏土。睡莲花叶均秀丽,除作观赏外,其根状茎可食用或药用。

芡实　睡莲科芡属(*euryale ferox salisb.*)。生长于池塘、沼泽中。叶大肥厚,浓绿皱褶,花色明丽,形状奇特,与荷花、睡莲等水生植物植物搭配种植、摆放,形成独具一格的观赏效果。

萍蓬草　睡莲科萍蓬草属(*nuphar pumilum.*)。喜温暖湿润、向阳环境,宜于深厚、肥沃河泥土生长。主要用于庭院绿化,通常多与睡莲、荷花、水柳配植。也可用作鱼缸水草。其根茎、果实供药用,有滋补强壮、调经之功效。

芦苇　禾本科芦苇属(*phragmites communis.*)。适应各类土壤。耐盐碱,又耐酸,且抗涝。芦苇花序雄伟美观,用作湖边、河岸低湿处的背景材料。有利固堤、护坡、控制杂草之作用。

2) 湿生植物的观察

该类植物耐旱性弱,需生长在潮湿的环境中,在干燥或中生的环境下生长不良。根据实际的生态环境又可分为两种类型。

阳性湿生植物:这是生长在阳光充足,土壤水分经常饱和或仅有较短的干旱期地区的湿生植物,例如在沼泽化草甸、河湖沿岸低地生长的鸢尾、半边莲,由于土壤潮湿通气不良,故根系较浅,无根毛,根部有通气组织,由于地上部分的空气湿度不是很高,所以叶片上仍可有角质层存在。

阴性湿生植物:这是生长在光线不足,空气温度较高,土壤潮湿环境下的湿生植物。热带雨林中或亚热带季雨林中、下层的许多种类均属于本类型,例如多种蕨类、海芋、秋海棠类以及热带兰类等多种附生植物。这类植物的叶片大而且很薄,栅栏组织和机械组织不发达而海绵组织很发达,防止蒸腾作用的能力很小,根系亦不发达。本类可谓为典型的湿生植物。

种类介绍如下。

垂柳　杨柳科柳属(*salix babylonica linn.*)。喜光,喜温暖湿润气候,较耐寒,特耐水湿,耐旱,耐盐碱。根系发达,萌生能力强,生长速度快。是庭园观赏树种,也是工矿区绿化、"四旁"树种。

旱柳　杨柳科柳属(*salix matsudana.*)。喜光,不耐阴。耐寒,喜水湿,亦能耐干旱。对土壤的要求不严,在瘠薄沙土、低湿河滩和弱盐碱地上均能生长,而以肥沃、疏松、潮湿的沙壤土或轻沙壤土最为适宜。发芽早、落叶晚、生长迅速。萌芽力强,根系发达,主根深,固土抗风力强。"春来无处不春风,偏在湖桥柳色中",柳色成了春天的象征,也是我国人民喜爱的树种,常栽植于沿河湖岸边及低湿之处,也可作行道树。

紫穗槐 豆科紫穗槐属(*amorpha fruticosa linn.*)。喜欢干冷气候,在年均气温10~16 ℃,年降水量500~700 mm的华北地区生长最好。耐寒性强,耐干旱能力也很强,能在降水量200 mm左右地区生长。也具有一定的耐淹能力,虽浸水1个月也不至死亡。对光线要求充足。对土壤要求不严。紫穗槐抗风力强,生长快,生长期长,枝叶繁密,是防风林带紧密种植结构的首选树种。紫穗槐截留雨量能力强,萌蘖性强,根系广,侧很多,生长快,不易生病虫害,具有根瘤,改土作用强,是保持水土的优良植物材料。

柽柳 柽柳科柽柳属(*tamarix chinensis.*)。柽柳耐水湿、耐盐碱、耐瘠薄,故在园林中可植天湖边、岸旁、河滩上。近来很多柽柳老树桩被开发制作盆景,别具一格。枝条可编筐;嫩枝、叶可供药用。

桑 桑科桑属(*morus alba linn.*)。阳性,适应性强,抗污染,抗风,耐盐碱。叶可饲蚕。木材坚实、细密,可制农具。茎皮纤维为优良的造纸和纺织原料。根、皮、叶和桑葚均可入药,有利尿镇咳的作用。成熟的桑葚可生食,食用的部分主要在肉质化的花被(萼片)。

3) 旱生植物的观察

旱生植物具有较强的抗旱能力,在干燥的气候和土壤条件下(沙漠、干草原、危岩陡壁等)能够保持正常的生命活动。为了适应干旱的环境,它们在外部形态和内部构造上都产生许多相应的变化和特征,如叶片变小或退化变成刺毛状、针状或肉质化;叶表皮层或角质层加厚,气孔下陷;叶表面具厚茸毛及细胞液浓度和渗透压变大等,这就大大减少了植物体水分的蒸腾,同时该类植物根系都比较发达,能增强吸水力,从而更增强了其适应干旱环境的能力。多数原产炎热而干旱地区的仙人掌科、景天科等植物即属此类。

种类介绍如下。

雪松 松科雪松属(*cedrus deodara.*)。喜光,稍耐阴。喜温暖、湿润气候,耐寒,抗旱性强。适生于干燥、肥沃和土层深厚的中性、微酸性土壤,对微碱性土壤亦可适应。忌积水,在低洼地生长不良。雪松高大雄伟,树形优美,是世界上著名的观赏树之一,可在庭园中对植,也适宜孤植或群植于草坪上。

加杨 杨柳科杨属(*populus canadensis.*)。著名的行道树和庭园树,生长快。

合欢 含羞草科合欢属(*albizzia julibrissin durazz.*)。喜温暖湿润和阳光充足环境,对气候和土壤适应性强,宜在排水良好、肥沃土壤生长,但也耐瘠薄土壤和干旱气候。合欢树冠开阔,入夏绿荫清幽,羽状复叶昼开夜合,十分清奇,夏日粉红色绒花吐艳,十分美丽,适用于池畔、水滨、河岸和溪旁等处散植。

臭椿 苦木科臭椿属(*ailanthus altissima.*)。喜光,不耐严寒。在年平均气温7~19 ℃、年降雨量400~2 000 mm范围内生长正常;年平均气温12~15 ℃、年降雨量550~1 200 mm范围内最适生长。对土壤要求不严,但在重黏土和积水区生长不良,耐微碱。木材可供建筑、制人造板等。根皮、茎和种子供药用。臭椿是荒山造林、庭园和工矿区绿化树种。叶可饲养樗蚕。

**2. 植物对水污染的净化作用的观察**

植物能够对水体中的污染物质进行吸收、分解而净化水体。通过观察生长有水生植物和无水生植物的水体,比较它们的不同特点和效果。有条件可以测定不同水体某些物质的变化。

## 四、实训报告

根据观察的现象,写出结果并总结。

# 复习思考题

1. 简述水对园林植物的重要性。
2. 水分对园林植物有哪些生态作用?园林植物对水分适应有哪些生态类型?
3. 园林植物群落对城市水分是如何调节的?
4. 水污染物质有哪些种类?园林植物对水污染有哪些净化作用?
5. 简述水分调控在园林中的应用。

# 第5单元 园林植物与大气

了解大气组成及其生态意义,了解大气污染对园林植物的危害,掌握园林植物对大气污染的净化作用。

## 5.1 大气组成及其生态意义

### 5.1.1 大气组成

地球表面的大气形成大气圈,大气圈虽然有1 000 km以上的厚度,但直接构成生物整体环境的部分,只有下部对流层约16 km的厚度范围,气候现象多发生在这一范围。大气圈是地球生物的保护圈,它能维持地球远比其他星球稳定的温度,减弱紫外线对生物的伤害。大气中含有植物生活所必需的物质,如光合作用需要的$CO_2$和呼吸作用需要的$O_2$等。对流层中还含有水汽、粉尘等,它们在热量的作用下形成风、雨、霜、雪、露、雾和冰雹等,调节着地球环境的水热平衡,影响着生物的生长发育。

大气圈中空气的组成是很复杂的。在标准状态下(0 ℃,760 mmHg,干燥),空气成分按体积计算为:氮气占78.08%,氧气占20.95%,二氧化碳占0.035%,其他为氩、氢、氖、氦、臭氧及尘埃等(见表5-1)。空气中还含有水汽,其含量因时间和地点不同而发生变化,按体积计,常在0%~4%。工业化发展改变着大气成分,产生了大气污染,这在城市地区表现得尤其突出,一方面大气污染危害人类和所有生物的生命活动,另一方面园林植物具有净化城市空气的重要作用。

表5-1 大气气体组成

| 组 分 | 按体积 | 组 分 | 按体积 |
|---|---|---|---|
| 氮($N_2$) | 78.08% | 氪(Kr) | 1.0 mol/L |
| 氧($O_2$) | 20.95% | 氢($H_2$) | 0.58 mol/L |
| 氩(Ar) | 0.93% | 氧化亚氮($N_2O$) | 0.25 mol/L |
| 二氧化碳($CO_2$) | 0.035% | 一氧化碳(CO) | 0.1 mol/L |
| 氖(Ne) | 18 mol/L | 氙(Xe) | 0.08 mol/L |
| 氦(He) | 5.24 mol/L | 氡(Rn) | 0.06 mol/L |
| 甲烷($CH_4$) | 1.8 mol/L | 臭氧($O_3$) | 0.1~0.01 mol/L |

### 5.1.2 大气主要组成成分的生态作用

几十亿年前地球大气中二氧化碳含量很高,没有氧气,植物出现后,不断进行光合作用,释放出氧气,氧气逐渐增加到现在大气中的浓度。在大气组成成分中,与生物关系密切的是氧气和二氧化碳。二氧化碳既是光合作用的主要原料,又是生物氧化代谢的最终产物;氧气几乎是所有生物所依赖的物质(极少数厌氧生物除外),没有氧气,生物就不能生存。随着工业的发展与城市的集中,许多工业废气、烟尘排入大气,使空气普遍受到不同程度的污染。大气污染已成为现代社会特别关注的问题。

**1. 氧气的生态作用**

植物进行呼吸作用时,吸收氧气,放出二氧化碳。没有氧气,植物就不能生存。空气中的氧气足以满足植物的需求,但土壤中的氧气却常不足。植物根系进行呼吸作用,消耗大量的氧气,积累很多的二氧化碳。土壤的通气性较差时,土壤空气与大气的气体交换减弱,土壤中的氧气得不到补充,植物根系会发生无氧中毒,根系生长受阻,严重时根系腐烂,植物枯死。

动物和植物残体的分解也离不开氧气,通过微生物在有氧条件下的分解作用,可以使有机物质分解成简单的无机物质,释放出植物生长发育所需的养分,从而使矿质养分得以循环利用,这对全球生态系统的维持有着特别重要的意义。

大气中的氧气主要来源于植物的光合作用,少部分来源于大气层中的光解作用,即在紫外线照射下,水汽分解为氢和氧。植物一方面通过呼吸作用消耗氧气,一方面通过光合作用制造氧气,但产生的氧气量大大高于消耗量。由于地球上一切氧化过程,包括有机物的分解、燃料的燃烧等都要消耗大量的氧气,所以大气层中的氧气含量才能保持不变。在大气高空层中,氧分子与活性极高的氧原子,在紫外线照射下结合生成非常活跃的臭氧($O_3$),在大气圈中形成臭氧层。臭氧层对地球上的生物有着特别重要的意义,它能吸收大量的紫外辐射,保护地球生物免受伤害。可以说,没有臭氧层的保护作用,地球上的生物将不能生存下去。在大气低层,雷电作用也能产生部分臭氧。

**2. 二氧化碳的生态作用**

二氧化碳是植物光合作用的主要原料。植物通过光合作用,使二氧化碳和水分合成碳水化合物,构成各种复杂的有机物质。据分析,在植物干重中,碳占 44%,氧占 42%,氢占 6.5%,氮占 1.5%,灰分元素占 5%。其中碳和氧皆来自二氧化碳,所以二氧化碳对植物具有最重要的生态意义。

大气中的二氧化碳浓度目前已上升到 360 $\mu L/L$。在近地层,二氧化碳浓度有日变化和年变化,这是随着光合作用的强弱而变化的。在中午光合作用最强时,二氧化碳浓度最低,而晚上,呼吸作用不断放出二氧化碳,在日出前二氧化碳浓度达最高值。在一年当中一般夏季二氧化碳浓度最低,冬季最高,因夏季是植物生长旺季,而冬季植物生长缓慢,消耗的二氧化碳较少。

在工业革命以前,大气中的二氧化碳浓度一直稳定在 280 $\mu L/L$ 左右。随着现代工业的发展,化石燃料的使用逐渐增多,加之动植物的呼吸,火山爆发,碳酸盐类的分解等释放到大气中的二氧化碳也随之增多。据测定,大气中二氧化碳浓度年增加率逐年加快,预计到本世纪中下叶,大气中二氧化碳浓度将近 600 $\mu L/L$。由于二氧化碳是温室气体,能吸收地球表面释放的热辐射,减少对外层空间的释放,从而引起全球气温上升。科学家预测,当二氧化碳浓度达 600 $\mu L/L$ 时,全球气温可能上升 1.5～4.5 ℃,这将给地球生物圈带来巨大影响。所以,从环境保护的角度来说,应坚决限制碳排放,控制大气中二氧化碳的增加。但对植物生长来说,360 $\mu L/L$ 的二氧化碳浓度还不能满足需要,随着二氧化碳浓度的增加,植物的光

合强度也相应增加。大量的试验结果表明,大多数植物进行光合作用的最适二氧化碳浓度为 1 000 μL/L 左右,当环境中二氧化碳浓度达 600 μL/L 时,植物生长量提高 1/3 左右。

在城市中心,人口聚集,化石燃料消耗多,加上平静无风的条件,氧气消耗过多,二氧化碳大量增加,严重时会发生氧气不足,二氧化碳过多的问题。

**3. 氮的生态作用**

氮在植物生命活动中,有极重要的作用,它是构成生命物质(如蛋白质)的最基本成分。氮气是一种惰性气体,虽然空气中含有 78.08% 的氮气,但它却不能被绝大多数生物直接利用,植物所需要的氮主要来自土壤中的硝态氮和氨态氮,它们一方面通过大气中的雷电现象将氮气合成为硝态氮和氨态氮,随降水进入土壤,一般每年每公顷可达 3.0~4.5 kg;另一方面,通过固氮微生物直接将空气中的氮气固定下来为植物利用。在森林生态系统中生物固氮发挥着主要作用,动植物残体和排泄物的分解也补充了土壤中大量的氮素。

土壤中的氮素经常不足,当氮素严重亏缺时,植物生长不良,甚至叶黄、枯死,所以在生产上常常施以氮肥进行补充。在一定范围内,增加土壤中的氮素,能明显促进植物生长。

## 5.2 大气污染与园林植物

### 5.2.1 大气污染及其形成

大气污染一般是指人类活动向大气中排放的有害物质含量超过大气及其生态系统的自净能力,打破了生态平衡,对人类健康、生物生存、正常工农业生产和交通运输产生了危害的现象。地球上自从有了人类活动后,就开始有了大气污染。

大气污染的形成主要可分为自然污染和人为污染两种。自然污染发生于自然过程本身,如火山爆发、尘暴等;人为污染由人类生产活动引起。自17世纪工业革命开始,人类开始使用化石燃料。随着工业化进程、城市化的发展,人类对化石燃料和石油产品的需求迅猛增加,加之人类生活污染,包括居民取暖做饭燃烧排放的烟尘,以及各种生活垃圾造成的污染;工业污染包括工厂排放的烟雾、粉尘和各种有害物质,甚至核物质泄漏;交通运输污染包括汽车、飞机、轮船等行驶过程中排放的废气。因而排放到大气中的污染物种类增多,数量增大,大气污染日益严重,大气污染已成为全球面临的主要公害,特别是在城市地区。

大气污染物种类很多,引起人们注意的大约有 100 多种,常见的污染物列于表 5-2。其中对植物危害较大的有二氧化硫、硫化氢、氯气、氟化氢、臭氧、二氧化氮、煤粉尘等。

**表 5-2 污染物的种类和成分**

| 污染物种类 | 成 分 |
| --- | --- |
| 粉尘 | 碳粒、飞灰、碳酸钙、氧化锌、二氧化铅等 |
| 硫化物 | 二氧化硫、三氧化硫、硫化氢、硫酸 |
| 氮化物 | 一氧化氮、二氧化氮、氨等 |
| 氧化物 | 一氧化碳、过氧化物、臭氧 |
| 卤化物 | 氯气、氯化氢、氟化氢等 |
| 有机化合物 | 碳化氢、甲醛、有机酸、焦油、醚等 |

大气中的污染物是多种物质的混合体,主要包括以下几种。

**1. 粉尘微粒**

粉尘微粒主要来自民用和工厂所燃烧的煤炭和石油残余物。在一般情况下,工厂燃烧 1 t 煤约有 11 kg 粉尘微粒排入空气中。粉尘微粒依其大小可分为两类:直径大于 10 μm 的降尘和小于 10 μm 的飘尘($PM_{10}$),后者在空气中像气体分子那样,作不规则运动,沉降非常缓慢。这些粉尘微粒在空中能散射和沉降几十甚至几百米,吸收阳光,使能见度降低,夏季减低 1/3,冬季降低 2/3,并使地面的阳光辐射减少,城市所接受的阳光辐射平均少于农村 15%~20%,其主要原因就是城市上空的粉尘粒较多。粉尘微粒还是水分凝聚和有毒气体的核心,经常形成城市雾,影响人的呼吸,引发和加剧支气管和肺部疾病。有些飘尘表面还带有致癌性很强的化合物。

**2. 一氧化碳**

当燃料中的碳与空气中的氧不充分燃烧时便产生一氧化碳。一氧化碳是一种无色、无臭、无味的气体,人们不易察觉,一旦吸入人体,由于它与红血球里的血红蛋白争夺氧(它的结合能力比血红蛋白强 200 倍),使血液含氧降低,影响心脏和大脑。在含有 30 μL/L 一氧化碳的环境中居留 8 h,就会丧失 5% 的氧合血红蛋白,而有恶心、头痛。持续一段时间失氧,将导致永久性损伤。在一氧化碳 600 μL/L 浓度下停留 10 h,就会使人死亡。

在城市中,二氧化碳主要来自交通运输,其中绝大部分又来自汽车行驶,少部分来自工厂。就全球范围而言,虽然数量很大,但其自然浓度只有 0.1 μL/L,而在城市中,特别是在交通枢纽地,常见有达到 50 μL/L 或更高的浓度。

**3. 硫氧化物**

硫氧化物主要的是二氧化硫,占人为硫氧化物排放量的 95%,主要来自化石燃料的燃烧,而其中的 80% 来自煤的燃烧。二氧化硫的自然浓度约为 0.002 μL/L,在一些城市中常常高出这一水平几百倍。二氧化硫达到 0.3 μL/L 时,会使植物受到慢性损害,发生落叶现象。空气中的二氧化硫和氮氧化物与水汽结合,形成硫酸和硝酸,以降水的形式降落到地面,使雨水的 pH 值低于 5.6,形成酸雨,这种酸沉降会酸化土壤,对植物造成很大的危害,在全球许多地方都发现由于酸沉降使森林大面积死亡的现象。酸雨具有很大的腐蚀作用,能腐蚀油漆、金属及各类纺织品,大理石和石灰石也易受二氧化硫和硫酸的侵蚀,许多城市中的历史古迹、艺术品和建筑物因此而受到损坏。

**4. 氮氧化物和光化学氧化剂**

在城市地区,氮氧化物(主要的是二氧化氮)绝大部分来自工业生产(46%)和交通运输(51%)。在 3 μL/L 的二氧化氮环境中停留 1 h,人体支气管会产生萎缩现象,在 150~200 μL/L 的高水平下短时间的停留就会因肺部损伤而死亡。氮氧化物在太阳光照射下,能与碳氢化合物反应而形成光化学氧化剂,它是光化学烟雾的主要成分。光化学烟雾主要由汽车尾气形成。

近年来,随着工业发展,不少有毒重金属进入大气,如铅、镉、铬、锌、钛、钡、砷和汞等。它们都可能引起人体慢性中毒。在 20 世纪 60 年代中,日本的牛达柳町事件就是由于空气中铅含量过高引起的。该町位于东京郊区交通最频繁的交叉路口,大量含铅的汽车废气使该町居民的内脏受到损害,造血机能衰退,同时血管病、脑溢血和慢性肾炎等病的发病率提高。

### 5.2.2 大气污染对园林植物的危害

大气中的污染物主要通过气孔进入叶片并溶解在细胞液中,通过一系列的生物化学反应对植物产生毒害。以二氧化硫为例,二氧化硫从气孔扩散至叶肉组织,进入细胞后和水反应,形成亚硫酸和亚硫酸根离子,从而对叶肉组织造成破坏,叶片水分减少,叶绿素 a/b 值变小,糖类和氨基酸减少,叶片失绿,严重时细胞发生质壁分离,叶片逐渐枯焦,慢慢死亡。在叶片内亚硫酸离子被慢慢地氧化成硫酸离子,后者的毒性比前者低得多,植物可进行自我解毒。只有当亚硫酸离子积累到一定程度,超过植物的自净能力后,才产生毒害。

由于大气污染物主要通过气孔进入叶内,对植物生理代谢活动产生影响,所以植物受害症状一般首先出现在叶片。不同的污染物对植物毒害的症状有差异。

大气中二氧化硫浓度达到 0.3 μL/L 时,植物就出现伤害症状。针叶树首先在两年以上的老针叶上出现褐色条斑或叶色变浅,叶尖变黄,逐渐向叶基部扩散,最后针叶枯黄脱落,阔叶树受危害后,叶部出现几种症状,大多数在叶脉间出现褐色斑点或斑块,颜色逐渐加深,最后引起叶脱落。一般生理活动旺盛的叶片吸收二氧化硫多,吸收速度快,所以烟斑较重,而新枝与幼叶的伤害相对比老叶轻,发生烟斑较少。

氯气及氯化氢毒性较大,空气中的最高允许浓度为 0.03 μL/L。针叶树受害症状与二氧化硫所致烟斑相似,但受伤组织与健康组织之间常常没有明显的界限,这是与二氧化硫毒害的不同之点。阔叶树受害后,叶面出现褐色斑块,叶缘卷缩。氯气的毒害症状大多出现在生理活动旺盛的叶片,下部枝的老叶和枝顶端的新叶很少受害。

以氟化物为主的复合污染所造成的危害比前两种有害气体严重得多。氟化物主要是氟化氢,属剧毒类的大气污染物,它的毒性比二氧化硫强 10~100 倍。氟化物通过气孔进入叶肉组织后,首先溶解在浸润细胞壁的水分中,小部分被叶肉细胞吸收,大部分则顺着维管束组织运输,在叶尖与叶缘积累。针叶树对氟化物十分敏感,针叶伤害从顶端开始,随着氟化物的积累,逐渐向基部发展,受害组织缺绿,随后变为红棕色。一般在有氟化物污染的地方,很少看到有针叶树生长。阔叶树受害后,首先在叶片尖端和叶缘产生灰褐色烟斑,烟斑逐渐扩大,最后叶脱落。氟化物所致烟斑多发生在新枝的幼叶上,这是与二氧化硫和氯气伤害症状的显著区别。鸢尾、唐菖蒲、郁金香这类植物对氟污染极敏感。

光化学烟雾的主要成分是臭氧。臭氧对植物有危害,主要破坏栅栏组织细胞壁和表皮细胞,植物受毒后,叶片失绿,叶表出现褐色、红棕色或白色斑点,斑点较细,一般散布整个叶片。

大气污染中的固体颗粒物落在植物叶片上时,布满全叶,堵塞气孔,妨碍光合作用、呼吸作用和蒸腾作用,从而危害植物,在一些尘埃污染严重的地方,如道路两侧,经常可见到植物叶面满布尘埃。这些尘埃中的一些有毒物质还可通过溶解渗透,进入植物体内,产生毒害作用。

大气污染对植物的危害与污染物的浓度和危害时间密切相关。当有害气体浓度很高时,在短期内(几天、几小时、甚至几分钟)便会破坏植物叶片组织,叶片产生许多明显的烟斑,甚至整个叶片枯萎脱落,芽枯损,植株长势显著衰弱和枯萎,称为急性伤害。植物长期接触有毒气体,叶片逐渐失绿黄化,或产生烟斑、枯梢、烂根或根系酥脆等,生长发育不良,称为慢性伤害。一般在植物外表被害症状出现以前,内部生理活动已出现异常。

污染物浓度和接触时间的联合作用称为剂量,能引起植物伤害的最低剂量称为临界剂量,或叫伤害阈值。不同污染物危害植物的临界剂量是不同的。同一污染物危害不同种类的植物,由于植物敏感程度的不同,临界剂量也是不同的。如表5-3、表5-4所示为几种污染物伤害植物的临界剂量。

表5-3　氯($Cl_2$)伤害植物的临界剂量

| 植 物 名 称 | 浓度/($\mu L/L$) | 接触时间/h |
| --- | --- | --- |
| 白兰 | <0.2 | 4 |
| 女贞 | <0.3 | 4 |
| 海棠果 | 0.3 | 4 |
| 羊蹄甲 | <0.5 | 4 |
| 木槿 | <0.5 | 4 |
| 米兰 | 1 | 4 |
| 桂花 | 1 | 4 |
| 蒲葵 | 4 | 4 |

表5-4　二氧化硫($SO_2$)伤害植物的临界剂量

| 植 物 名 称 | 浓度/($mg/m^3$) | 接触时间/h |
| --- | --- | --- |
| 松树 | 1.83 | 3 |
| 欧洲花楸 | 1.42 | 3 |
| 悬铃木 | 0.94 | 6 |
| 大叶黄杨 | 1.88 | 6 |
| 丝棉木 | 3.76 | 6 |
| 旱柳 | 5.64 | 6 |
| 柽柳 | 0.066 | 6 |
| 夹竹桃 | 5.24 | 6 |
| 美洲五针松 | 10.84 | 6 |
| 榔榆 | 5.24<br>1.97 | 2<br>120 |
| 沼生栎 | 1.83 | 6 |
| 月季 | 5.24 | 6 |
| 银杏 | 7.86<br>1.97 | 4<br>720 |

## 5.2.3　园林植物对大气污染的抗性

植物在进行正常生长发育的同时能吸收一定量的大气污染物,并对其进行解毒,这就是植物的抗性。不同植物种对大气污染物的抗性不同,这与植物叶片的结构、叶细胞生理生化特性有关,一般规律是:常绿阔叶植物的抗性比落叶阔叶植物强,落叶阔叶植物的抗性比针叶树强。

确定植物对大气污染抗性强弱主要有三种方法。

（1）野外调查。这种方法是在相似的污染条件下,调查不同植物种所受伤害的程度,并据此划出不同抗性等级,野外调查是确定植物抗性最基本且实用的方法。

（2）定点对比栽培法。在污染源附近栽种若干种植物,经过一段时期的自然熏气后,根据各种植物受害的程度确定抗性强弱。

（3）人工熏气法。把试验的植物置于熏气箱内,给熏气箱内通入有害气体,并控制在一定的浓度,经过一段时间后,比较各种植物的受害程度,以确定其抗性的强弱。

自20世纪70年代以来,我国许多单位采用上述方法对植物的抗性进行了广泛的研究,筛选出了一批抗大气污染的植物(见表5-5)。对植物抗性强弱有不同划分标准,一般采用三级抗性标准。

表5-5 常见抗污染植物

| | |
|---|---|
| 抗二氧化硫 | 腊梅、海桐、圆柏、龙柏、无患子、木荷、广玉兰、柚子、枇杷、法桐、青桐、枫香、柳杉、侧柏、合欢、小果冬青、木芙蓉、杨梅、油茶、棕榈、鹅掌楸、珊瑚树、龟背竹、碧桃、栀子、月季、夹竹桃、石榴、苏铁等 |
| 抗氟化氢 | 白榆、臭椿、乌桕、三角枫、女贞、垂柳、龙柏、匍地柏、夹竹桃、黄杨类、木芙蓉、石榴类、紫薇、木槿、扶芳藤、油茶、珊瑚树、枸杞等 |
| 抗氯气 | 金弹子、雪松、龙柏、黄杨类、山茶、石榴、石楠、腊梅、夹竹桃、水杉、池杉、侧柏、紫荆、国槐、木荷、银杏、梅花、红叶李、合欢、青桐、木槿、罗汉松、棕榈、桂花、海桐、杜鹃、大理花、一串红 |
| 抗二氧化硫、氯气、氟化氢复合污染物 | 叶黄杨、夹竹桃、蚊母树、女贞、花石榴、海桐、罗汉松、美人蕉、芭蕉等 |
| 抗二氧化氮 | 无花果、泡桐、石榴、栾树、刺槐、圆柏、五角枫、桃花、侧柏、文冠果、大叶黄杨等 |
| 抗氨气 | 丝棉木、蜡梅、柳杉、银杏、石榴、天竺桂、蚊母、朴树、无花果、雪松、夹竹桃、凤尾兰、棕榈等 |
| 抗臭氧 | 樟树、侧柏、圆柏、刺槐、垂柳、国槐、五角枫、丁香、核桃、紫穗槐、白榆等 |
| 抗烟尘 | 大叶黄杨、女贞、小叶女贞、珊瑚树、丝棉木、刺槐、无花果、苦楝、臭椿、青桐、桑树等 |

**1. 抗性弱**

这类植物不能长时间生活在一定浓度的有害气体污染环境中,受污染时,生长点常干枯,叶片伤害症状明显,全株叶片受害普遍,长势衰弱,受害后生长难以恢复。

**2. 抗性中等**

这类植物能较长时间生活在一定浓度有害气体环境中,受污染后,生长恢复较慢,植株表现出慢性伤害症状,如节间缩短,小枝丛生,叶形缩小,生长量下降等。

**3. 抗性强**

这类植物能较正常地长期生活在一定浓度的有害气体环境中,基本不受伤害,或受害轻微,慢性伤害症状不明显。在高浓度有害气体袭击后,叶片受害轻,或受害后生长恢复较快,能迅速萌发出新枝叶,并形成新的树冠。

### 5.2.4 园林植物对大气污染的监测作用

在研究环境污染问题时,经常用各种监测手段测定环境中的污染物种类和浓度,一般可以用理化仪器和生物方法。生物方法主要是植物监测,即利用一些对有毒气体特别敏感的植物来监测大气中有毒气体的种类与浓度,这些植物在受到有毒气体危害时会表现出一定的伤害症状,从而可推断出环境污染的范围与污染物的种类和浓度。用来监测环境污染的植物称为监测植物,如地衣和苔藓对环境因子的变化十分敏感,常用来监测大气污染。用植物来监测环境污染具有以下特点。

**1. 能早期发现大气污染**

如二氧化硫的浓度达 $1\sim5$ μL/L 时,人才能嗅到气味,$10\sim20$ μL/L 时引起咳嗽和流泪,而一些植物如紫花苜蓿在二氧化硫浓度为 $0.3$ μL/L 时就会表现出受害症状。

**2. 能够反映几种污染物的综合作用强度**

有些污染物共存时,比各自单独存在时的危害增强,即有增效作用。如二氧化硫与臭氧,二氧化氮与乙醛共存时,对植物的危害增强,而有些污染物共存时,则表现出相互减弱作用,即拮抗作用,如二氧化硫与氨气,这种污染物间的增效与拮抗作用用理化方法不易监测。

**3. 可初步监测污染物种类、浓度**

依据不同污染物可以形成不同的危害症状,初步监测污染物的种类,通过植物受害面积和程度初步估测污染物的浓度。

**4. 用多年生的树木作监测植物,能够反映某一地区的污染历史**

树木寿命长,而许多污染物会沉积在树木的年轮中,通过对年轮中有害物浓度进行分析,可推测环境污染的历史状况。

用植物监测环境污染经济、简便,在生产实际中具有很大的应用价值。一般常用的监测植物见表 5-6。

表 5-6 常见大气污染物监测植物

| 污 染 物 | 监 测 植 物 |
| --- | --- |
| 二氧化硫 | 落叶松、向日葵、梨、雪松、苹果、复叶槭、银杏、苹果、葡萄、水杉、紫花苜蓿等 |
| 氟化氢 | 雪松、萱兰、郁金香、杏、葡萄、榆叶梅、紫薇、复叶槭、悬铃木、马尾松等 |
| 氯气 | 石楠、核桃、圆柏、垂柳、加拿大杨、油松、紫薇、栾树等 |
| 氯化氢 | 落叶松、李、槭树等 |
| 臭氧 | 松树、女贞、丁香、悬铃木、连翘等 |
| 氨 | 悬铃木、杜仲、龙柏、旱柳等 |

## 5.3 园林植物对大气污染的净化作用

植物在保持正常生命活动的同时,通过吸收同化、吸附阻滞等形式消纳大量的大气污染物质,从而达到净化空气的目的,植物的这种净化功能主要表现为减少粉尘污染、吸收有毒气体、吸收放射性物质、减弱噪声、杀菌,以及吸收二氧化碳、放出氧气的作用等。对于城市环境,具有重要意义。

### 5.3.1 维持碳氧平衡

二氧化碳既是光合作用的基本物质,又是大气中主要的温室气体,导致大气温度增加,当浓度很高时,还会直接危及人类健康。在大城市市区,空气中的二氧化碳浓度含量有时可达 0.05%~0.07%,局部地区甚至可达 0.2% 以上,尽管二氧化碳是一种无毒气体,但当空气中的浓度含量达 0.05% 时,人的呼吸会略感不适;当浓度含量达到 0.20%~0.60% 时,对人体就有害了。植物通过光合作用吸收二氧化碳,排出氧气,又通过呼吸作用吸收氧气放出二氧化碳,植物在正常生长发育过程中,通过光合作用吸收的二氧化碳比呼吸作用放出的二氧化碳要多得多,因此,植物有利于增加空气中氧气的含量,减少二氧化碳的含量。据计算,1 hm² 落叶阔叶林每年可吸收二氧化碳 14 t,释放氧气 10 t,常绿阔叶林每年可吸收二氧化碳 29 t,释放氧气 22 t,针叶林每年可吸收二氧化碳 22 t,释放氧气 16 t。1 个成年人每天呼吸需要消耗氧气 0.75 kg,排出二氧化碳 0.9 kg,如果在晴天适宜的条件下,25 m² 的树林叶面积,就可以释放 1 个人所需的氧气和吸收的二氧化碳,若考虑到晚上和冬季,植物基本不进行光合作用,则至少要 150 m² 的叶面积才能满足 1 个人 1 年中对氧气的需求。如表 5-7 所示,城市中这种平衡主要取决于绿色植物的总量,因此要解决城市二氧化碳与氧气失衡的问题,必须增加园林植物的总量。

表 5-7 北京市建成区不同园林植物日吸收二氧化碳和释放氧气的量

| 植物类型 | 单 位 | 绿量/m² | 吸收二氧化碳/(kg/d) | 释放氧气/(kg/d) |
|---|---|---|---|---|
| 落叶乔木 | 株 | 165.7 | 2.91 | 1.99 |
| 常绿乔木 | 株 | 12.6 | 1.84 | 1.34 |
| 灌木类 | 株 | 8.8 | 0.12 | 0.087 |
| 草坪 | m² | 7.0 | 0.107 | 0.078 |
| 花竹类 | 株 | 1.9 | 0.027 2 | 0.019 6 |

### 5.3.2 吸收有害气体

几乎所有的植物都能吸收一定量的有毒气体而不受害。植物通过吸收有毒气体,降低大气中有毒气体的浓度,避免有毒气体积累到有害的程度,从而达到净化大气的目的。

植物吸收有害气体的作用,主要是通过两个途径:首先是通过叶片吸收大气中的毒物,减少大气中的毒物含量;其次,植物还能使某些毒物在体内分解,转化为无毒物质,自行解毒。例如,二氧化硫进入植物叶片后形成的亚硫酸和亚硫酸根离子(毒性很强),亚硫酸根离子能被植物本身氧化,转变为硫酸根离子,硫酸根离子的毒性较小,比亚硫酸根离子的毒性小 30 倍。这样,植物就能自行解毒避免受害。

植物净化有毒气体的能力,除与植物对有毒物积累量有正相关关系外,还与植物对它们的同化、转移能力密切相关。植物进入污染区后开始吸收有毒气体,有毒物部分被积累在植物体内,部分被转移,同化解毒。当植物离开污染区后,在植物体内积累的有毒物会因代谢作用而减少。因此,可以认为,植物从污染区移至非污染区后,植物体内有毒物含量下降愈快,该种植物同化转移有毒物的能力就愈强。

植物吸收有毒气体的能力除因植物种类不同而各异外,还与叶片年龄、生长季节、大气中有毒气体的浓度、接触污染时间以及其他环境因素,如温度、湿度等有关。一般老叶、成熟叶对硫和氯的吸收能力高于嫩叶,在春、夏生长季,植物的吸毒能力较大。

各种园林植物对常见污染物的抗性效应与吸收有害气体能力的关系如表 5-8、表 5-9 及表 5-10 所示。

表 5-8  部分植物对二氧化硫($SO_2$)的抗性及吸硫量关系表

| 抗性\吸收量 | 抗性强 | 抗性中等 | 抗性弱 |
| --- | --- | --- | --- |
| 吸硫量高 | 加杨、臭椿、刺槐、卫矛、丁香、旱柳、枣树、玫瑰 | 水曲柳、新疆杨 | 水榆、山楂 |
| 吸硫量中等 | 稠李、沙松 | 赤杨 | 白桦、枫杨、暴马丁香、连翘 |
| 吸硫量低 | 白皮松、银杏 | 樟子松 | |

表 5-9  部分植物对氯($Cl_2$)的抗性及吸氯量关系表

| 抗性\吸收量 | 抗性强 | 抗性中等 | 抗性弱 |
| --- | --- | --- | --- |
| 吸氯量高 | 京桃、山杏、糖槭 | 家榆 | 紫椴、暴马丁香、山楂、白桦 |
| 吸氯量中等 | 花曲柳、糠椴、桂香柳、皂角 | 枣树、枫杨、文冠果 | 连翘、落叶松 |
| 吸氯量低 | 茶条槭、稠李、银杏、沙松、旱柳、云杉、麻栎 | 黄菠萝、丁香 | 赤杨、油松 |

表 5-10  部分植物对氟化氢(HF)的抗性及吸氟量关系表

| 抗性\吸收量 | 抗性强 | 抗性中等 | 抗性弱 |
| --- | --- | --- | --- |
| 吸氟量高 | 枣树、榆树、桑树 | | 山杏 |
| 吸氟量中等 | 臭椿、旱柳、茶条槭、侧柏、紫丁香、卫矛、京桃 | 加杨、皂角、紫椴、雪柳、云杉、白皮松 | 毛樱桃、落叶松 |
| 吸氟量低 | 银杏 | 刺槐、稠李、樟子松 | 油松 |

### 5.3.3  滞尘效应

园林植物对空气中的颗粒污染物有吸收、阻滞、过滤等作用,使空气中的灰尘含量下降,从而起到净化空气的作用,这就是园林植物的滞尘效应。

树木能减少粉尘污染,一方面是由于树木具有降低风速的作用,随着风速的减慢,空气中携带的大粒灰尘也会随之下降;另一方面,是由于树叶表面不平,多绒毛,且能分泌黏性油脂及汁液,吸附大量飘尘。

植物滞尘量大小与叶片形态结构、叶面粗糙程度、叶片着生角度,以及树冠大小、疏密度等因素有关。一般叶片宽大、平展、硬挺则风不易抖动,叶面粗糙的植物能吸滞大量的粉尘。

植物叶片的细毛和凹凸不平的树皮是截留吸附粉尘的重要植物形态特征。如多毛的向日葵叶面集结气溶胶的能力是马褂木的 10 倍。此外,松柏类树木,其总的叶面积较大,并能分泌树脂、黏液,一般滞尘能力普遍较强。表 5-11 列举了一些常见阔叶树的滞尘量。

表 5-11 不同树木单位面积上的滞尘量

| 树 种 | 滞尘量/(g/m²) | 树 种 | 滞尘量/(g/m²) | 树 种 | 滞尘量/(g/m²) |
| --- | --- | --- | --- | --- | --- |
| 刺楸 | 14.23 | 楝树 | 5.89 | 泡桐 | 3.53 |
| 榆树 | 12.27 | 臭椿 | 5.88 | 乌桕 | 3.39 |
| 朴树 | 9.37 | 构树 | 5.87 | 樱花 | 2.75 |
| 木槿 | 8.13 | 三角枫 | 5.52 | 腊梅 | 2.42 |
| 广玉兰 | 7.10 | 桑树 | 5.39 | 加杨 | 2.06 |
| 重阳木 | 6.81 | 夹竹桃 | 5.28 | 黄金树 | 2.05 |
| 女贞 | 6.63 | 丝棉木 | 4.77 | 桂花 | 2.02 |
| 大叶黄杨 | 6.63 | 紫薇 | 4.42 | 栀子 | 1.47 |
| 刺槐 | 6.37 | 悬铃木 | 3.73 | 绣球 | 0.63 |

树木对尘埃的阻滞作用,因季节不同而有变化。冬季叶量少,甚至落叶,夏季叶量最多,植物吸滞粉尘能力与叶量多少成正相关关系。

据统计,在我国北部地区吸滞粉尘能力强的园林树种有:刺槐、沙枣、国槐、家榆、核桃、构树、侧柏、圆柏、梧桐等。在中部地区有:家榆、朴树、木槿、梧桐、沟桐、悬铃木、女贞、荷花玉兰、臭椿、龙柏、圆柏、楸树、刺槐、构树、桑树、夹竹桃、丝棉木、紫薇、乌桕等。在南部地区有:构树、桑树、鸡蛋花、黄槿、刺桐、羽叶垂花树、黄槐、苦楝、黄葛榕、夹竹桃、阿珍榄仁、高山榕、银桦等。

### 5.3.4 减菌效应

空气中散布着各种细菌等微生物。据有关资料报道,城市大气中通常存在杆菌 37 种,球菌 26 种,丝状菌 20 种,芽生菌 7 种等,其中不少是对人体有害的病菌。绿色植物可以减少空气中的细菌数量,一方面是由于植物吸滞粉尘,减少细菌载体,从而使大气中细菌数量减少;另一方面,植物本身具有杀菌作用,许多植物能分泌出杀菌素,这是一种由芽、叶和花所分泌的挥发性物质,能杀死细菌、真菌与原生动物。据调查,城镇闹市中心空气细菌数比绿化区多 7 倍以上,1 hm² 松柏林 24 h 内能分泌出 30 kg 杀菌素。

据前苏联的托金对植物杀菌素的系统研究,常见的具有杀灭细菌等微生物能力的树种主要有:松、冷杉、桧、侧柏、雪松、柳杉、黄栌、盐肤木、锦熟黄杨、尖叶冬青、大叶黄杨、沙枣、核桃、黑核桃、月桂、欧洲七叶树、合欢、树锦鸡儿、金莲花、刺槐、紫薇、广玉兰、木槿、大叶桉、蓝桉、柠檬桉、茉莉、女贞、丁香、悬铃木、石榴、枣树、水枸子、枇杷、石楠、火棘、麻叶绣球、一些蔷薇属植物、枸桔、银白杨、垂柳、栾树、臭椿等。

### 5.3.5 减噪效应

噪声是一种特殊的空气污染,它能影响人的睡眠、休息,损伤听觉,严重时引发多种疾病。一般噪声高过 50 dB,就会对人类日常工作生活产生有害影响。在城市地区普遍存在着噪声污染，城市居民区多属 60～85 dB 的中等噪声。

噪声污染是当今国际社会普遍关心的环境问题之一，世界卫生组织（WHO）于 1993 年公布了噪声干扰的有关标准，要求生活区户外白天的连续噪声级不超过 55 dB，夜间不超过 45 dB，室内在开窗条件下低于 30 dB。

园林植物的减噪效应原理主要有两个方面：一方面，噪声遇到重叠的叶片，改变直射方向，形成乱放射，仅使一部分透过枝叶的空隙，从而减弱噪声；另一方面，噪声作为一种波在遇到植物的叶片、枝条等时，会引起震动而消耗一部分能量，从而减弱噪声。因此，树冠、树叶的形状、大小、厚薄，叶面光滑与否、树叶的软硬，以及树冠外缘凹凸的程度等，都与减噪效果有关。显然，不同树种的减噪效果是不同的。一般认为，具有重叠排列的、大的、健壮的、坚硬叶子的树种，减噪效果较好；分枝低树冠低的乔木比分枝高树冠高的乔木减低噪音的作用大。

当声波波长大于树干的直径时，只有少量的声能被树干反射，若声波小于树干直径，则声能完全散射，成片树林对低频噪声的散射作用很小，而对高频噪声的散射衰减作用较大。因此，一般在防噪声林带配置时，选用常绿灌木结合常绿乔木，总宽度为 10～15 m，其中灌木绿篱宽度与高度不低于 1 m，树木带中心的树行高度大于 10 m，株间距以不影响树木生长成熟后树冠的展开为度，若不设常绿灌木绿篱，则应配置小乔木，使枝叶尽量靠近地面，以形成整体的绿墙。

### 5.3.6 增加负离子效应

空气分子或原子在受到外界自然或人为因素的作用下，形成空气正、负离子，其粒子直径小、迁移率大，称为小（轻）离子，它们在大气中相互碰撞、不断聚集，形成中离子；在被污染的空气中，小离子与空气中的尘、雾等结合，夹带着污染物，成为粒径较大、迁移率低的大（重）离子。显然，清洁空气中轻离子多、重离子少；污染空气中，则轻离子大大减少、重离子显著增加。

空气负离子能改善人体的健康状况。负离子有调节大脑皮质功能、振奋精神、消除疲劳、降低血压、改善睡眠、使气管黏膜上皮纤毛运动加强、腺体分泌增加、平滑肌张力增高、改善肺的呼吸功能和镇咳平喘的功效。空气负离子能增强人体的抵抗力，抑制葡萄球菌、沙门氏菌等细菌的生长速度，并能杀死大肠杆菌。因此，空气负离子又称"空气维生素"、"生长素"。

空气负离子具有降尘作用，小的空气正、负离子与污染物相互作用，容易吸附、聚集、沉降，使得空气得到一定程度的净化，尤其对小至 0.01 μm 的微粒和在工业上难以除去的飘尘，有明显的沉降去除效果。例如，一些皮毛作业车间，当控制空气负离子浓度为 $1.5 \times 10^5$ 个/$cm^3$ 时，尘埃浓度可由 0.42 $mg/m^3$ 降低至 0.05 $mg/m^3$。其次，空气负离子具有抑菌、除菌作用，对多种细菌、病毒的生长有抑制作用。空气负离子还能与空气中的有机物起氧化作用而清除其产生的异味，因而具有除臭作用。空气负离子还能调节人体的生理功能，增强机体抵抗力，具有明显的人体保健作用，特别是对"不良建筑物综合征"或空调病有较强的预防和缓解作用。

陆地上空气小离子的平均浓度为 750 个/$cm^3$，负离子浓度为 650 个/$cm^3$，但分布很不均匀，在有森林和各种绿地的地方，太阳光照射到植物枝叶上会发生光电效应，且植物释放出芳香类挥发物，促进空气发生电离，加上森林和各种绿地有减少尘埃的作用，使得林区和绿地空气中小离子浓度大大提高，如空气负离子浓度（个/$cm^3$）在城市居室为 40～50，街道绿化地带为 100～200，旷野郊区为 700～1 000，乡村为 5 000，海滨、森林、瀑布等疗养地区可达 10 000 以上。

在进行城市和居住区规划时，通过在公园和广场等公共场所增加绿化面积、设置喷泉等，可以增加空气中负离子的浓度，改善环境空气质量，防止大气污染对人体的危害。只有合理开发和充分利用自然环境中形成的空气负离子的卫生保健作用，才能在维护良好生态环境的同时，充分发挥空气负离子在预防人类的各种疾病和保持人体健康方面的有益作用。

### 5.3.7 对室内空气污染的净化作用

园林植物可改善室内环境。通过新陈代谢释放氧气，吸收二氧化碳，增加室内空气湿度，吸收有毒气体及除尘等效应改善室内环境。有研究表明，芦荟、吊兰、虎尾兰、一叶兰、龟背竹是天然的清道夫，能够吸收甲醛等有害物质，消除并防止室内空气污染；常青藤、铁树、菊花、金橘、石榴、紫茉莉、半支莲、月季、山茶、米兰、雏菊、腊梅、万寿菊，可吸收家中电器、塑料制品等散发的有害气体；仙人掌、令箭荷花、仙人指、量天尺、昙花，这些植物能增加负离子，当室内有电视机或电脑启动的时候，负氧离子会迅速减少，而这些植物的肉质茎上的气孔白天关闭，夜间打开，在吸收二氧化碳的同时，放出氧气，使室内空气中的负离子浓度增加。

## 5.4 风的生态作用与防风林

### 5.4.1 风的生态作用

风对植物的生态作用是多方面的，它既能直接影响植物（如风媒、风折等），又能影响环境中温度、湿度、大气污染的变化，从而间接影响植物的生长发育。

**1. 风对植物生长的影响**

风对植物的蒸腾作用有极显著的影响。据测定，风速为 0.2～0.3 m/s 时，能使蒸腾作用加强 3 倍。当风速较大时，蒸腾作用过大，耗水过多，根系不能供应足够的水分供蒸腾所需，叶片气孔便会关闭，光合强度因而下降，植物生长减弱。同时，风能减小大气湿度，破坏正常水分平衡，常使树木生长不良、矮化。据测定，风速 10 m/s 时，树木高度要比 5 m/s 风速时低 1/2，比无风区低 2/3。

盛行一个方向的强风常使树冠畸形，这是因为树木向风面的芽受风作用常死亡，而背风面的芽受风力较小，成活较多，枝条生长相对较好。从解剖木材断面上看，迎风面木材的年轮紧密而窄，背风面年轮宽而粗，整个断面是偏心的。

**2. 风对植物繁殖的影响**

有许多植物靠风授粉，称为风媒植物；有些种子靠风传播到远处，称为风播种子。无风时，风媒植物将不能授粉、风播种子将不能传播它处。

**3. 风对植物的机械损害**

风对植物的机械损害是指折断枝干、拔根等，其危害程度主要取决于风速、风的阵发性和树种的抗风性。风速超过 10 m/s 的大风，能对树木产生强烈的破坏作用，风速为 13～16 m/s 时，能使树冠表面每平方米受到 15～20 kg 的压力。在强风的作用下，一些浅根性树种常常连根刮倒。受病虫害危害的、生长衰退的、老龄过熟树木,常被强风吹折树干。风倒与风折常给园林树木,特别是一些古树造成很大危害。

### 5.4.2 防风林

植物能减弱风力,降低风速。降低风速的程度主要取决于植物的体形大小、枝叶茂密程度。乔木防风的能力大于灌木,灌木又大于草本植物;阔叶树比针叶树防风效果好,常绿阔叶树又好于落叶阔叶树。

在风盛行的地区,可营造防风林带来减弱风的危害。防风林带宜采用深根性、材质坚韧、叶面积小、抗风力强的树种。防风林带的防风效果主要与以下因素有关。

**1. 防风林带的结构**

防风林带的防风效能与其结构有密切关系。一般,根据林带的透风系数与疏透度,将林带分为紧密结构、疏透结构、通风结构三种。透风系数是指林带背面1 m处林带高度范围内平均风速与空旷地相应高度范围内平均风速之比;疏透度是指林带纵断面透光空隙的面积与纵断面面积之比的百分数。

1）紧密结构

紧密结构的透风系数在0.3以下,疏透度在20%以下。林带枝叶稠密,气流为林带所阻,大部分从林带上越过。越过林带气流能很快到达地面,动能消耗少。在林带背风面,靠近林缘处形成一个有限范围的平静弱风区,但在2~2.5倍树高处出现高风速区,相对风速可达130%。距林缘稍远,风速很快恢复,在15倍树高处相对风速已达80%左右,20倍树高外风速超过90%,而在20~30倍树高处,靠近地面层出现高风速。有效防风距离(按相对风速80%计)为树高的10~15倍。

2）疏透结构

林带具有较均匀的透光空隙,透风系数为0.4~0.5,疏透度为30%~50%,大约有50%的气流从林带内部透过。最小弱风区在背风面3~10倍树高处,有效防风距离为树高的25倍左右。

3）透风结构

林带稀疏,强烈透风,透风系数在0.6以上,疏透度也在60%以上。这种林带气流易通过,很少被减弱,仅少量气流从林带上越过,气流动能消耗很少,防风效能不强。最小弱风区出现在背风面3~5倍树高。

**2. 防风林带的高度**

在林带透风系数与其他特征相同的条件下,林带高度的不同,防风效果也不一样,一般林带的防风距离与林带树高成正相关,因此,林带应选用高大乔木为宜。

**3. 防风林带宽度**

林带宽度对防风效果有一定的影响,但不是林带越宽越好。据观测,对紧密结构的林带而言,防风效能随林带宽度减少而增加,但同时防风距离相应减小。对于不同宽度疏透结构林带的防风效能,窄林带的防风效果明显好于宽林带。

**4. 林带与风向的夹角**

主要害风向与林带的夹角称为林带夹角。理想的林带夹角,是防风林带与害风向成垂直角的时候,林带的防风效果最佳。当林带夹角大于45°时,林带的防风效果虽然有所下降,但并非十分明显;但当夹角小于45°时,则效果明显下降。因此,林带的夹角常以45°为限。

**5. 园林植物的抗风性**

各种树木对大风的抵抗力是很不同的。根据1956年台风侵袭的调查,抗风性较强的树种有马尾松、黑松、桧柏、榉树、核桃、白榆、乌桕、樱桃、枣树、葡萄、臭椿、朴树、板栗、槐树、梅、樟树、麻栎、河柳、台湾相思、柠檬桉,木麻黄、假槟榔、南洋杉、竹类及柑橘类树种。抗风中等的有侧柏、龙柏、旱柳、杉木、柳杉、檫木、楝树、苦槠、枫杨、银杏、广玉兰、重阳木、榔榆、枫香、凤凰木、桑、梨、柿、桃、杏、花红、合欢、紫薇、木绣球、长山核桃等。抗风力弱,受害较大的有大叶桉、榕树、雪松、木棉、悬铃木、梧桐、加杨、钻天杨、银白杨、泡桐、垂柳、刺槐、杨梅、枇杷、苹果等。一般而言,凡树冠紧密,材质坚韧、根系深广强大的树木抗风力强;而树冠庞大,材质柔软或硬脆,根系浅者抗风力弱。同一树种也因繁殖方法、立地条件和栽培方式的不同而有异。扦插繁殖者比播种繁殖者根系浅,故易倒伏;在土壤松软而地下水位较高处生长的树木根系浅,固着不牢,树木易倒;稀植的树木和孤立木比密植树木易受风害。

# 实验实训四 防风林风的观测

## 一、目的

通过对野外防风林风的观测,了解林带防风的效果。

## 二、材料与工具

风向风速仪、EN型测风数据处理仪、轻便三杯风向风速仪、记录本等。

## 三、方法与步骤

在选定不同结构林带的迎风面和背风面(1 m,5 m,10 m,15 m,20 m处)安装上述仪器。

风向风速仪安装在室外10~12 m的高杆上,指示器、记录器安放在室内。每次观测时,观测指示器的2 min平均风速和相应的盛行风向。每天整理自计纸上的风速记录和风向记录。

使用轻便三杯风向风速表观测时,应带至事先选好的地点,由观测者手持仪器,高出头部并保持垂直,风速表刻度盘与当时风向平行,观测者应站在仪器的下风方向,然后按照该仪器的操作要求,先后启动方位盘的制动小套管和风速按钮,进行风向和风速观测。

在测风仪器发生故障或没有测风仪器的情况下,为了获得风的记录,也可目测风力、风向。目测风力,根据风对地面或海面物体的影响引起的各种征象,将风力大小分为13级(0级~12级),如以目测风力作为正式记录,则应记风力等级,并将其换算成相应的风速(m/s)的中数予以记录。目测风力可参考一些气象书中的风力等级表。

## 四、实训报告

根据观测结果,分析不同林带、不同距离的防风效果。

## 复习思考题

1. 简述大气主要成分的生态作用。
2. 什么是大气污染？说出 10 种抗大气污染的园林植物。
3. 园林植物对大气污染有哪些净化作用？
4. 简述风的生态作用及不同结构林带的防风效果。

# 第 6 单元　园林植物与土壤

掌握土壤组成,土壤理化性质的生态作用;了解园林植物对土壤的适应性;掌握城市土壤的特点,能够合理地对城市土壤进行改良,促进园林植物的生长发育。

土壤是植物生存和发育的基础,如何满足园林植物的土壤需求,调节好园林植物与土壤之间的适应性,是园林植物能否生长发育良好并发挥其效益的起点。

土壤不仅是地球表面和大气间界面上的松散物质或只是一种自然地理现象,它更是在一定时期内气候与生物过程对地质表层物质共同作用的结果,有其自身的发生、发展规律,是自然界一个独立的自然体。关于土壤的概念,不同的学科从不同的角度对其定义,从植物与土壤的关系来讲,土壤是陆生植物生长的天然介质。

土壤肥力是指土壤生长植物的能力,是土壤的本质,是指土壤在植物生长发育过程中,不断地供应和协调植物必需的水分、养分、空气、热量和其他生活条件的能力。土壤肥力的高低不仅取决于土壤本身的性质,还取决于各生态因子的协调和平衡作用。

## 6.1　土壤组成

土壤是岩石圈表面能够生长动物、植物的疏松表层,是陆生生物生活的基质。园林植物绝大部分属于陆生植物,植物所需要的水分和营养元素是通过根系从土壤中吸收的。因此,土壤也是园林生态系统中物质和能量交换的重要场所。土壤最根本的特性是具有肥力。土壤中的水、气、养分和热量综合状况决定土壤肥力的高低。可见,土壤不是单一的生态因子,而是一个综合的生态因子。土壤肥力是影响园林植物生长好坏的重要因素。在诸多的生态因子中,人们发现,不容易改变气候因子,但能改变土壤因子,这就增加了研究土壤的重要性。

土壤是由固体、液体和气体三相物质组成的疏松多孔体。固体部分包括矿物质土粒和土壤有机质及生活在土壤中的微生物和动物。土壤矿物质的质量占固体部分的95%以上,有机物质质量不到5%。土壤有机质一般包被在矿物质土粒外面。固体部分含有植物需要的各种养分并构成土壤的骨架,为植物生长提供机械支持。

土壤中的液体和气体共同存在于土粒间的大小孔隙中。土壤水分和土壤空气二者在数量上互为消长,水多空气少,水少则空气多。土壤水分中溶解有各种营养物质,所以土壤水分实际上是稀薄的、浓度不等的土壤溶液。养分随水分移动,源源不断地输送到植物根部被吸收。土壤空气满足植物根部及土壤微生物呼吸作用的需要。

土壤的三相物质共同构成了一个相互联系、相互制约、不断运动的统一体。这些物质的比例关系及其运动变化对土壤肥力有直接影响,它们是土壤肥力的物质基础。研究土壤及其肥力,首先要了解组成土壤肥力的基础物质及其性质,并进一步采取措施,改善土壤组成的质和量,从而提高土壤肥力。

### 6.1.1 土壤固体

**1. 土壤矿物质**

土壤矿物质是土壤的主要组成部分,构成土壤的骨架。构成土壤矿物质部分的基本材料是地壳表面的岩石(是一种或数种矿物的天然集合体)经过风化,形成的疏松的堆积物。地球陆地在相当大面积上都覆盖着这种风化产物——风化壳。它的表层就是形成土壤的重要物质基础,称为"成土母质"。成土母质具有与岩石完全不同的性质,其根本差异在于肥力因素有了初步发展。主要表现在分散性和保水、保肥性的发展,通透性和蓄水性的出现,以及含有一些植物的营养元素。

1) 矿物质的分类

矿物质按来源分为原生矿物和次生矿物两类。

原生矿物是指那些在岩浆岩中原来就有,且在风化过程中化学成分未经改变的矿物。常见的主要矿物有石英、长石、云母、角闪石、辉石,还有橄榄石、黄铁矿、电气石等原生矿物。在风化程度较深的土壤中,易风化的原生矿物较少,含矿质养分也少。原生矿物对土壤肥力的贡献主要是构成土壤的骨骼——土粒,通过风化供给矿质养料。

次生矿物是原生矿物在土壤形成过程中经分解破坏后再次形成的矿物,它是土壤黏粒矿物(或黏土矿物)的主要组成部分。黏粒矿物大体上分两类:一类是层状硅酸盐,如高岭石、蒙脱石和伊利石等;另一类是铁、铝、硅等的含水氧化物。还有一些简单盐类,如旱地土壤中的碳酸盐、硫酸盐和氯化物。积水土壤中的蓝铁矿和菱铁矿等也属于次生矿物。上述各种次生矿物的形成都要求有一定的环境条件,在不同的生物气候条件下,黏粒矿物的种类也不同,从而也造成了母质的区域性差异。

2) 矿质土粒的分级

粒级划分的标准在世界各国的划分方案中大同小异。一般都把土粒分为砾、砂粒、粉粒、黏粒四个基本粒级,在国际土壤文献中,目前常见的是美国制。我国自20世纪50年代以来(包括第一次全国土壤普查)沿用苏联卡庆斯基分类制的简明系统,1987年中国科学院南京土壤研究所推出了一个与上述两种分级制协调的粒级划分方案(见表6-1)。

表6-1 土壤粒级划分标准

| 单粒直径/mm | 0.001 | 0.002 | 0.005 | 0.01 | 0.05 | 0.1 | 0.25 | 0.5 | 1.0 | 2.0 | 3.0 |
|---|---|---|---|---|---|---|---|---|---|---|---|
| 《中国土壤》的划分制 | 细黏粒 | 细黏粒 | 细粉粒 | 中粉粒 | 粗粉粒 | 细砂粒 | 细砂粒 | 粗砂粒 | 粗砂粒 | 砾 | 石块 |
| | 黏粒 | | 粉粒 | | | 砂粒 | | | | | |
| 国际制 | 黏粒 | | | 粉粒 | | 极细砂粒 | 细砂粒 | 中砂粒 | 粗砂粒 | 极粗砂粒 | 石砾 |
| | | | | | | 砂粒 | | | | | |
| 苏联卡庆斯基(1957年) | 物理性黏粒 | | | | | 物理性砂粒 | | | | 石砾 | |

### 3）土壤矿物的作用

矿物营养是植物生命活动的重要物质基础。岩石圈内所有的元素几乎在植物中都可以找到。植物生活中所必需的元素，包括大量元素碳、氢、氧、氮、磷、钾、硫、钙、镁（植物对这些元素的需要相对较大）和微量元素铁、锰、锌、铜、硼、钼、氯（植物对这些元素的需要量都比较小）。此外，还有一些元素只为某些类群所必需，如藜科植物需要钠，共生植物及其豆科植物需要铜，蕨类需要铝，硅藻需要硅等。必需元素缺乏时会抑制植物的生长发育，并在形态上表现出一定的受害症状。

### 2. 土壤有机质

土壤有机质是土壤固相的一个重要组成部分，它与土壤的矿物质共同成为林木营养的主要来源。土壤有机质在土壤中的含量很少，仅占土壤重量的1%～10%，但它是最活跃的成分，对肥力因素（水、肥、气、热）影响很大，是土壤肥力重要的物质基础。因此，了解有机质的性状和它在土壤中的变化规律，采取各种积极有效的措施以提高土壤有机质的含量，对改善土壤理化性质，以及提高土壤肥力是极其重要的。

1）土壤有机质的来源和组成

（1）土壤有机质的来源。动植物、微生物的残体和有机肥料是土壤有机质的基本来源。进入土壤中的有机质一般呈现三种状态：基本上保持动植物残体原有状态，其中有机质尚未分解；动植物残体已被分解，原始状态已不复辨认的腐烂物质，称为半分解有机残余物；在微生物作用下，有机质经过分解再合成，形成一种褐色或暗褐色的高分子胶体物质，称为腐殖质。腐殖质是有机质的主要成分，可以改良土壤理化性质，是植物营养的主要来源，是土壤肥力水平高低的重要标志。

（2）土壤有机质的组成。从有机化合物种类来看，主要是纤维素、半纤维素、淀粉、单糖类、木质素、脂肪和含氮化合物（以蛋白质为主），此外还有树脂和蜡质等。

动植物残体进入土壤后，在微生物的作用下发生一系列生物和化学变化，所以组成土壤有机质的化合物是极其复杂的，归纳起来可以分为非腐殖质和腐殖质两大类。

① 非腐殖质。主要是有机残体及微生物分解的不同阶段的产物。它们存在的形态有活的土壤微生物；新鲜的或半分解的有机残体，它们和土壤矿物颗粒机械地混合在一起，对疏松土壤有良好作用；简单的有机化合物主要指可溶性的糖类、氨基酸、有机酸等。一般土壤中这类非腐殖物质约占土壤有机质总量的10%～15%。

② 腐殖质。腐殖质是被土壤微生物彻底改造过的一种特殊类型的高分子含氮有机化合物。它与非腐殖质形态上的不同点是它与矿物质土粒紧密结合成为土壤有机-无机复合体。腐殖质只能用化学方法从土壤中分离，不能用任何机械方法分开。土壤腐殖质是土壤有机质的主体，占土壤有机质的85%～90%。所以通常所说的土壤有机质含量主要是指土壤腐殖质的含量。

腐殖质的组成，一般根据它在不同溶剂中的溶解度和颜色分为胡敏酸、胡敏素、富里酸三种不同腐殖质物质。胡敏素是指用碱液不能提取出来的腐殖质，一般把土壤腐殖质概括为胡敏酸和富里酸两类。除强酸性土壤外，这些腐殖酸大部分以盐类的形态存在。

胡敏酸本身不溶于水，但它与一价阳离子（$K^+$、$Na^+$、$NH_4^+$）所形成的盐类溶于水，而与二、三价阳离子（$Ca^{2+}$、$Mg^{2+}$、$Fe^{3+}$、$Al^{3+}$）形成的盐类则难溶于水，呈凝胶状态存在，能把细土粒黏结在一起，成为疏松多孔的小土团。所以胡敏酸是形成水稳性团粒不可缺少的物质。

富里酸溶于水,溶液的酸性很强,它与一、二价阳离子所形成的盐类都能溶于水,有高度的分散性和流动性,不利于团粒结构的形成,在中性或碱性条件下可产生沉淀。

由于胡敏酸和富里酸在性质上的差异,二者对肥力的影响也有不同。常以胡敏酸和富里酸比值(即 H/F 值)的大小和存在状态,作为土壤肥力状况和熟化程度的标志,并以活性胡敏酸占胡敏酸总量比例的大小作为供肥能力大小的一个指标。

我国由北向南,胡敏酸在腐殖质中所占的密度逐渐减小,腐殖质分子结构趋于简单,活性胡敏酸增高,见表 6-2。且胡敏酸在北方以同钙结合为主,在南方则以同游离铁、铝氧化物结合较多。

表 6-2　自然植被下几种代表性土壤的腐殖质组成

| 土　　壤 | C/(%) | 占全C百分数/(%) | | H/F | 活性胡敏酸/(%) |
|---|---|---|---|---|---|
| | | 胡敏酸(H) | 富里酸(F) | | |
| 黑土(黑龙江) | 4.20 | 40.6 | 18.7 | 2.17 | 35.8 |
| 栗钙土(内蒙) | 2.07 | 27.1 | 19.8 | 1.37 | 23.6 |
| 棕壤(辽宁) | 1.70 | 15.7 | 26.2 | 0.60 | 34.9 |
| 黄棕壤(南京) | 1.02 | 12.4 | 28.3 | 0.44 | 73.4 |
| 红壤(江西) | 0.54 | 6.1 | 41.9 | 0.15 | 85.4 |
| 砖红壤(海南岛) | 3.50 | 5.8 | 30.3 | 0.19 | 93.1 |

2)土壤有机质的转化

进入土壤的生物残体在土壤微生物的作用下,向两个方面转化,即矿质化过程和腐殖化过程。矿质化过程是有机物质的破坏分解过程,也是养分的释放过程,通过这个过程可为植物生长提供有效养分。腐殖化过程是土壤腐殖质的形成过程,也就是土壤腐殖质的积累过程,它对保持和提高土壤肥力有一定作用(见图 6-1)。

矿质化和腐殖化这两个过程的进行不是彼此孤立的,存在一定的矛盾。一般情况下,某一个过程强,另一个过程必然弱。当土壤温度高、水分适当、通气良好时,好氧微生物活动旺

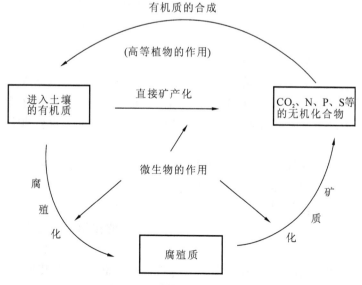

图 6-1　土壤中有机质分解动态

盛，以矿质化过程为主，对供肥有利。但在短期内产生过多的有效养料，植物一时吸收不完，会引起淋溶损失，浪费有机质，对养地不利。相反，当土壤积水、温度低、通气不良时，厌氧性微生物活动旺盛，以腐殖化过程为主，有利于腐殖质的积累，对提高土壤肥力有利，但供给养分不足。为此生产上需要人为地控制有机质转化的方向和速度，以便既保证丰产又不断提高土壤肥力。

3) 土壤有机质的作用

(1) 为植物提供所需养分和提高养分的有效性。土壤有机质中含有比较丰富的氮、磷、钾、钙、镁、硫等营养元素，同时含有植物需要的各种微量元素。它们的有机化合物是植物营养物质在土壤中的主要存在形式，并使植物营养元素在土壤中得以保存和聚集。

我国云南省西双版纳的热带雨林，每年进入土壤的森林凋落物达 11.55 t/hm²；黑龙江省小兴安岭的柞树—红松林为 4.44 t/hm²；南京附近的杉木人工林也有 1.67 t/hm²（按干物计算）。这些凋落物中都含有各种营养元素，由于凋落物残体数量大，这些营养元素的储量就相当可观（见表 6-3）。有机质经过微生物的矿质化作用，释放出速效性营养元素，供植物和微生物生活的需要。产生的二氧化碳释放到空气中，成为植物光合作用的碳源。据研究，植物所需要的二氧化碳有 70%～90% 来自土壤。高等植物特别是多年生的高等植物，也有通过菌根甚至直接吸收并同化土壤中某些简单有机化合物的能力。大量资料表明，土壤中氮素有 90% 以上、磷素有 1/5～7/10 是存于有机物质之中。此外，土壤有机质在分解过程中还可产生多种有机酸（包括腐殖酸），这些酸都能促进土壤矿质部分的风化，有利于某些养分的释放。土壤有机质还能与多种金属离子（$Ca^{2+}$、$Zn^{2+}$、$Fe^{3+}$、$Al^{3+}$ 等）形成具有较高活性的螯合物或络合物，从而提高了养分的有效性。

表 6-3 不同林分下凋落物层的养分储量

| 林分类型 | 各元素储量/(kg/hm) | | | | | | |
|---|---|---|---|---|---|---|---|
| | N | $P_2O_5$ | $K_2O$ | CaO | MgO | MnO | ZnO |
| 杉木 | 38.09 | 6.02 | 12.68 | 7.94 | 25.02 | 6.23 | 0.87 |
| 马尾松 | 54.37 | 5.11 | 11.60 | 5.59 | 15.91 | 6.92 | 0.47 |
| 油茶 | 27.38 | 3.46 | 5.59 | 10.36 | 5.44 | 6.52 | 0.19 |
| 楠木 | 103.76 | 11.42 | 21.39 | 26.11 | 41.32 | 11.68 | 0.80 |

(2) 提高土壤保水保肥能力和缓冲性能。腐殖质疏松多孔，又是亲水胶体，能吸持大量水分，吸水率达 500%～700%，而黏粒的吸水率为 50%～60%，腐殖质吸水率比黏粒大 10 倍之多。腐殖质是有机胶体，有巨大的表面积与表面能，通常带有负电荷，因此具有较强的吸收阳离子的能力。土壤中腐殖质含量愈多，吸收各种养分的能力也就愈大，亦即保肥能力也就愈强。

土壤有机胶体是一种具有多价酸根的有机弱酸，其盐类具有两性胶体的作用，有很强的缓冲酸碱变化的能力。同时，由于腐殖质对氢离子的吸附和释放，也会提高土壤对酸碱变化的缓冲能力，使生态环境不至急剧变化，有利于植物和微生物的生长。

(3) 改善土壤物理性质。有机质改善土壤物理性质的作用是多方面的，其中主要的是改善表层土壤的结构性。

腐殖质是良好的天然胶结剂，在有多价电解质存在的条件下，尤其是 $Ca^{2+}$ 的存在，可使腐殖质产生凝聚作用，使分散的土粒胶结成团聚体，特别在新鲜的 $Ca^{2+}$ 腐殖质作用下，可形成良好的水稳性团粒。从而有效地调节土壤中养分、水分和空气之间的矛盾。

由于腐殖质的黏结力只有黏粒的1/11,黏着力比黏粒小一半,但都比砂粒大。因此,增施有机肥料可使黏土变松,又可使砂粒间黏性增加,改善砂土结构,从而使其耕性和水、气、热状况适于苗圃地和造林整地的要求,以利于林木的正常生长。

土壤腐殖质是一种暗褐色物质,可加深土壤的颜色,增加吸热能力,利于提高土壤的温度。

(4) 促进土壤微生物活动。土壤中的有机质(特别是新鲜的植物有机残体),给微生物提供了丰富的碳源、氮源、灰分和其他物质。同时,腐殖质能调节土壤的酸碱反应,使之有利于微生物的活动,这样有机质就促进了各种微生物对物质转化的作用,使土壤中含有较多的水溶性矿质养料。有些微生物可以直接起到固氮作用,但它也要首先分解有机质获得足够能量后才能固氮。例如,固氮菌分解 1 g 碳水化合物,方能固定 1.3 mg 氮气,而根瘤菌需分解 20 g 碳水化合物方能固定 1 g 氮气。可见,只有当土壤中有机质丰富时,微生物才能充分发挥其最大的效能。

土壤中的磷细菌可以改善植物的磷营养条件,但土壤中很大部分有效磷是由有机磷化合物分解后产生的。因此,只有当土壤中有机质丰富时,才能提高磷细菌的活性,磷细菌转化分解作用才能加强。

此外,腐殖质中含有各类维生素、激素和抗生素等物质,可以刺激微生物活动和植物的生长发育,以及防止病害的发生。微生物的活动也有利于农药和土壤中有毒物质的降解,保证植物的安全生长。

(5) 促进林木的生长发育。可溶性的褐腐酸在百万分之几到十几万分之几的低浓度下,能刺激根系生长(在高浓度情况下则可抑制根系发育)。因为褐腐酸进入植物体后,可以增强植物的呼吸作用,加强细胞膜的透性,从而提高对营养物质的吸收能力,并可增强原生质活性,促进细胞分裂,加速根系和地上部分的生长。它还能改变植物体内的糖类代谢,促进还原糖的积累,提高细胞渗透压,从而增加植物的抗旱能力。另外,腐殖质中还含有维生素和一些激素,有促进植物生长的作用。

(6) 有消除某些农药残毒和重金属污染的作用。腐殖质能吸收和溶解某些农药(如三氯甲苯除莠剂、DDT 等),并与重金属形成可溶于水的络合物,使其随灌溉水或降水排出土壤。

**3. 土壤生物**

土壤生物是栖居在土壤(包括枯枝落叶层和枯草层)中的生物体的总称,通常包括土壤动物、土壤微生物和高等植物根系。土壤生物与土壤之间是紧密联系、相互作用不可分割的整体,土壤为土壤生物提供了生存的空间,而土壤生物反过来又对土壤的形成和发展起到了促进作用。

1) 土壤微生物

(1) 土壤微生物的类型。根据土壤微生物的形态构造,一般可将土壤微生物的形态类型分为细菌、真菌、放线菌、藻类和原生动物等(见图6-2)。

① 细菌。细菌是土壤微生物中种类最多,数量最大,分布最广的一类。细菌是单细胞生物,是已知生物中结构最简单,个体最小的类型之一。它们靠延长并一分为二,迅速繁殖,形状有球状、杆状、弧状、螺旋状等。土壤中的细菌以杆状占优势。从作用来划分,土壤中常见的细菌有纤维分解细菌、氮化细菌、硝化细菌、根瘤菌和自生固氮菌等很多种。

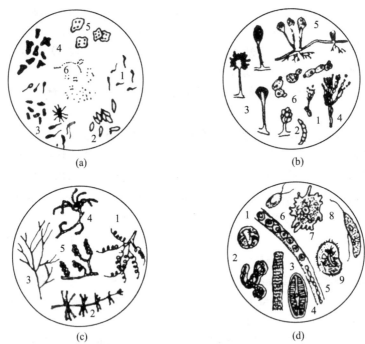

**图 6-2　土壤中微生物和原生动物**

(a) 细菌。1—弧菌；2—梭菌；3—杆菌；4—根瘤（类菌体）；5—固氮菌；6—球菌

(b) 真菌。1—青霉；2—镰刀菌；3—毛霉；4—曲霉；5—根霉；6—酵母菌

(c) 放线菌的气生菌丝。1—卷曲放线菌；2—轮生放线菌；3,4—直线放线菌；5—卷曲放线菌

(d) 藻类和原生动物。1—小球藻；2—念珠藻；3—绿藻；4—硅藻；5—链球藻；6—农藻；7—变形虫；8—鞭毛虫；9—纤毛虫

② 放线菌。土壤中放线菌是数量上仅次于细菌的一类微生物。它是一种呈放射状的微生物，个体大小介于细菌与真菌之间，单细胞延伸成为菌丝体。放线菌是好氧性微生物，依靠分解有机物为生，特别是分解纤维素和含氮有机物、转化各种盐类的能力都较强。它对营养要求不甚严格，能耐干旱和较高的温度，对酸性反应敏感，当pH值在5或5以下时，生长即受抑制，最适pH值在6.0～7.5之间，也能在碱性环境中活动。放线菌的代谢产物中有许多抗菌素和激素物质，有利于抵抗病害感染并促进植物生长。"5406"抗生菌肥料就是一种放线菌肥料。

③ 真菌。真菌大多数是多细胞的，菌体多呈丝状分枝，称菌丝体。土壤中生活的真菌类型很多，主要的是霉菌。常见的霉菌有青霉、毛霉、镰刀霉和曲霉。真菌的数量虽然不多，但其生物总量却大于细菌和放线菌。真菌基本上是好氧性的，主要集中在土壤的表层活动，耐酸、耐低温，因此在酸性土壤中，在森林的凋落物层，尤其是针叶林的残落物中占优势。真菌都是异养型的，由于它具有复杂的酶系统，所以分解有机残体的能力特别强。纤维素、酯类、树胶、木质素、单宁等较难分解的有机质也能被它们分解，并能把细菌和放线菌无能为力的一些分解作用继续进行下去。真菌在分解有机物质时，能将较大部分的碳和氮转化成自身的躯体，只释放较少的二氧化碳和氨，一般能使50%以上被分解的物质转变成菌体组织。

真菌还能以菌根状态与一些高等植物共生。它以菌丝侵入植物的根部，和根组织生活在一起，称为菌根。菌根能增强植物对水和养分的吸收，真菌同时从植物根中吸取碳水化合物。它还可以保护根系免受一些病原菌的感染。

④ 土壤藻类和原生动物。土壤藻类主要有蓝藻、绿藻和硅藻。绝大多数藻类具有叶绿

素,可以进行光合作用,因此它们必须生活在土壤表面或靠近地面的地方。在下层土壤中,大多数藻类以休眠孢子形态存在,不靠叶绿素生活。蓝藻中有些能固定空气中的氮素,叫固氮蓝藻。

土壤中的原生动物有鞭毛虫、变形虫和纤毛虫等。此外,还有线虫、轮虫等微型动物(见表6-4)。

表6-4 我国各主要土类的微生物数量分析(万个/克干土)

| 土 类 | 地 点 | 细 菌 | 放 线 菌 | 真 菌 |
|---|---|---|---|---|
| 暗棕壤 | 黑龙江省呼玛 | 2 327 | 612 | 13 |
| 棕壤 | 辽宁省沈阳 | 1 284 | 36 | 36 |
| 黄棕壤 | 江苏省南京 | 1 406 | 271 | 6 |
| 红壤 | 浙江省杭州 | 1 103 | 123 | 4 |
| 砖红壤 | 广东省徐闻 | 507 | 63 | 11 |
| 磷质石灰土 | 西沙群岛 | 2 229 | 1 105 | 15 |

(2)根据微生物摄取营养物质的特点及最初能量的来源,可将土壤微生物的生理类型分为自养型和异养型微生物。

① 自养型微生物。能利用氧化无机物产生的化学能(化能自养)或太阳能(光能自养),由空气中摄取二氧化碳,合成碳水化合物,作为自身的营养物质。

② 异养型微生物。靠分解有机物获得能量和养分。土壤中的细菌绝大多数是异养型的。

(3)根据土壤微生物对空气条件的要求分为好氧性、厌氧性和兼气性三类。

① 好氧性细菌。如固氮菌、根瘤菌、纤维分解细菌、尿素细菌、碳氢化合物的细菌等,它们的作用是使有机物彻底分解、释放养分,有的可以固定氮素。

② 厌氧性细菌。不需游离态氧,只能在没有游离氧的条件下生活,从含氧化合物中夺取氧以进行体内的氧化作用。分解有机质较为缓慢而且不彻底。它的作用主要是合成腐殖质,有些也能固定空气中的氮素。土壤中的厌氧性细菌主要的有厌氧固氮菌、厌氧纤维分解细菌、蛋白质分解细菌、硝酸盐还原细菌、硫酸盐还原细菌等。

③ 兼气性微生物。在氧气充足或缺氧的条件下均能生活的微生物称为兼气性微生物。

(4)土壤微生物的分布。微生物的生存和繁殖需要一定的营养物质、能量供应和适宜的水分、空气、温度、酸碱度、光照等条件,这些环境条件都影响着土壤微生物的分布。

绝大多数微生物分布在土壤矿物质和有机质颗粒的表面;高等植物根系周围含有种类多、数量大、活性强的微生物群;一般表层土以好氧性微生物为主,数量比底层土要多得多;土壤微生物的种类和数量随土壤熟化而有增加的趋势;不同的土壤类型有相应的土壤微生物分布状况。一般在森林土壤中,真菌的数量较多,在草原土壤中,放线菌的数量较多;土壤微生物具有多种共存、相互促进或相互制约的特点。

(5)土壤微生物的作用。

① 在土壤形成中的作用。土壤有机质的合成和分解是土壤形成的实质,而有机质的合成和分解都必须有微生物参与。土壤形成是在岩石风化物上发育有生物的时候开始的,而土壤中最原始的生物是最低等的自养微生物,包括一些固氮微生物。由于它们的大量繁殖,在母质中积累了有机质。有机质被一些微生物分解而释放出养料,特别是固氮微生物提供

了岩石中缺乏的氮素养料,这样,就为高等植物的生存和发展创造了条件,开始形成土壤。所以土壤微生物是土壤有机质积累的先锋。高等植物吸收养分的能力强,能合成更多的有机质,植物残体可再次被微生物分解。这种周而复始的作用,使土壤肥力不断发展。

② 在营养物质转化中的作用。绿色植物不断地利用太阳的光和热、空气中的二氧化碳、土壤中的水分和养分构成其躯体。空气中的二氧化碳和土壤里的氮、磷、钾等的数量都是有限的,要使这些有限的元素源源不断地供给植物需要,主要靠土壤微生物对这些元素的转化作用。如空气中二氧化碳含量仅为0.03%,要使植物吸收的二氧化碳能够循环利用,主要靠微生物分解动植物残体,释放出二氧化碳。又如氮素,在岩石矿物中是没有的,而空气中氮气的含量则多达79%,但植物却不能直接吸收利用,这就需要靠固氮微生物的作用将空气中的分子态氮固定成氨,供植物利用。因此可以说,植物生长必需的各种主要营养元素都是在微生物的参与下才能源源不断地得到满足。

③ 在热能供应方面的作用。微生物在氧化分解有机质过程中所释放出的热量,微生物并不能全部加以利用,特别是好氧细菌分解有机质产生的热量很多,这些多余的热量,对提高土温、促进土壤中其他生命活动和物质的转化有一定作用。

④ 微生物代谢产物的作用。很多微生物在其生命活动过程中所产生的维生素、生长素、氨基酸等物质,能被植物直接吸收利用,促进或刺激植物生长(如赤霉素);有些微生物分泌的抗菌素物质可以抑制植物病原菌的发育,对植物生长有利。

但是,也有的微生物能分泌有毒物质,抑制植物生长或使植物中毒,特别是在连续栽培同一种植物的情况下,由于毒质的积累,会影响植物的质量。有些微生物是病原菌,常使植物染病。

⑤ 土壤酶在肥力中的作用。酶是有机体细胞及组织中的特殊蛋白质,它具有生物催化剂的作用。土壤中含有各种酶,如淀粉酶、纤维素酶、蛋白酶、脱氢酶、磷酸酶及尿素酶等。它们积极参与土壤中许多重要的生物化学反应。例如土壤中的尿素酶,可把尿素水解成碳酸铵。土壤酶主要是由土壤微生物产生的,也可以是活的有机体分泌到土壤溶液中去的,或者是由于微生物细胞的死亡和自溶而释放到溶液中去的。土壤生物群体越活跃,土壤中重要酶的活性就越高。酶的活性不仅影响土壤中各种重要物质的转化,并且也直接影响土壤有机胶体的品质和数量,从而对土壤肥力产生深刻的影响。近代有些土壤工作者还以土壤中某些酶的存在量作为土壤肥力的指标之一。

⑥ 对化学毒素物质的分解作用。土壤具有分解对生物有毒的化合物的作用,这种作用是靠土壤中的微生物,主要是细菌来完成的。例如土壤具有分解氧化苯酚、甲基酚和碳氢化合物的能力,也能分解一些除草剂和杀虫剂,减少有毒物质在土壤中的含量,以防危害其他有益生物或人类。所以土壤在一定程度上具有自净能力。据研究,土壤分解有毒的有机化合物的能力是逐步提高的,即开始只能对低浓度的有毒物质缓慢解毒,随着微生物活性的提高,解毒的速度可以加快,对较高浓度的有毒物也能进行分解。

2) 土壤动物

土壤动物是指长期或一生中大部分时间生活在土壤或地表凋落物中的动物。

(1) 土壤动物的种类和数量。土壤动物的种类繁多,除典型的海洋动物外,大多数的动物门类在土壤中都有代表。土壤动物的数量非常庞大,在 1 m² 的土壤中可采集的小型节肢动物,少则几千,多以万计,土壤线虫可达百万条。1 g 土壤中的原生动物个体有 150 万。根据欧洲和英国 20 世纪 60 年代资料估算,土壤动物的生物数量大约是全人类数量的 20 倍,且主要集中在土壤的表层。

(2) 土壤动物的分类。按形体大小将其分为三类。大型：躯体大于 10 mm，如脊椎动物、软体动物、蚯蚓和较大的节肢动物。中型：躯体大小为 0.2～10.0 mm，如螨、弹尾虫、大型线虫。小型：躯体小于 0.2 mm，如较小的螨、线虫和原生动物。

(3) 土壤动物的综合作用。具有机械粉碎、改土和供给蛋白质饲料、保护环境、化废为宝的作用。

据测定，蚯蚓每天形成的团粒可达本身体重的 1.3～2.9 倍。假如每亩土地(1 亩≈666.7 m²)有 10 万条蚯蚓，每年形成的团粒结构可达 2 万～2.5 万千克，相当于 4 cm 厚的土层全部经过了蚯蚓的改造。经过蚯蚓改造的土壤团粒中，腐殖质、全氮、有效氮、速效磷、速效钾的含量乃至保肥能力均可显著增长，有的成倍提高。达尔文估计，6 亩土地约有 5 万条蚯蚓，翻松泥土可达 18 t。另外，人体必须的八种氨基酸中，蚯蚓含有六种，故它可以作为人体的高级营养品和医药原料。

3) 植物根系

根系对土壤发育有重要作用。根死亡后，增加土壤下层的有机物质、阳离子交换量，并促进土壤结构的形成。根系腐烂后，留下许多孔道，改善了通气性并有利于重力水下排，根系分泌物、根周围的微生物均能促进矿物及岩石的风化。

(1) 根围。根围是指微生物种群数量和种类组成受根影响的那一部分土壤。根向周围土壤分泌碳水化合物、维生素和氨基酸等，这可使根围微生物的数量大大增加。而微生物代谢活性的增加又促进矿物质的风化。根围微生物中有大量固氮菌，它们可将大气中的氮或易水解的有机氮转化成氨态氮。有些根围微生物(如根瘤细菌和菌根真菌)还能分泌生长调节物质，改善根的生长状况。

(2) 根瘤。根瘤是指植物根系被真菌以外的各种土壤微生物侵染而在根部形成的瘤突。根瘤有与豆科植物根系形成的和与非豆科植物根系形成的共生体两类，通常说的根瘤是与豆科植物根系形成的共生体。一种豆科植物通常只能同一个或少数几个相适应的根瘤菌品系共生。

豆科植物(如刺槐、皂角、相思树、胡枝子等属)根系能与土壤中根瘤菌共生，根瘤菌侵入豆科植物根系，形成根瘤，并在根瘤中固氮。被固定的氮可转化成氨基酸被豆科植物利用。根瘤菌和豆科植物共生时，豆科植物供给根瘤菌糖类，根瘤菌则供给豆科植物氮素。已知全世界豆科植物近两万种，大多数豆科植物都能形成根瘤固氮。据统计蝶形花亚科 98%以上的植物能形成根瘤固氮；含羞草亚科约 90%；云实亚科约 28%。

非豆科根瘤固氮植物有桤木、木麻黄、罗汉松、杨梅、苏铁、银杏等。已报导非豆科共生固氮植物有 8 科 21 属 192 种。许多学者认为，非豆科共生固氮植物，对自然生态系统提供氮素的经济意义超过了豆科固氮植物。桤木是最重要的非豆科固氮树种，桤木作为伴生树种能促进白蜡属、胡桃属、美国枫香、鹅掌楸属、悬铃木属、杨树、花旗松、一些松树、云杉属及柏属等树种生长；另一类重要的非豆科固氮树种是分布在热带、亚热带的木麻黄属。

(3) 菌根。菌根是高等植物的根尖与某种真菌形成的一种紧密共生体系。土壤中的真菌有的能和树木的根共生，即菌丝侵入树木根的表层细胞壁或细胞腔内，形成一种特殊结构的共生体。根据真菌菌丝在根系的着生形态，可分三种类型：外生菌根、内生菌根和内外兼生菌根。

菌根的作用主要是互利共生，菌根菌从寄主获得碳水化合物、维生素、氨基酸和生长促进物质。菌根扩大了根的吸收面积,这对树木和真菌的养分和水分吸收及利用都是有益或互惠的。菌根对树木根系有保护作用,土壤中的镰刀菌、丝核菌及其他病原菌常侵害林木和幼苗幼树的根,菌根保持活性的期间,会抑制其他微生物(包括病原菌)的生长和繁殖。菌根并不都是有益的,有的种类虽然不致使根死亡,但会夺取植物养分。菌根菌在土壤中形成的菌丝层,可降低土壤透水性,是引起更新幼苗幼树枯死的原因之一。

在园林绿化中利用菌根育苗可提高成活率,如在苗圃中利用菌根真菌,通过容器育菌、容器育苗、苗期或种子预接种方法培育菌根化苗等,取得了显著效果。近年来,园林建设中大树移植蔚然成风,其中接种菌根是提高大树移植成活率的主要措施之一。

### 6.1.2 土壤水分

土壤水分是指存在于土壤孔隙中及吸附于土粒表面的水分,有固、液、气三态,其中以液态水最为重要。在土壤孔隙中保持的水分,是溶有各种无机盐与有机盐的水溶液,直接参与或间接地影响着土壤、植物和其他方面的各种变化。除了刚施过化肥的土壤及含有较多无机盐类的盐土外,土壤溶液的浓度一般都不高,在 200~1 000 μg/g 之间。当降水或灌溉水进入土体后,受到土粒分子引力、毛管力和重力等的作用,水分沿着土壤孔隙浸透、移动并被保持在土壤之中。

**1. 土壤水分的类型**

根据土壤吸持水分的各种力及其能量大小的不同,土壤中的水分可以分为四种类型(见图 6-3,其中,1 atm=101.325 kPa)。

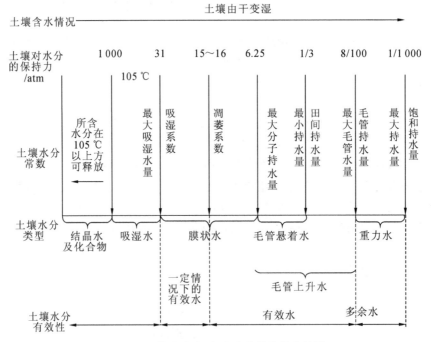

图 6-3 土壤水分类型、水分常数及其有效性

1) 土壤吸湿水

干燥的土壤颗粒吸收气态水而保持在土粒表面的水分。

吸湿水的含量因土壤空气的湿度和土壤总表面积的大小而有不同。土壤空气湿度愈大,土质愈黏重,腐殖质越多,吸湿水含量就越大。

当土壤空气湿度接近饱和时,干燥的土粒吸收水汽中的水分达到最大量,即吸湿水达到最大量,这时土壤含水量的百分数称为吸湿系数或最大吸湿量。

当土壤吸湿水量达到最大吸湿量时,最外层的水分子受到土粒的吸力仍有 31 atm[①]。在它未化为气态水时,在土壤中仍然不能自由移动。由于植物根细胞的渗透压一般为 10~20 atm(平均为 15 atm),因而这部分水分对植物是无效的。

2) 土壤膜状水

土壤水分达到最大吸湿量以后,土粒在与液态水接触时,依靠剩余的分子引力,仍可以吸持液态水中的水分子,并在吸湿水的外围形成一层薄薄的水膜。

膜状水的最外层所受的引力约为 6.25 atm,其性质基本上和液态水相似。这种水可以被植物利用,但移动速度缓慢,每小时仅移动 0.2~0.4 mm,所以只有在和根毛接触的地方及其周围很小的范围内,才能被植物利用。

在土壤中的膜状水还未被全部消耗完时,植物就会呈现萎蔫状态。植物发生永久萎蔫时的土壤含水量百分数称为萎蔫系数。这时土粒吸持水分的力约为 15 atm,与植物的吸水力相当。所以,植物能吸收利用的膜状水只是高于萎蔫系数的那一部分水量,因而通常将萎蔫系数作为植物能吸收利用的土壤水分的下限值。一般来说,萎蔫系数随土壤质地变黏而增大,如砂土的萎蔫系数为 1.8%~4.2%,壤土的为 6.4%~12%,黏土的为 17.4%~24%。

3) 土壤毛管水

土壤毛管水是指存于土壤毛管孔隙中、由毛管力所保持的水分。

据测定,在 0.01~1.0 mm 的孔隙中,毛管作用最强烈。毛管孔隙中所保持的水量是吸湿水、膜状水和毛管水的总和,是土壤的分子引力、静电引力和毛管力等作用力的综合表现。

毛管水上升的高度与毛管半径有关,在一定限度内,毛管愈细,水分上升愈高;毛管水上升的速度与管径成正比,而与上升距离成反比。随着管径的变小和上升距离的增加,摩擦阻力急剧增大,上升速度显著减小;毛管水运动的方向决定于毛管两端水面曲率的大小,可上下左右移动。

(1) 毛管上升水。是指地下水随毛管上升而被毛管力保持在土壤中的水分。毛管上升水的最大含量称为毛管持水量。在华北平原东部地区,地下水位一般在 1.5~2.5 m,毛管上升水可以达到根分布层,它是植物所需水分的重要来源。但在地下水含盐多的地区,毛管水可以上升到达地表,这往往是造成土壤盐渍化的主要原因。地下水位过浅时还易引起湿害。

(2) 毛管悬着水。是指在地下水位较深的地区,降雨或灌溉后由毛管力保存在上层土壤中的水分。这种水分与地下水没有任何联系。在排水良好的条件下,充分向土壤供水,等到过多的水排出后(经 1~2 d),毛管悬着水的水量称田间持水量。田间持水量是旱地土壤确定灌水量和判断是否需要灌水的重要依据。此时土壤对水分的吸持力为 0.1~0.3 atm。田间持水量的大小可以反映土壤的孔隙状况、土质砂黏、松紧程度及有机质含量等,也是鉴定土壤肥力的重要指标之一。

4) 重力水

进入土壤的水分在重力影响下沿着大孔隙(空气孔隙)向下移动,这部分水称为重力水。

---

① 1 atm=101.325 kPa。

重力水下渗到干燥土层时,可转化为其他形态的水分。随着重力水的渗漏,往往造成土壤可溶性养分的流失。当土壤或母质中有不透水层存在时,向下渗漏的重力水在不透水层上面的孔隙中聚集起来,形成一定厚度的水分饱和层,这部分水可以流动,称为地下水(潜水)或临时性上层滞水。

**2. 土壤水分含量的表示方法**

土壤含水量的测定方法主要是烘干法。近年有的采用中子仪、张力计、微波电测、γ射线等方法,还有电石法、红外线烘干、酒精烧灼、沙盘烘烤或铁锅炒干等方法。

1) 绝对含水量

绝对含水量是指土壤中水的实际含量,通常用土壤在 105 ℃下烘至恒重时失水质量占干土质量的比值,即

$$土壤含水量(W) = \frac{湿土质量 - 烘干土质量}{烘干土质量} \times 100\% \quad ①$$

也可用容积含水量来表示。即土壤中水分体积占土壤体积的百分数,可表示为

$$土壤容积含水量(V) = \frac{水分体积}{土壤体积} \times 100\%$$

$$= 土壤含水量 \times 土壤容重 \quad ②$$

2) 相对含水量

通常以土壤实际含水量占该土壤田间持水量的百分数来表示,即

$$土壤相对含水量 = \frac{土壤实际含水量}{土壤田间持水量} \times 100\% \quad ③$$

也可以土壤实际含水量占土壤饱和含水量的百分数来表示,即

$$土壤相对含水量 = \frac{土壤实际含水量}{土壤饱和含水量} \times 100\% \quad ④$$

一般认为,土壤含水量占饱和含水量的 60% 或田间持水量的 60%～80% 时,最适合植物生长。

**3. 土壤水分的重要意义**

土壤水分可影响土壤的通气状况、土壤养分的有效性及根系呼吸与生长;土壤水分影响着微生物活动;土壤水分影响土壤温度的变化;水分对植物的影响也有"三基点"问题,即水分过少则旱,过多则涝,只有土壤水分含量适宜才能保证植物生长正常。因此,在实践上采取防旱或排涝措施是非常必要的。

### 6.1.3 土壤空气

土壤空气是土壤三相组成之一,是植物、土壤微生物生活的必需条件。土壤空气的组成和数量直接影响种子的萌发、根系的发育、微生物的活动及土壤养分状况。土壤空气存在于土壤孔隙中,它与土壤水分经常处于相互消长的运动过程中。

**1. 土壤空气的组成及交换**

土壤空气主要来自大气,部分是土壤中生物化学过程所产生的气体。土壤空气和大气间在成分和组成上的差异如表 6-5 所示。

表 6-5　大气与土壤空气组成比较

| 种　　类 | $N_2$ | $O_2$ | $CO_2$ | 水　汽 |
|---|---|---|---|---|
| 近地面气层/(%) | 79.01 | 20.96 | 0.03 | 不饱和 |
| 土壤空气/(%) | 78.8～80.24 | 18.00～20.03 | 0.15～0.65 | 饱和 |

土壤空气中有时还含有还原性气体,如甲烷($CH_4$)、硫化氢($H_2S$)、氢($H_2$)等,对植物生长不利。这种情况多出现在渍水或表土严重板结,以致通气不良的土壤中。

土壤空气中的二氧化碳不断进入大气,大气中的氧气不断进入土壤,土壤空气就是通过这种交换而得以更新。土壤空气与大气之间不断进行气体交换的性能称为土壤的通气性,它是土壤的重要性能之一。只有在通气性较好的土壤中,才能顺利地进行气体交换,土壤空气与大气进行气体交换的主要方式是气体分子的扩散作用,其次是土壤空气与大气之间的整体交换。土壤表层由于昼夜温度变化而引起的气流交换,在实践中有重要作用。

**2. 土壤空气对植物生长及土壤肥力的影响**

1）土壤空气与根系发育

植物在通气良好的土壤中根系长、颜色浅、根毛多；在缺氧时根系短而粗,颜色暗,根毛大量减少,影响根的吸收作用。土壤空气中氧的浓度低于10%时,根系发育就受到影响；低于5%时,则绝大部分植物根系停止发育。不同植物对缺氧的抵抗能力大小不同。

2）土壤空气与种子的萌发

植物种子的发芽需要水分和氧气。植物种子正常发芽要求氧气的浓度在10%以上。如果低于5%,将影响种子内部物质的转化,种子萌发受到抑制。在嫌气条件下,微生物分解土壤有机质,产生醛类和有机酸类,也会抑制种子的萌发。

3）影响土壤微生物活动和养分转化

土壤通气良好,氧气充足,好气性的有益微生物活动旺盛,土壤有机质分解迅速而彻底,能释放更多的速效养分,供植物吸收利用。通气不良,除根瘤菌、好气性自生固氮菌、硝化细菌等活动受到抑制并引起氮素损失外,还会产生过多的还原性气体如硫化氢、甲烷等而引起毒害作用。

4）土壤通气性与土壤氧化还原状况

土壤通气良好时,土壤溶液中溶解的氧的数量也高,很多物质如氮、铁、锰、硫等都呈氧化状态。相反,土壤通气不良时,土壤溶液中的氧消耗多,补充少而呈还原状态,且因嫌气性微生物活动旺盛,养分释放慢,分解产生的某些中间产物积累,对植物生长不利。

## 6.2　土壤理化性质的生态作用

土壤的理化性质是指土壤质地结构及其关联的土壤的厚度、酸碱性、热量的变化状况。土壤的理化性质会影响植物根系生长和土壤的供肥能力,认识土壤的理化性质与园林植物的生态关系,旨在改善土壤协调水、肥、气、热的能力,充分发挥园林植物的生态防护能力。

### 6.2.1　土壤厚度

土层厚薄是影响土壤水分与养分总储量及根系分布空间的重要因素之一。土层厚薄受很多因子的影响,如土壤下面的石砾、坚实的黏土、盐积层、砂积层、地下水、永冻层及城市中的地下设施等。山地条件的土层还受地形、坡度、坡向和坡位的影响,一般坡度越大,土层越薄,阳坡土层较浅,阴坡土层较厚;同一坡面上,山脊土层最薄,中上腹次之,下腹和谷地则较厚。

不同树种,由于根系分布的模式不同,对土壤总厚度的要求也各异,所以只能大体上规定一个土壤调查时通用的标准(见表6-6)。

表6-6 我国林业用地土壤厚度等级

| 等 级 | 土 壤 厚 度/cm | |
|---|---|---|
| | 温带以及亚热带山地、高山地区等 | 热带、亚热带一般地区 |
| 薄 | <30 | <50 |
| 中等 | 30~80 | 69~100 |
| 厚 | >80 | 101~200 |
| 极厚 | — | >200 |

对于林业生产来说,土壤的厚度是影响土壤肥力和生产力的一个重要指标,但却很容易被忽视。这个指标之所以重要,是因为树木扎根较深,而供林业利用的山区土壤大部分比平原耕地土壤浅薄,并且在整个坡面上土壤厚度波动较大。因此,山区林木生长的好坏,在很大程度上与土壤总厚度或有效土层,即树木主要根群能伸展的土层厚度相关联。

### 6.2.2 土壤质地和结构

**1. 土壤质地与结构**

1) 土壤质地

组成土壤固相的颗粒主要为矿质颗粒,土壤中各种大小不同矿质颗粒的相对含量,称为土壤质地,也叫土壤的机械组成。根据土粒直径的大小,可把土粒分为若干级。直径为2.0~0.2 mm的称为粗砂,0.2~0.02 mm的为细砂,0.02~0.002 mm的为粉砂,0.002 mm以下的为黏粒。根据土壤质地,一般可把土壤分为三类九级(见表6-7)。

表6-7 土壤质地分类

| 名 称 | | 含量(占土壤重量的百分数) | |
|---|---|---|---|
| | | 黏土(细粒直径<0.02 mm) | 砂(细粒直径<0.02 mm) |
| 砂土类 | 粗砂土 | 0~5 | 95~100 |
| | 细砂土 | 5~10 | 90~95 |
| 壤土类 | 砂壤土 | 10~20 | 80~90 |
| | 轻壤土 | 20~30 | 70~80 |
| | 中壤土 | 30~45 | 55~70 |
| | 重壤土 | 45~60 | 40~55 |
| 黏土类 | 轻黏土 | 60~75 | 25~40 |
| | 中黏土 | 75~85 | 15~25 |
| | 重黏土 | >85 | <15 |

(1) 砂土类,土壤质地较粗,含砂粒多,黏粒少,土壤疏松,黏结性小,大孔隙较多,通气透水性较强,但蓄水性能力差,易干燥。此外,有机质分解快,养料易流失,保肥性能差。适生树种有油松、樟子松、马尾松、云南松等。

(2) 壤土类,土壤质地较均匀,砂粒、黏粒和粉砂大致等量,物理性质良好,通气透水,有较好的保水保肥能力,大部分植物种在此类土壤上生长良好。

(3) 黏土类,土壤质地较细,以黏粒和粉砂居多,结构致密,干时硬。由于含黏粒多,颗粒表面积大,保水保肥能力强,但因土粒细小,孔隙小,通气透水性能差。适生树种有枫杨等。

由于土壤质地对水分的渗入和移动速度、持水量、通气性、土壤温度、土壤吸收能力、土壤微生物活动等各种物理、化学和生物性质都有很大影响,因而直接影响植物的生长和分布。

2) 土壤结构

土壤结构是指土壤颗粒排列的状况,可分为团粒状、块状、核状、柱状、片状等结构,其中以团粒结构土壤最适宜植物生长,这是因为团粒结构是由土壤中的腐殖质把矿质颗粒互相黏结成直径为 0.25~10 mm 的小团块而形成的,具团粒结构的土壤能较好地协调土壤中水、肥、气、热的矛盾,保水保肥性能强。土壤团粒内部的毛细管空隙可保持水分,毛细管内空气少,主要是嫌气性微生物活动,有机物分解缓慢,所以有利于有机质的积累和保持;而团粒之间的非毛细管孔隙则充满着空气,好气性微生物活动旺盛,有机质能快速分解转化为可被植物利用的有效养分,这样,既能满足植物生长发育对养料的需要,又不会因一时分解过多造成养料的损耗。同时,下雨或浇水时,水分沿大孔隙迅速下渗,不会积水,而流入团粒内部的水分则被土粒和毛细管的吸力所保持。所以,团粒结构的土壤水分状况较稳定,水的比热大,土温也就相对稳定。一般土壤中团粒结构越多,肥力就越高。

在大多数土壤中,土壤矿质颗粒常胶合形成团聚体,即土壤自然结构体,它是由自然过程形成的土壤结构单元。参与胶合的物质可能是胶粒或有机质,也可能是其他化学物质。团聚体的大小和形态差别很大,小的胶粒为 10 mm 的球状体,其中多孔的称为团块,无孔的称为团粒;大的胶粒有粒径达 50 mm 的块状体或似棱柱状体。没有这类团聚体的土壤被称为无结构土壤或结块土壤。

土壤结构是土壤物理、化学和生物过程的产物。有机质、根系及土壤动物的活动对土壤结构发育很重要,许多种类的有机化合物能起到聚合剂的作用,特别是具胶体性质的化合物。根系分泌出的各种有机物可单独作用或与微生物联合作用而使土粒聚合成团聚体。根孔的形成可使土壤具通透性,根的搅动作用则使结块土壤破碎。动物对土壤有翻搅作用,促使有机质下移,与深层矿质土混合。动物的挖掘作用还能使土壤疏松,许多土壤动物的粪便能形成小块团聚体。

结构不良的土壤往往土体紧实,通气透水性差,土壤中微生物的活动受抑制,土壤肥力差,不利于植物根系的生长。

**2. 孔隙度**

孔隙度是指未被固体部分占据的土壤体积。孔隙度是土壤的一个重要参数,是土壤孔隙数量的度量指标,它影响到土壤水分和气体的运动,从而决定着根系和土壤生物的活动。无结构土壤(结块土壤)的孔隙度比有良好团聚结构的土壤的孔隙度低得多,这是因为后者的团粒间具有丰富的大孔隙。土壤总孔隙度的意义不如孔隙分布那么重要,若土壤全部孔隙都是大孔隙,如砂砾土和粗砂土,那么,土壤水会过于自由流动,容易导致干旱。反之,若所有孔隙都是黏粒间的小孔隙,则水的运动极慢,植物易受水涝和缺氧的影响。理想的孔隙分布应该是既能保持足够的水分,又允许充分的氧气和二氧化碳扩散,以满足植物、土壤动物和微生物的要求。一般而言,这种状况存在于结构优良的土壤中,即既有团粒内的大量小孔隙,又有团粒间一定数量的大孔隙。结构差的土壤的总孔隙度可小至35%,而在相同质地但结构好的土壤中可高达65%。

**3. 通气性**

与在地面上生活的生物一样,地下生物也要进行气体交换。大多数土壤生物需要外部氧源,同时,放出的二氧化碳必须通过扩散或溶解于土壤水中并随水流排出土壤,或者在没有发生毒害性积累的情况下再被生物吸收。氧气或溶氧亏缺时,厌氧微生物可将氧化态化学物质如铁和硫还原,这一过程产生一些对根系有害的物质,如亚铁离子、硫化氢等。土壤中氧浓度降低时对植物地下部分和地上部分皆有不良影响。

土壤通气性的大小取决于土壤的孔隙度、孔隙分布及充水孔隙的比例。孔隙度高的土壤在水分长期过多时通气性也会很差,而中等以下孔隙度的土壤在水分适宜和孔隙大小适中时通气性也会相当好。即使是排水良好、孔隙度高、孔隙分布适当的土壤,当土表数毫米薄层的结构受到某些因素如暴雨、机械压紧的破坏时,其通气性也会变差。土表结构和孔隙受到破坏的这一薄层,能强烈地阻碍土壤与大气之间的气体交换。这种因机械作用造成土壤表层结构破坏的现象称为板结。

### 6.2.3 土壤热量

土壤热量用土壤的温度来表示。土壤温度与植物的生长紧密相关,它直接影响种子的萌发、根系和土壤微生物的活动、有机物的分解速率及植物对水分和养分的吸收。对大多数植物来说,在15～35℃的范围内,随土壤温度增高,根系的伸长生长加快,这是因为随土温增高,根系的吸收作用加强,物质运输加快,因而细胞分裂和伸长的速度也随之增加。土温过高或过低都会影响根系的活动,如土温低于19℃时,刺槐侧根的形成开始受到抑制,而超过33℃时,主根生长受到影响。棉花在土温17～20℃时,即使土壤水分充足,吸水也减弱并发生萎蔫。一般来说,喜温植物当温度降低时,呼吸和吸水减弱比耐寒植物显著,同一种植物的南方品种比北方品种显著。

土壤的热量主要源自于太阳能。由于太阳辐射强度有周期性的日变化和年变化,所以土壤温度也具有周期性的日变化和年变化。土壤表面在白天和夏季受热,温度最高,这时热量从表土向深层输送;夜间和冬季土表温度最低,这时热量从深层向土表流动。

土壤温度的年变化在不同地区和不同季节差别很大。在中纬度地区,从春季开始,白昼越来越长,土壤吸收太阳辐射逐日增多,由于地面辐射损失少,土壤储存热量日益增加,至7月,地表出现温度最高值。之后,白昼慢慢变短,太阳辐射减弱,当夜间地面辐射所损失的热量大于日间太阳辐射所得到的热量时,土温逐渐降低,至1月出现最低值。热带地区因为日辐射的年变化小,所以土壤温度的年变化主要受雨量控制。在高纬度高海拔的严寒地区,土壤温度的年变化还受积雪的影响。有雪覆盖的土壤温度变幅较小,而无雪覆盖的则变幅较大。

土壤温度不仅有周期性的时间变化,而且还有空间上的垂直变化。白天,土温随土层深度增加而降低,夜间则相反,变化值越接近地面越大,到达一定深度(0.8～1 m)以后,基本上就没有什么变化了。在一年中,夏季土温随深度增加而降低,冬季则相反,随深度增加而升高。年变化深度,在中纬度地区为15～20 m,在低纬度地区为5～10 m。

随土层深度的增加,最高温和最低温出现的时间延后,这是因为热量传递需要一定时间,大约每加深10 cm,日最高温和最低温要比其上一层延后1～2 h;每加深1 m,年最高温和最低温要落后20～30 d。由于各类土壤的组成物质不同,所以,各类土壤温度垂直变化的多少也有所不同。

土壤温度与大气温度存在差异,一般来说土表温度高于气温,这是因为大气温度主要来自地面辐射。以年平均温度而言,一般地温约比气温高 2～3 ℃,尤以夏季明显偏高,冬季则相差较小。因此,在高温季节的中午前后,在裸露地面上生长着的植物,常因土表高温而灼伤。夜间和低温季节,由于地面冷却的结果,地表温度略低于气温,所以有时气温还没有降到 0 ℃,地面就已有霜出现,从而使植物遭受冻害。地面温度的最高和最低值比气温出现稍早,这也是因为热量传递需要一定时间。

土壤温度也受土壤孔隙、土壤质地和土壤含水量的影响。土壤颗粒越大,导热性一般也就越好。所以砂土的导热性比较高,其升温比黏土迅速。高容重物质比低容重物质具有更高的导热性。湿土的导热性比干土的高,但由于水具有体积热容量高的特性,而且大部分太阳辐射能消耗于表层水分蒸发,因此湿土的温度升降较为缓慢。

土壤温度主要取决于辐射的收支平衡。具有荫蔽作用的植物主导着土表的辐射平衡状况。尽管枯落层对于防止极端低温的作用可能更大一些,但是植被荫蔽可避免土温极高或极低。森林地被物对土壤温度有一定的调节作用,它可缩小土壤的昼夜温差,延缓春季土壤温度回升和秋季温度的下降,还可抑制土壤极端温度的出现。

### 6.2.4 土壤酸碱度

土壤酸碱度是指土壤溶液的酸碱程度。土壤溶液是土壤水分及其所含溶质的总称。土壤溶液中存在着一定数量的氢离子和氢氧根离子,它们的数量比例决定着土壤溶液的酸碱度。当氢离子浓度大于氢氧根离子浓度时,土壤呈酸性反应;当氢离子浓度小于氢氧根离子浓度时,土壤呈碱性反应;两者相等时,土壤呈中性反应。

土壤酸碱度是土壤的基本性质,也影响土壤养分的有效性。土壤酸碱性的强弱通常用酸碱度来衡量,酸碱性的大小用 pH 值表示。土壤 pH 值是指土壤溶液中 $H^+$ 浓度的负对数值。我国土壤酸碱度分为以下 7 级。

强酸性　pH 值<4.5
酸　性　pH 值为 4.6～5.5
微酸性　pH 值为 5.6～6.5
中　性　pH 值为 6.6～7.4
微碱性　pH 值为 7.5～8.0
碱　性　pH 值为 8.1～9.0
强碱性　pH 值为>9.0

我国土壤的 pH 值在 4～9 之间,多数 pH 值在 4.5～8.5 范围内,极少低于 4 或高于 10。长江以北地区的土壤,多属中性至碱性,长江以南的土壤多为酸性至强酸性,只有在石灰性母岩上发育的土壤 pH 值在 7.0～8.0。"南酸北碱"反映了我国土壤酸碱度情况的地区性差异。

**1. 土壤酸度**

土壤酸度是土壤溶液的酸性程度,它是土壤溶液中 $H^+$ 浓度的表现。

土壤中氢离子的来源有:动植物呼吸作用产生的二氧化碳溶于水形成的碳酸电离后产生的氢离子;微生物分解有机物质产生的有机酸、无机酸电离产生的氢离子;土壤溶液中活性铝离子的水解作用;层状铝硅酸盐胶体微粒上吸附性 $H^+$ 达到一定数目后,黏粒破坏,黏粒中的铝溶解形成铝离子,铝离子水解反应产生氢离子,即

$$Al^{3+} + H_2O \rightleftharpoons Al(OH)^{2+} + H^+$$

吸附性 $H^+$ 和 $Al^{3+}$ 的作用。土壤胶体微粒上吸附的 $H^+$ 和 $Al^{3+}$ 被代换到溶液中来,呈

现酸性,如

$$Al^{3+}[土壤胶体]^{H^+} + 2Ca^{2+} \rightleftharpoons {}^{Ca^{2+}}[土壤胶体]^{Ca^{2+}} + H^+ + Al^{3+}$$
$$Al^{3+} + 3H_2O \rightleftharpoons Al(OH)_3 + 3H^+$$

### 2. 土壤碱度

土壤碱度是土壤溶液的碱性程度。土壤溶液的碱性强弱,主要取决于土壤中的碳酸钠、碳酸氢钠、碳酸钙及代换性钠的含量。它们水解后都是碱性反应,吸附性钠也发生类似作用,如

$$Na_2CO_3 + 2H_2O \rightleftharpoons 2NaOH + H_2CO_3$$
$$NaHCO_3 + H_2O \rightleftharpoons NaOH + H_2CO_3$$
$$2CaCO_3 + 2H_2O \rightleftharpoons Ca(HCO_3)_2 + Ca(OH)_2$$
$$Ca(HCO_3)_2 + 2H_2O \rightleftharpoons Ca(OH)_2 + 2H_2CO_3$$

上述盐类中,碳酸钙的溶解度较小,随着土壤溶液中 $CO_2$ 的增加,溶解度增大,溶解产生碳酸氢钙,增加了氢离子浓度。

### 3. 土壤酸碱度对土壤养分和植物的影响

1) 影响植物的生长发育

不同植物对土壤酸碱度都有一定的要求,如茶花、茉莉、含笑等适于在酸性土壤上生长;白皮松、柏树、苜蓿则耐碱性较强,而杨柳、箭杆杨则喜碱性土壤,且耐盐。但一般植物在弱酸、弱碱和中性土壤上都能正常生长。

2) 影响养分的有效性

土壤中氮、磷、钾、钙、镁等的有效性受土壤酸碱性变化的影响很大。图6-4中各营养元素的条带宽度只表示该元素在不同pH值时对植物的相对有效性,而没有绝对数量的含义。例如,钙、镁、钾在pH值为6~8时,其有效性最大,能充分满足植物的需要。氮、硫的最大有效性所要求的pH值与钙、镁相似,而铜和锌则在pH值5.5以下时溶解度最大。从图6-4

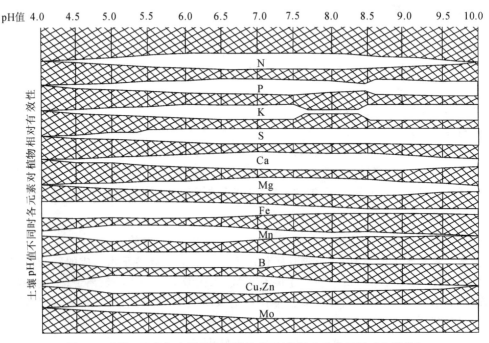

**图6-4　土壤pH值与土壤其他特性的关系(带的宽度表示相对有效性)**

可以看出,对植物最适宜的 pH 值约为 6.5。

3) 影响土壤的物理性质

在碱性土壤中,交换性钠增多,土粒分散,结构破坏。在酸性土壤中,养分流失,黏粒矿物分解,结构也遭受破坏。

4) 影响微生物活动

微生物对土壤反应也有一定的适应范围。土壤过酸和过碱都不利于有益微生物的活动。如在酸性土壤中,有益微生物(如固氮细菌、硝化细菌等)的活动大大减弱,影响氮、硫、磷等养分的转化。

5) 影响植物对养分的吸收

土壤溶液的碱性物质会促使细胞原生质溶解,破坏植物组织。酸性较强也会引起原生质变性和酶的钝化,影响植物对养分的吸收。酸度过大时,还会抑制植物体内单糖转化为蔗糖、淀粉及其他较复杂的有机化合物的过程。

**4. 土壤酸碱度的调节**

1) 土壤酸度的调节

土壤酸度的改良通常施用石灰、石灰石粉和碱性或生理碱性肥料。施入的物质既能中和活性酸和潜性酸,又有利于良好土壤结构的形成和增加土壤中的钙元素。如

$$Ca(OH)_2 + CO_2 \rightleftharpoons CaCO_3 + H_2O$$

$$[土壤胶体]^{2H^+} + CaCO_3 \rightleftharpoons [土壤胶体]^{Ca^{2+}} + H_2CO_3$$

石灰用量应根据具体情况,参照土壤 pH 值、植物耐酸程度、土壤质地和腐殖质含量等,采用少量多次施用的方式,以防止土壤板结。

石灰石粉改良土壤酸性,优点是中和作用缓慢,后效长,不用连年施用,不会使土壤 pH 值剧烈变化。石灰石粉的颗粒愈细中和作用愈明显,愈迅速。

2) 土壤碱性的调节

碱性土改良可施用石膏、明矾、硫酸亚铁和硫酸等,如

$$[土壤胶体]^{2Na^+} + CaSO_4 \rightleftharpoons [土壤胶体]^{Ca^{2+}} + Na_2SO_4$$

施用明矾、硫黄降低土壤的碱性。其反应为

$$2S + 3O_2 + 2H_2O \rightleftharpoons 2H_2SO_4$$

$$Al_2(SO_4)_3 + 6H_2O \rightleftharpoons 2Al(OH)_3 + 3H_2SO_4$$

$$Fe_2(SO_4)_3 + 6H_2O \rightleftharpoons 2Fe(OH)_3 + 3H_2SO_4$$

$$CaCO_3 + H_2SO_4 \rightleftharpoons CaSO_4 + H_2O + CO_2$$

## 6.3 园林植物对土壤的适应

土壤因子的生态作用是通过土壤中水、肥、气、热等因子来体现的。植物借助其根系固定在土壤中,并从其中吸收几乎全部所需的营养,同时植物又不断地改变着土壤的物理、化学和生物性质。由于植物对于长期生活的土壤产生一定的适应特性,因此形成了以土壤为主导因素的植物生态类型。

**1. 园林植物对土壤养分的适应**

土壤养分是植物生长发育的基础,不同的土壤类型,对植物的供养能力不同。通常,按照植物对土壤养分的适应状况将其分为两种类型:不耐瘠薄植物和耐瘠薄植物。

不耐瘠薄植物对养分的要求较严格,营养稍有缺乏就能影响它的生长发育。在养分供应充足时,植株生长较快,长势良好,一般具有叶片相对发达,枝繁叶茂,开花结实量相应增多等特征。较多花卉特别是一二年生的草本花卉,对养分的要求较高,养分缺乏时,不但生长受抑制,且开花量及其品质都下降,甚至不开花;木本植物中不耐瘠薄的有槭、核桃楸、水曲柳、椴、红松、云杉、悬铃木、白蜡树、榆树、苦楝、乌桕、香樟、夹竹桃、玉兰、水杉等。园林绿地土壤养分缺乏或较为瘠薄比较常见,因此,在选择园林植物时,要充分考虑其对养分的适应性,并采取相应措施以保证其成活与正常生长。

耐瘠薄植物对土壤中的养分要求不严格,能在土壤养分含量低的情况下正常生长。耐瘠薄的植物种类较多,特别是一些从长期生活在瘠薄环境引种过来的植物,木本中的丁香、树锦鸡儿、樟子松、油松、旱柳、刺槐、臭椿、合欢、皂荚、马尾松、黑桦、蒙古栎、木麻黄、紫穗槐、沙棘、构树等;草本和花卉中的星星草、结缕草、月季、高羊茅、马蔺、地被菊、荷兰菊等均属此类。

对园林绿化中园林植物的选择,必须考虑园林绿地的土壤特点和园林植物与土壤的适应性,才能合理进行配置。

**2. 园林植物对土壤酸碱性的适应**

一般植物对土壤 pH 值的适应范围在 4～9 之间,但最适范围在中性或近中性范围内。对于特定植物来讲,其适应范围有所不同,如表 6-8 所示为部分植物适宜的土壤 pH 值范围。按照植物对土壤酸碱性的适应程度笼统分为酸性植物、中性植物和碱性植物。

表 6-8　部分园林植物、花卉、草坪草适宜的土壤 pH 值范围

| 植 物 种 类 | 适宜 pH 值 | 植 物 种 类 | 适宜 pH 值 |
| --- | --- | --- | --- |
| 兰科植物 | 4.5～5.5 | 美人蕉 | 5.5～6.5 |
| 蕨类植物 | 4.5～5.5 | 朱顶红 | 5.5～7.0 |
| 杜鹃花 | 4.5～5.5 | 印度橡皮树 | 5.5～7.0 |
| 山茶花 | 4.5～6.5 | 一品红 | 6.0～7.0 |
| 马尾松 | 4.5～6.5 | 秋海棠 | 6.0～7.0 |
| 杉木 | 4.5～6.5 | 文竹 | 6.0～7.0 |
| 铁线莲 | 5.0～6.0 | 郁金香 | 6.0～7.5 |
| 仙人掌科 | 5.0～6.0 | 风信子 | 6.0～7.5 |
| 百合 | 5.0～6.0 | 水仙 | 6.0～7.5 |
| 冷杉 | 5.0～6.0 | 牵牛花 | 6.0～7.5 |
| 云杉属 | 5.0～6.5 | 三色堇 | 6.0～7.5 |
| 棕榈科植物 | 5.0～6.3 | 金鱼草 | 6.0～7.5 |
| 松属 | 5.0～6.5 | 火棘 | 6.0～8.0 |
| 椰子类 | 5.0～6.5 | 泡桐 | 6.0～8.0 |
| 大岩桐 | 5.0～7.0 | 榆树 | 6.0～8.0 |
| 海棠 | 5.0～6.5 | 杨树 | 6.0～8.0 |
| 毛竹 | 5.0～7.0 | 大丽花 | 6.0～8.0 |
| 水杉 | 5.0～8.0 | 唐菖蒲 | 6.0～8.0 |

续表

| 植物种类 | 适宜pH值 | 植物种类 | 适宜pH值 |
|---|---|---|---|
| 香樟 | 5.0～8.0 | 芍药 | 6.0～8.0 |
| 仙客来 | 5.5～6.5 | 勿忘草 | 6.5～7.5 |
| 菊花 | 5.5～6.5 | 石竹 | 7.0～8.0 |
| 毛白杨 | 7.0～8.0 | 早熟禾 | 5.0～7.8 |

(1) 酸性植物，是指在酸性或微酸性土壤的环境下生长良好或正常的植物，如红松、云杉、油松、马尾松、杜鹃、山茶、广玉兰等。

(2) 中性植物，是指在中性土壤环境条件下生长良好或生长正常的植物，如丁香、银杏、糖槭、雪松、龙柏、悬铃木、樱花等。

(3) 碱性植物，是指在碱性或微碱性土壤条件下生长良好或正常的植物，如柽柳、紫穗槐、沙棘、沙枣、柳、杨、侧柏、槐树、白蜡、榆叶梅、黄刺梅、牡丹等。

### 3. 园林植物对盐渍土的适应

土壤盐渍化是指易溶性盐分在土壤表层积聚的现象或过程。土壤盐渍化主要发生在干旱、半干旱和半湿润地区。按照植物对土壤盐渍化的适应程度可将其分为耐盐植物和不耐盐植物。

一般认为，盐分对植物的危害程度顺序为氯化镁＞碳酸钠＞碳酸氢钠＞氯化钠＞氯化钙＞硫酸镁＞硫酸钠，不同植物对土壤含盐量的适应性不同。林业部门曾按照树木对不同地区、不同盐分的适应进行耐性分级，并对各地区的耐盐植物进行分类，如表6-9所示。

表6-9 主要耐盐树种耐盐能力一览表

| 盐碱土区 | 土壤盐含量/(%) | 树种 |
|---|---|---|
| 滨海海浸盐渍区 | 0.1～0.2 | 毛白杨、八里庄杨、青杨、小叶杨、白城杨、合作杨、小美旱、唐柳、丝绵木、落羽杉、侧柏、白榆、白蜡、刺槐、皂角、合欢、槐树 |
| | 0.2～0.4 | 桑树、臭椿、冬枣、黄杨、金丝垂柳、紫叶李、旱柳、乌桕 |
| | 0.4～0.6 | 柽柳、沙枣、枸杞、紫穗槐 |
| 东北苏打-碱化盐渍区 | 0.1～0.2 | 桦、黄菠萝、胡桃楸、山杏、旱柳、桃叶卫矛、水曲柳、花曲柳、紫椴、山杨、糖槭、爆竹柳、丁香、榆叶梅 |
| | 0.2～0.3 | 刺槐、臭椿、小叶杨、中东杨、小青杨、梓树、樟子松、白榆 |
| | 0.3～0.4 | 胡枝子、锦鸡儿、枸杞、柽柳 |
| 黄海海斑状盐渍区 | 0.2～0.3 | 小叶杨、加拿大杨、大关杨、八里庄杨、合作杨、小美旱、白城杨、毛白杨 |
| | 0.3～0.5 | 新疆杨、枣树、侧柏、白榆、白蜡、杜梨、槐树、皂角、臭椿、桑树、合欢、紫穗槐 |
| | 0.5～0.7 | 柽柳、枸杞、沙枣 |
| 宁夏片状盐渍区 | 0.2～0.4 | 新疆杨、箭杆杨、钻天杨、辽杨、小黑杨、小叶杨、白城杨、旱柳、大叶白蜡 |
| | 0.4～0.6 | 银白杨、白柳、小叶白蜡、山杏、杜梨、刺槐、皂角、臭椿、紫穗槐 |
| | 0.6～0.8 | 柽柳、枸杞、胡杨、沙枣 |
| 甘新青藏内流高寒盐渍区 | 0.3～0.5 | 新疆杨、箭杆杨、钻天杨、辽杨、大黑杨、青杨、黑杨、大叶白蜡 |
| | 0.5～0.7 | 银白杨、白柳、小叶白蜡、杜梨、刺槐、皂角、白榆、紫穗槐、桑树 |
| | 0.7～1.0 | 柽柳、枸杞、胡杨、沙枣 |

另外,在园林上应用非常广泛的草坪对盐分也具有不同的适应性能,如旱地型草的耐盐顺序为:匍匐剪股颖＞地毯草＞多年生黑麦草＞细叶羊草＞草地早熟禾＞细弱剪股颖,暖地型草的耐盐顺序为狗牙根＞结缕草＞钝叶草＞斑点雀稗＞地毯草＞假俭草。

#### 4. 园林植物对土壤其他特性的适应

1) 园林植物对钙质土的适应

根据植物对土壤中钙盐的反应,把植物划分为喜钙植物(好钙植物)和厌钙植物。

喜钙植物是在含钙丰富的土壤中才能生长良好的植物,如南天竹、野花椒、蜈蚣草、铁线蕨、柏木、朴树、黄连木、青冈栎、甘草、亚麻、棉花、葡萄及多种榆科植物等。

厌钙植物是在缺钙土壤上生活的植物,如越橘属、杜鹃属、松属中的一些种等。

喜钙植物并非生活中需要很多钙离子,而是由于钙离子可以改善土壤的理化性质,如促进团粒结构和通气性等。而厌钙植物常是在缺钙时使土壤呈现酸性反应,这种酸性反应的土壤恰恰是喜钙植物不能生存的。

2) 园林植物对沙质地的适应

我国北半部分布有绵延数千里的沙区,经常风沙弥漫,沙的流动性很大,干旱少雨,光照强烈,温度剧变,适应这种沙区生活的植物称为沙生植物。

沙生植物具有旱生结构和生理特性:果实和种子生有刺毛、囊等结构,易被风传播,防止流沙埋没;被沙埋没时茎上容易形成不定根,或在被风暴露的根上形成不定芽,如沙竹、油蒿、沙拐枣、白梭梭、黄柳、沙柳、沙冬青等;沙生植物根系发达,根幅常为冠幅的几倍至几十倍,或使侧根扩展,如窄叶绵蓬、沙竹、沙柳,或使主根向下延伸,如骆驼刺;很多沙生植物根上黏结有许多沙粒构成的根套,可防止根部受到高温、干燥及沙的机械伤害,如沙芦草、三芒草。

我国"三北"沙区面积很大,约为 1 095 000 $km^2$,受沙漠危害和威胁的农田达 1 亿亩,草牧场数亿亩,并侵害村庄和交通线。利用沙生植物固沙和改造沙漠是治沙的生物措施。

## 6.4　城市土壤与植物

### 6.4.1　城市土壤的特点

城市土壤由于受到城市废弃物、建筑物、城市气候条件及车辆和人流的踏压等各种因素的影响,其物理、化学和生物特性都与自然状态下的土壤有较大差异。城市土壤的特殊性给植物的生长发育带来各种影响,所以园林植物对栽植养护提出了更高的要求。为此,需要认识城市土壤的基本特点。

#### 1. 城市土壤的基本特性

城市土壤形态多种多样,表土被剥去、底层土外露,土壤的自然剖面受到翻动;另外的情况是出现土壤物质的堆积。由于人类活动的践踏或机械作用,土壤的紧实度明显增加,土壤团粒结构被破坏,土壤结构不良,通气透水性减弱,自然降水大部分流失,渗入到土壤中的降水仅有一小部分,土壤湿度下降的结果是影响了土壤生物区系的组成和植物根系的生长发育。

在酸雨的影响下,城市土壤的 pH 值较低;有的地方由于尘埃、垃圾和废水的污染导致富营养化和碱化；生产和生活过程中产生的废弃物经常混入土壤，致使城市土壤中含有较多的人为侵入体及重金属等物质。

从市中心向郊外，城市人口数量和建筑物的数量多呈同心圆形式逐渐减少，因此，在人为干扰强度呈梯度递减的影响下，城市土壤亦呈同心圆的形式分布。市中心的土壤已不再是生产性的土壤，多半用作城市绿地、操场或其他用地。城市土壤常常混有生活和生产活动中排放的废弃物，以及较多的砖瓦、石砾、垃圾等非自然的新生体。由于大量使用混凝土，增加了土壤的钙含量，土壤的pH值和重金属含量均较高。在公园、学校、机关和住宅区的绿地上，土壤的污染物较少，土壤有机质含量较高，土壤水分状况较好和微生物活动旺盛。而道路两侧，由于汽车尾气排放、轮胎磨损等，进入土壤的污染物种类较多，重金属含量普遍增加，其中愈靠近公路，铅、锌含量愈高，且集中在土壤的表层，同时，靠近公路旁边的植物体内铅的含量也随之增高。工厂周围土壤属性比较复杂，其基本特征是污染严重，污染物成分、浓度及pH值、土壤微生物等指标视工厂类型而有所差异。

**2. 城市土壤的紧实度**

土壤紧实度是指单位立方厘米土壤所能承受的重量。在城市地区，由于人的践踏和车辆的碾压，城市土壤的紧实度明显高于郊区土壤。一般愈靠近地表，紧实度愈大。人为因素对土壤紧实度的影响可达到 20~30 cm 土层处；在某些地段，经机械多层压实后，影响深度可达 1 m 以上。

土壤紧实度增大意味着土壤的孔隙度相应减小，导致土壤通气性下降。因此，土壤中氧气含量明显不足，进而抑制树木根系呼吸代谢等生理活动，严重时可使根组织窒息死亡。对通气性要求较高的树木，如油松、白皮松等树种更为明显。同时，随着土壤紧实度的增大，机械阻抗也加大，结果妨碍树木根系的延伸生长。所以，当土壤紧实度增大时，树木根系数量会显著减少。

城市土壤紧实度限制树木根系生长，结果改变树木根系的分布特性，如深根性变为浅根性，会减少根系的有效吸收面积，降低树木稳定性，从而使树木生长不良，易遭受大风或其他城市机械因子的伤害而发生风倒或被撞倒。紧实度大的土壤，其保水性和透水性较差，降雨时，下渗水减少，地表径流增大，低洼地段易积水；而在干旱时，由于土壤毛细管通畅，土壤蒸发过度，严重影响植物根系的水分供应。此外，土壤紧实度大还会使土壤微生物减少，有机物质的分解速率下降，土壤中有效养分减少，而且较难形成团粒结构；特别是菌根数量的锐减，既减少了可吸收水分和矿质营养的根系表面积，又减少了对空气中氮素的固定，而城市土壤中各类渣土比较多，碱性较强，通常氮素缺乏。所以，城市树木的生长普遍较差，一些树木的长势衰弱，甚至枯死。

为减少土壤坚实对城市植物生长的不良影响，除选择抗逆性强的树种外，还可通过掺入碎树枝、腐叶土等多孔性有机物，或混入适量的粗砂砾、碎砖瓦等，改善城市土壤通气状况。在园林树木根系分布范围内的地面设置围栏、种植刺篱或铺设透气砖等，以防止践踏，促进园林树木生长。

**3. 堆垫土**

在城市发展过程中，就地填埋了大量的建筑、生产、生活固体废弃物，形成城市土壤的堆垫土层。特别是一些历史悠久的城市，许多建筑物几经拆建，堆垫土层逐渐加厚，如北京市旧城区,大部分地段堆垫土深达 2~4 m,少数地段达 4~6 m,而中华人民共和国成立后发展起来的新城区,堆垫土厚度一般小于 1 m。城市固体废弃物来源种类不同,形成的堆垫土性状也有很大差异,一般将堆垫土分为以下五类。

1) 砖渣类

来源于建筑渣土。砖渣类容重较大,质地较硬,通气孔隙度仅 4.8%~8.17%。砖渣类以固体形式侵入土壤,常使土壤大孔隙增加,透气、排水性增强。持水孔隙度为 29.78%~22.33%,能在土壤中吸收并保持一定的水分。砖瓦含量过多时,会使土壤持水能力下降。仅砖渣类粉末掺入土壤会增加土壤养分含量,而以固态形式进入土壤不易破碎分解,故对土壤不起营养补充作用,砖瓦含量过高时,还会使提供养分的土壤容积减少,导致城市土壤的贫瘠化。

2) 煤灰渣

以煤球灰渣为主。煤球灰渣多为椭圆形的多孔体,粒径一般为 2~3 cm,质地疏松。持水孔隙度为 31.25%~33.5%,通气孔隙度为 2.25%~39.7%,具有通气性和吸水性。煤灰渣含量适当时,可改善土壤的通气性和保水功能,有利于植物根系的穿透。煤灰渣含量过高时,由于球粒间空隙过多,土壤持水力下降。煤球灰渣含有部分养分,磷、锰的含量都较其他夹杂物为高,能为土壤提供养分,具有一定的保肥作用。

3) 煤焦砟类

为大型锅炉燃烧后的残余物,粒径大小不等。容重差异较大,不易破碎。大孔隙多,细孔隙少,通气孔隙度为 21.1%~40.5%,以固体状态存在于土壤时,可增强土壤通气及排水性。但持水孔隙度仅为 8.5%~11.5%,保水性极差。焦砟在土壤中含量过多时,其减少提供养分容积的作用与砖渣类相似,但降低土壤持水能力的作用比砖瓦类大。

4) 石灰渣类

由石灰石煅烧而成。石灰可增加土壤碱性。石灰土的持水孔隙度为 40.3%~46.8%,吸水性强,而且具胶结性。一般还原成碳酸钙后,不易破碎,容重为 1.14~1.4 g/cm³。以固体存于土壤时,可增大土壤孔隙。生石灰在土壤表层堆积经淋溶后会伤害植物的根系。

5) 混凝土块及砾石

来源于道路、建筑废弃物。总孔隙度仅为 14.93%~19.43%,持水孔隙及通气孔隙均较低。在土壤中含量适当时增加大孔隙,改善透气排水状况。含量多时,会使土壤持水力显著下降。

总之,固体废弃物对植物生存条件产生的有利或不利影响,随渣土类型、侵入土壤的方式和数量,侵入地原有土壤的机械组成等因素不同而异。在城区外力作用频繁的地区及土壤黏重的地段,填埋适量的、且与土壤相间的均匀混合固体废弃物,有利于改善土壤的通气状况,可以促进树木局部根系伸长,增加根量。但当渣土混入过多或过分集中时,又常会使树木根系无法穿越而限制其分布深度和广度。

对城市人工渣土的利用和改良可采取如下措施。

(1) 对细粒太少而持水能力差的土壤,应将大粒渣块挑出,使固体废弃物占土壤总容积的比例不超过 1/3,并可掺入部分细粒进行改良。

(2) 对粗粒太少,透气、渗水、排水能力差的土壤,可掺入部分粗粒加以改良。

(3) 对植物难以生长的土壤进行更换,同时针对土壤情况选择适宜的城市树种进行种植。

#### 4. 土壤贫瘠化

市区植物的枯枝落叶常被作为垃圾而运走，会产生如下生态后果：土壤营养元素循环受阻中断，土壤有机质的含量降低。据测定，市区土壤有机质含量略高于1%，相当于郊区菜园土的1/4～1/2。有机质是土壤氮素的主要来源，城市土壤中有机质的减少又直接导致氮素的减少。

城市渣土中所含养分既少又难以被植物吸收。随着渣土含量的增加，土壤可供给的总养分量相对减少。石灰渣土可使土壤钙盐类和土壤pH值增加。对北京城区211个测点的监测数据表明，土壤pH值为7.4～9.7，平均值为8.1，明显高于郊区。pH值的增高，不仅降低了土壤中铁、磷等元素的有效性，而且抑制了土壤微生物的活动及其对养分的分解释放作用。

城市土壤除钾含量较高外，氮、磷含量都明显低于菜园土壤，特别是氮素含量偏低。针对城市植物养分贫乏的状况，应结合土壤改良进行人工施肥，特别施入有机肥，以增加土壤有机质，改善土壤结构，提高有效态养分的含量，还可选种具有固氮能力的园林植物，以改善土壤的贫氮状况，也可根据不同植物的需求进行合理灌溉、施肥等。

在城市行道树周围铺装混凝土沥青等封闭地面，会严重影响大气与土壤之间的气体交换，造成土壤缺氧。这样做一方面不利于土壤中有机物质的分解，减少养分的释放；另一方面，也不利于根系的呼吸代谢，影响根系的生长发育，严重时会导致植物死亡。

### 6.4.2 城市土壤的污染

土壤污染是指当土壤中有害物质含量过高，超出了土壤的自净能力，破坏了土壤的理化性质，使土壤肥力下降，植物生长不良，或污染物在植物体内积累，并通过食物链影响人体健康的现象。污染土壤的有害物质可分为两大类：无机污染物和有机污染物，无机污染物主要是各种重金属、氟化物等；有机污染物主要是化学农药、石油类、酚等。这些污染物一般来自工厂的三废（废气、废水、废渣）、生活垃圾、农药、化肥等。大气污染和水污染也会导致土壤污染。一般地，城市土壤污染有以下几个特点。

(1) 隐蔽性和潜伏性。土壤污染与水体、空气污染有所不同，水体、空气污染比较直观，严重时通过人的感官即能发现，而土壤受到污染后，污染物往往会沿着食物链逐级浓缩放大，结果处在营养级位序较高的异养生物会受到极大的危害，而且土壤污染的治理难度相对较高。因此，土壤污染是一个逐步积累的过程，具有隐蔽性和潜伏性。

(2) 不可逆性和长期性。土壤一旦遭受污染后极难在短期内得到恢复，土壤重金属污染是一个不可逆过程，许多有机化学物质污染也需要相当长的降解时间。

(3) 后果严重性。土壤污染一般通过食物链危害动物和人类健康。如有机氯农药，由于其降解缓慢，虽世界各国政府已在很久以前就已禁止生产和使用，但有机氯农药对环境和生物的危害还将在很长时间内存在。

重金属污染物的防治要以降低重金属的活性，减少其生物有效性入手，并进行有效的水、土管理。主要措施有采取客土、换土法改良；使用石灰、有机物质等改良剂改良；生物改良法即利用相应的植物可以有效地降低土壤污染的程度，甚至消除污染。有机污染物的防治可用增施有机肥，提高土壤对有机物的吸附；也可调节土壤的酸碱度和氧化还原电位来加速降解。

### 6.4.3 城市土壤与园林植物的生长发育

城市土壤是园林植物生长的物质基础,它们的状况直接影响园林植物的成活、生长速度和生长质量。各种园林植物对土壤条件都有一定的要求。例如杜鹃花、山茶花、兰花要求酸性土壤条件,而牡丹、菊花却能在中性或石灰性土壤中生长;水仙耐水湿,仙人掌耐干旱。因此,首先应根据园林植物的生物学特性,选择具有适宜土壤条件的城市来进行生产。我国有很多这样的例子,兰州百合、漳州水仙、菏泽牡丹等。另一方面,在已栽培有园林植物的土壤上,也应该根据园林植物的生物学特性,人为地改良和调节土壤肥力因素,使其适合于园林植物生长所需要的条件。

显然,城市土壤受到人类生产、生活活动的干扰和影响,从而在物理、化学和生物性质上有别于自然土壤。分析城市土壤的特点,针对城市土壤对园林植物生长发育所产生的不利生态效应,提出城市土壤的改良对策、途径和主要措施。

### 6.4.4 城市土壤的改良

城市土壤的结构和水、肥、气、热状况及酸度等极不利于园林植物的良好生长发育,因此必须对城市土壤进行改良。

**1. 细致整地,增施有机肥**

整地时应拣除砖、石、玻璃等夹杂物,保证土壤是连续的;对土壤硬度较大,特别是土壤质地黏重的地方,可以通过疏松表层、掺混砂砾、增施有机肥、防治人畜践踏和车辆碾压等方法。

对于住宅四周、马路两侧的人行道不要用沥青、水泥完全封闭地面,而应采用小型方块砖或石头或石灰板等铺设地面,同时适当扩大树周围的裸露地面,应多栽植灌木、花卉或草坪。

**2. 合理处理垃圾和杜绝污染**

城市垃圾除有机物外,还有大量的有害物质。特别是生活垃圾,是苍蝇、寄生虫滋生和病菌繁殖的场所。城市垃圾如不经处理而直接混入土壤,就会污染地下水和土壤。因此,应合理处理城市垃圾,使其充分分解、熟化,利于植物生长发育并保护环境的纯净。防治工业废水、废气对土壤的污染,主要是认真贯彻执行各项有关环境保护的条例、规定,并杜绝污染。

**3. 客土改良和发展人造土**

在栽培园林植物时,应用山林土壤和农田土为客土,可直接改善城市土壤条件;也可以用人工加工的有机和无机基质配置"人造土"。发展人造土可以消除城市土壤的一些缺点,特别适合盆栽花卉种植。

**4. 化学改良剂改良**

使用化学改良剂使重金属变为难溶性的化学物质,如在沈阳张士灌区,对镉污染土壤每亩施用石灰 120～140 kg 中和土壤的酸性,使镉沉淀下来而不易被植物吸收,使大米中镉的种植。

### 4. 土壤贫瘠化

市区植物的枯枝落叶常被作为垃圾而运走，会产生如下生态后果：土壤营养元素循环受阻中断，土壤有机质的含量降低。据测定，市区土壤有机质含量略高于1%，相当于郊区菜园土的1/4～1/2。有机质是土壤氮素的主要来源，城市土壤中有机质的减少又直接导致氮素的减少。

城市渣土中所含养分既少又难以被植物吸收。随着渣土含量的增加，土壤可供给的总养分量相对减少。石灰渣土可使土壤钙盐类和土壤pH值增加。对北京城区211个测点的监测数据表明，土壤pH值为7.4～9.7，平均值为8.1，明显高于郊区。pH值的增高，不仅降低了土壤中铁、磷等元素的有效性，而且抑制了土壤微生物的活动及其对养分的分解释放作用。

城市土壤除钾含量较高外，氮、磷含量都明显低于菜园土壤，特别是氮素含量偏低。针对城市植物养分贫乏的状况，应结合土壤改良进行人工施肥，特别施入有机肥，以增加土壤有机质，改善土壤结构，提高有效态养分的含量，还可选种具有固氮能力的园林植物，以改善土壤的贫氮状况，也可根据不同植物的需求进行合理灌溉、施肥等。

在城市行道树周围铺装混凝土沥青等封闭地面，会严重影响大气与土壤之间的气体交换，造成土壤缺氧。这样做一方面不利于土壤中有机物质的分解，减少养分的释放；另一方面，也不利于根系的呼吸代谢，影响根系的生长发育，严重时会导致植物死亡。

## 6.4.2 城市土壤的污染

土壤污染是指当土壤中有害物质含量过高，超出了土壤的自净能力，破坏了土壤的理化性质，使土壤肥力下降，植物生长不良，或污染物在植物体内积累，并通过食物链影响人体健康的现象。污染土壤的有害物质可分为两大类：无机污染物和有机污染物，无机污染物主要是各种重金属、氰化物等；有机污染物主要是化学农药、石油类、酚等。这些污染物一般来自工厂的三废（废气、废水、废渣）、生活垃圾、农药、化肥等。大气污染和水污染也会导致土壤污染。一般地，城市土壤污染有以下几个特点。

（1）隐蔽性和潜伏性。土壤污染与水体、空气污染有所不同，水体、空气污染比较直观，严重时通过人的感官即能发现，而土壤受到污染后，污染物往往会沿着食物链逐级浓缩放大，结果处在营养级位序较高的异养生物会受到极大的危害，而且土壤污染的治理难度相对较高。因此，土壤污染是一个逐步积累的过程，具有隐蔽性和潜伏性。

（2）不可逆性和长期性。土壤一旦遭受污染后极难在短期内得到恢复，土壤重金属污染是一个不可逆过程，许多有机化学物质污染也需要相当长的降解时间。

（3）后果严重性。土壤污染一般通过食物链危害动物和人类健康。如有机氯农药，由于其降解缓慢，虽世界各国政府已在很久以前就已禁止生产和使用，但有机氯农药对环境和生物的危害还将在很长时间内存在。

重金属污染物的防治要以降低重金属的活性，减少其生物有效性入手，并进行有效的水、土管理。主要措施有采取客土、换土法改良；使用石灰、有机物质等改良剂改良；生物改良法即利用相应的植物可以有效地降低土壤污染的程度，甚至消除污染。有机污染物的防治可用增施有机肥，提高土壤对有机物的吸附；也可调节土壤的酸碱度和氧化还原电位来加

速降解。

### 6.4.3 城市土壤与园林植物的生长发育

城市土壤是园林植物生长的物质基础,它们的状况直接影响园林植物的成活、生长速度和生长质量。各种园林植物对土壤条件都有一定的要求。例如杜鹃花、山茶花、兰花要求酸性土壤条件,而牡丹、菊花却能在中性或石灰性土壤中生长;水仙耐水湿,仙人掌耐干旱。因此,首先应根据园林植物的生物学特性,选择具有适宜土壤条件的城市来进行生产。我国有很多这样的例子,兰州百合、漳州水仙、菏泽牡丹等。另一方面,在已栽培有园林植物的土壤上,也应该根据园林植物的生物学特性,人为地改良和调节土壤肥力因素,使其适合于园林植物生长所需要的条件。

显然,城市土壤受到人类生产、生活活动的干扰和影响,从而在物理、化学和生物性质上有别于自然土壤。分析城市土壤的特点,针对城市土壤对园林植物生长发育所产生的不利生态效应,提出城市土壤的改良对策、途径和主要措施。

### 6.4.4 城市土壤的改良

城市土壤的结构和水、肥、气、热状况及酸度等极不利于园林植物的良好生长发育,因此必须对城市土壤进行改良。

**1. 细致整地,增施有机肥**

整地时应拣除砖、石、玻璃等夹杂物,保证土壤是连续的;对土壤硬度较大,特别是土壤质地黏重的地方,可以通过疏松表层、掺混砂砾、增施有机肥、防治人畜践踏和车辆碾压等方法。

对于住宅四周、马路两侧的人行道不要用沥青、水泥完全封闭地面,而应采用小型方块砖或石头或石灰板等铺设地面,同时适当扩大树周围的裸露地面,应多栽植灌木、花卉或草坪。

**2. 合理处理垃圾和杜绝污染**

城市垃圾除有机物外,还有大量的有害物质。特别是生活垃圾,是苍蝇、寄生虫滋生和病菌繁殖的场所。城市垃圾如不经处理而直接混入土壤,就会污染地下水和土壤。因此,应合理处理城市垃圾,使其充分分解、熟化,利于植物生长发育并保护环境的纯净。防治工业废水、废气对土壤的污染,主要是认真贯彻执行各项有关环境保护的条例、规定,并杜绝污染。

**3. 客土改良和发展人造土**

在栽培园林植物时,应用山林土壤和农田土为客土,可直接改善城市土壤条件;也可以用人工加工的有机和无机基质配置"人造土"。发展人造土可以消除城市土壤的一些缺点,特别适合盆栽花卉种植。

**4. 化学改良剂改良**

使用化学改良剂使重金属变为难溶性的化学物质,如在沈阳张士灌区,对镉污染土壤每亩施用石灰 120~140 kg 中和土壤的酸性,使镉沉淀下来而不易被植物吸收,使大米中镉的含量减少50%以上。一些重金属元素如镉、铜、铅等在土壤厌氧条件下易生成硫化物沉淀,灌水并施用适量硫化钠可获得预期的效果。此外,磷酸盐对抑制镉、铅、铜和锌亦有良好效果。

**5. 生物改良**

即栽种对重金属元素有较强吸收富集能力的植物,使土壤中的重金属转移到植物体内,然后对植物进行集中处理。如一些蕨类植物对许多重金属有极强的富集能力,植株内的重金属含量可达土壤中的几倍甚至十几倍,木本植物如加拿大杨对重金属也有较强的抗性和富集能力。羊齿类、铁角蕨属植物对土壤镉的吸收率可达到10%,连种几年可有效地降低土壤镉的含量;水蜡对砷也具有较强的富集能力,纸皮桦可富集汞,速生杨树可富集镉和汞等。

生物途径是一种改善环境质量最安全的方法,近年来已经受到人们的关注。

# 实验实训五 土壤剖面的野外观察

## 一、目的

选择不同植物群落进行土壤剖面的采集和观测,通过土壤的外部形态来了解土壤的内在性质,初步确定土壤类型,判断土壤肥力高低,为土壤的利用改良提供初步意见。本实习在土壤基本形态观察的基础上,要求学会掌握土壤剖面形态的观察描述技术。

## 二、材料与工具

铁锹,门塞尔比色卡,土壤坚实度计,10%盐酸溶液,pH混合指示剂,白瓷板,玻璃棒,pH标准比色卡,皮尺,剖面刀,铅笔,塑料袋,标签,纸盒,土壤剖面记载表,文件夹。

## 三、方法与步骤

**1. 选择土壤剖面点**

选择原则如下。

(1)要有比较稳定的土壤发育条件,即具备有利于该土壤主要特征发育的环境,通常要求小地形平坦和稳定,在一定范围内土壤剖面具有代表性。

(2)不宜在路旁、住宅四周、沟附近、粪坑附近等受人为扰动很大而没有代表性的地方挖掘剖面。

**2. 土壤剖面的挖掘**

土壤剖面一般是在野外选择典型地段挖掘,剖面大小自然土壤要求长2 m、宽1 m、深2 m(或达到地下水层),土层薄的土壤要求挖到基岩,一般耕种土壤长1.5 m,宽0.8 m,深1 m。

挖掘剖面时应注意下列几点。

(1)剖面的观察面要垂直并向阳,便于观察。

（2）挖掘的表土和底土应分别堆在土坑的两侧，不允许混乱，以便看完土壤以后分层填回，不致打乱土层影响肥力，特别是农田更要注意。

（3）观察面的上方不应堆土或走动，以免破坏表层结构，影响剖面的研究。

（4）在垄作田要使剖面垂直垄作方向，使剖面能同时看到垄背和垄沟部位表层的变化。

（5）春耕季节在稻田挖填土坑一定要把土坑下层土踏实，以免拖拉机下陷和折断牛脚。

**3. 土壤剖面发生学层次划分**

土壤剖面由不同的发生学土层组成，称土体构型，土体构型的排列人其厚度是鉴别土壤类型的重要依据，划分土层时首先用剖面刀挑出自然结构面，然后根据土壤颜色、湿度、质地、结构、松紧度、新生体、侵入体、植物根系等形态特征划分层次，并用尺量出每个土层的厚度，分别连续记载各层的形态特征。一般土壤类型根据发育程度，可分为 A、B、C 三个基本发生学层次，有时还可见母岩层（D），如图 6-6 所示。

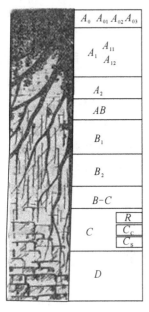

图 6-6　土壤剖面分层示意图

当剖面挖好以后，首先根据形态特征，如表 6-10 所示，分出 A、B、C、D 层，然后在各层中分别进一步细分和描述。

表 6-10　森林土壤层次代表符号

| 土壤层次 | 层次特征 | 亚层符号 | 层次符号 |
|---|---|---|---|
| 枯枝落叶层 | 分解较少的新鲜枯枝落叶层 | $A_{01}$ | $A_0$ |
| | 分解较多，用手易于搓碎的枯枝落叶层 | $A_{02}$ | |
| | 分解强烈，枯枝落叶已失去原有形态 | $A_{03}$ | |
| 淋溶层（腐殖质层） | 泥炭质的泥炭层 | | $A(r)$ |
| | 颜色较深的腐殖质聚积层 | $A_{11}$ | $(A_1)$ |
| | 颜色较浅，有淋洗过程的腐殖质层 | $A_{12}$ | |
| 灰化层 | 颜色灰白不稳固的片状结构变化层 | | $A_2$ |
| 淀积层 | 紧实，具有柱状、棱柱状或核状结构的淀积层 | $B_1$ | $B$ |
| | | $B_2$ | |
| 母质层 | 无明显成土过程 | | $C$ |
| 母岩层 | 坚硬的基岩 | | $D$ |
| 其他 | 潜育层 | | $C$ |
| | 碳酸盐聚积层 | | $C_c$ |
| | 硫酸盐聚积层 | | $C_s$ |

**4. 土壤剖面描述**

按照土壤剖面记载表的要求进行描述（见表 6-11）。

表 6-11 土壤剖面描述与记载表

| 土壤类型 | | 发生学名称： | | 系统分类名称： | |
|---|---|---|---|---|---|
| 观测地点 | | 观测时间 | | 土地类型 | 1. 旱地<br>2. 水田 |
| 农业利用方式 | | 土壤培肥情况 | | | |

### 成土因素

| 成土母质 | 气候类型 | 植被类型 | 地形地势 | 地下水 | 土壤年龄 |
|---|---|---|---|---|---|
| | 1. 年平均温度<br>2. 年降水量<br>3. 其他 | 1. 自然植被<br>2. 农作物 | 1. 海拔高度<br>2. 地形<br>3. 其他 | 1. 水位(m)<br>2. 水质 | |
| 成土过程 | 主要过程 | | | 次要成土过程 | |
| 侵蚀程度 | | 污染情况 | | 灌排情况 | |

### 土壤剖面特征描述

| 土体构型简图（用铅笔描绘） | 土层 | | | 湿度 | 颜色 | 质地 | 结构类型 | 紧实度 | pH值 | 新生体 | | | 侵入体 | | 石灰反应 | 根系量 | 障碍因素 | 其他 |
|---|---|---|---|---|---|---|---|---|---|---|---|---|---|---|---|---|---|---|
| | 名称 | 代号 | 深度/cm | | | | | | | 类型 | 形态 | 数量 | 类型 | 数量 | | | | |
| | | | | | | | | | | | | | | | | | | |
| | | | | | | | | | | | | | | | | | | |
| | | | | | | | | | | | | | | | | | | |
| | | | | | | | | | | | | | | | | | | |
| | | | | | | | | | | | | | | | | | | |
| | | | | | | | | | | | | | | | | | | |
| 农业生产综合评定 | | | | | | | | | | | | | | | | | | |

调查人

（1）记载土壤剖面所在位置、地形部位、母质、植被或作物栽培情况、土地利用情况、地下水深度、地形草图可画地貌素描图，要注明方向，地形剖面图要按比例尺画，注明方向，轮作施肥情况可向当地村民了解。

（2）划分土壤剖面层次，记载厚度，按土层分别描述各种形态特征，土层线的形状及过渡特征。

（3）进行野外速测，测定 pH 值、高铁、亚铁反应及石灰反应，填入剖面记载表。

（4）最后根据土壤剖面形态特征及简单的野外速测，初步确定土壤类型名称，鉴定土壤肥力，提出利用改良意见。

**5. 土壤剖面形态特征的描述**

（1）鉴别土壤颜色。土壤颜色可以反映土壤的矿物组成和有机质的含量。很多主要土类就是以土壤颜色来命名的。

鉴别土壤颜色可用门塞尔比色卡进行对比确定土色,该比色卡的颜色命名是根据色调、亮度、彩度三种属性的指标来表示的。色调即土壤呈现的颜色。亮度是指土壤颜色的相对亮度。把绝对黑定为0,绝对白定为10,由0到10逐渐变亮。彩度是指颜色的浓淡程度。例如5YR4/6表示:色调为亮红棕色,亮度为4,彩度为6。

使用比色卡应注意以下几个方面。

① 比色时光线要明亮,在野外不要在阳光直射下比色,室内最好靠近窗口比色。

② 土块应是新鲜的断面,表面要平。

③ 土壤颜色不一致,则几种颜色都描述。

(2) 湿度。通过对土壤湿度的观察,能部分看出土壤墒情这个主要肥力特征,可分为干、润、湿润、潮润、湿五级。

① 干:土壤放在手中不感到凉意,吹之尘土飞扬。

② 润:土壤放在手中有凉意,吹之无尘土飞扬。

③ 湿润:土壤放在手中有明显的湿的感觉。

④ 潮润:土壤放在手中,使手湿润,并能捏成土团,捏不出水,捏泥黏手。

⑤ 湿:土壤水分过饱和,用手挤土壤时,有水分流出。

(3) 质地。土壤中各种粒径土粒的组合比例关系叫土壤的机械组成,土壤根据其机械组成的近似性,划分为若干类别,这就叫质地类别,土壤质地对土壤分类和土壤肥力分级有重要意义。

在野外鉴定土壤质地通常采用简单的指感法(见表6-12)。

表6-12 土壤质地指感法鉴定标准

| 序号 | 质地名称 | | 土壤状态 | 干捻感觉 | 能否湿搓成球(直径1 cm) | 湿搓成条状况(直径2 cm) |
|---|---|---|---|---|---|---|
| | 国际制 | 前苏联制 | | | | |
| 1 | 砂土 | 砂土 | 松散的单粒状 | 研之有沙沙声 | 不能成球 | 不能成条 |
| 2 | 砂质壤土 | 砂壤土 | 不稳固的土块轻压即碎 | 有砂的感觉 | 可成球,轻压即碎,无可塑性 | 勉强成断续的短条,一碰即断 |
| 3 | 壤土 | 轻壤土 | 土块轻搓即碎 | 有砂质感觉,绝无沙沙声 | 可成球,压扁时,边缘有多而大的裂缝 | 可成条,提起即断 |
| 4 | 粉砂壤土 | 有较多的云母 | 有较多的云母片 | 面粉的感觉 | 可成球,压扁,边缘有大裂缝 | 可成条,变成2 cm直径圆时即断 |
| 5 | 黏壤土 | 中壤土 | 干时结块,湿时略粘 | 干土块较难捻碎 | 湿球,压扁边缘有小散裂缝 | 细土条弯成的圆环外缘有细裂缝 |
| 6 | 壤黏土 | 重壤土 | 干时结大块,湿时粘韧 | 土块硬,很难捻碎 | 湿球,压扁边缘有细散裂缝 | 细土条弯成的圆环外缘无裂缝压扁后有裂缝 |
| 7 | 黏土 | 黏土 | 干土块放在水中吸水很慢,湿时有滑腻感 | 土块坚硬,捻不碎,用锤击亦难粉碎 | 湿球,压扁的边缘无裂缝 | 压扁的细土环边缘无裂缝 |

如果土壤中砾质含量较多,则要考虑砾质含量来进行土壤质地分类,砾质含量的分级标准如下,石质大于 2 mm 直径砾石的含量(见表 6-13)。

表 6-13 砾质含量分级标准

| 砾质定级 | 砾质程度 | 面积比例 |
|---|---|---|
| 非砾质性 | 极少砾质 | 5% |
| 微砾质性 | 少量砾质 | 5%~10% |
| 中砾质性 | 多量砾质 | 10%~40% |
| 多砾质性 | 极多砾质 | >40% |

(4)土壤结构。土壤结构是指在自然状态下,经外力分开,沿自然裂隙散碎成不同形状和大小的单位个体。

土壤结构大多按几何形状来划分,目前采用的结构分类标准如表 6-14 所示。

表 6-14 土壤结构分类表(按查哈洛夫分类法)

| 类 | 形 | 种 | 大 小 |
|---|---|---|---|
| Ⅰ类:<br>结构体三轴等长 | 一、面棱不明显、形体不明显 | | 直径大小 |
| | 块 状 | 大块状 | >10 cm |
| | | 小块状 | 10~5 cm |
| | 团块状 | 大团块状 | 5~3 cm |
| | | 团块状 | 3~1 cm |
| | | 小团块状 | 1~0.5 cm |
| | 二、面棱显著、结构单位明显 | | 横断面大小 |
| | 核 状 | 大核状 | 20~10 mm |
| | | 核 状 | 10~7 mm |
| | | 小核状 | 7~5 mm |
| | 粒 状 | 大粒状 | 5~3 mm |
| | | 粒 状 | 3~1 mm |
| | | 小粒状 | 1~0.5 mm |
| Ⅱ类:<br>结构体沿垂直轴发育 | 一、圆顶柱状 | | 横断面大小 |
| | | 大柱状 | >5 cm |
| | | 柱 状 | 5~3 cm |
| | | 小柱状 | <3 cm |
| | 二、尖顶柱状、大棱柱状 | | >5 cm |
| | | 棱柱状 | 5~3 cm |
| | | 小棱柱状 | 3~1 cm |

续表

| 类 | 形 | 种 | 大　小 |
|---|---|---|---|
| Ⅲ类：结构体沿水平轴发育 | 一、片状 | | 厚　度 |
| | | 片状 | >5 mm |
| | | 板状 | 5～3 mm |
| | | 页状 | 3～1 mm |
| | | 叶状 | <1 mm |
| | 二、鳞片状 | | |
| | | 泡沸状 | >3 mm |
| | | 粗鳞片状 | 3～1 mm |
| | | 小鳞片状 | <1 mm |
| Ⅳ类（附加）：机耕作用形成,结构面不明显,棱角明显 | 一、垡状 新犁后的犁垡 | | |
| | | 大垡状 | 10 cm |
| | | 小垡状 | 10～5 cm |
| | | 坷状 | <1 cm |
| | 二、碎块、晒垡冻垡后形成 | 碎块 | 2～1 cm |
| | | 小碎块 | 1～0.5 cm |
| | 三、碎屑遇水不易散 | 碎屑 | 3～1 cm |
| | | 屑粒 | <0.5 cm |

（5）土壤松紧度。又名坚实度,土壤紧实度指每单位压力所产生的土壤容积压缩程度,或每单位容积压缩所需要的压力,单位为 $kg/cm^3$。

测定土壤坚实度可使用土壤坚实度计,其使用方法如下。

① 首先判断土壤的坚实状况,选用适当粗细的弹簧与探头的类型。

② 工作前,弹簧未受压前,套筒上游标的指示线,如为 kg 时应指于零点,如深度为 cm 时,应指于 5 cm 处。

③ 工作时,仪器应垂直于土面（或壁面）,将探头掀入土中,至挡板接触到土面时即可从游标指示线上获得读数,即探头的入土深度（cm）和探头体积所承受的压力（kg）。

④ 根据探头入土的深度,探头的类型,弹簧的粗细,再查阅有关壤土坚实度换标表,即得土壤坚实度的数值（$kg/cm^3$）。

⑤ 每次测定完毕,必须将游标推回原处,以便重复测定,但必须注意防止游标产生微小滑动,以免造成测定误差。

⑥ 工作结束,坚实度计必须擦拭干净,防止仪器生锈,以保证仪器测定的精度。

如果没有土壤坚实度计,可按下列标准加以描述（见表 6-15）。

表 6-15　松紧度等级划分

| 等　级 | 刀入土的难易程度 | 土钻入土的难易程度 |
|---|---|---|
| 极松 | 自行入土 | 土钻自行入土 |
| 松 | 可插入土中较深处 | 稍加压力能入土 |
| 散 | 刀铲掘土,土团即分散 | 加压力能顺利入土,但拔起时不能或很难带取土壤 |
| 紧 | 刀铲入土中费力 | 土钻不易入土 |
| 极紧 | 刀铲很难入土 | 需要用大力才能入土且速度很慢,取出也不易,取出的土带有光滑的外表 |

(6) 孔隙。指土壤结构体内部或土壤单粒之间的空隙,可根据土体中孔隙大小及多少表示(见表6-16)。

表6-16 孔隙分级

| 孔隙分级 | 细小孔隙 | 小孔隙 | 海绵状孔隙 | 蜂窝状孔隙 | 网眼状孔隙 |
| --- | --- | --- | --- | --- | --- |
| 孔径大小/mm | <1 | 1～3 | 3～5 | 5～10 | >10 |

(7) 植物根系。描述标准可分为四级(见表6-17)。

表6-17 土壤剖面内根系分级

| 描述 | 没有根系 | 少量根系 | 中量根系 | 大量根系 |
| --- | --- | --- | --- | --- |
| 根系数量/cm$^2$ | 0 | 1～4 | 5～10 | >10 |

(8) 土壤新生体。新生体是成土过程中物质经过移动聚积而产生的具有某种形态或特征的化合物体,常见的新生体有下列几种。

① 石灰质新生体。以碳酸钙为主,形状多种多样,有假菌丝体、石灰结核、眼状石灰斑、砂姜等,用盐酸试之起泡沫反应。

② 盐结皮、盐霜。由可溶性盐类聚积地表,形成白色盐结皮或盐霜,主要出现在盐渍化土壤上。

③ 铁锰淀积物。由铁锰化合物经还原,移动聚积而成不同形态的新生体,例如锈斑、锈纹、铁锰结核、铁管、铁盘、铁锰脐膜。

④ 硅酸粉末。在白浆土及黑土下层的核块状结构表面有薄层星散的白色粉末,主要是无定形硅酸。

(9) 侵入体。例如砖块、石块、骨骼、煤块等,是土壤的外来物,非成土过程的产物。

(10) 石灰反应。对含有碳酸钙的土壤,用10%盐酸滴在土上就产生泡沫,称为石灰反应,根据泡沫产生的强弱记载石灰反应程度(表6-18)。

表6-18 石灰反应等级

| 等级 | 现象 | 记法 |
| --- | --- | --- |
| 无石灰反应 | — | — |
| 弱石灰反应 | 盐酸滴在土上徐徐发泡 | + |
| 中度石灰反应 | 明显发泡 | ++ |
| 强石灰反应 | 剧烈发泡 | +++ |

(11) pH值的简易测定。

① 测定步骤。取土样少许,于清洁的白瓷比色盘穴中(土样约占孔穴的1/2,约0.5 g)滴加混合指示剂,使土壤湿润后,再加1～2滴,使混合指示剂有少许余液,轻轻画圆摇动,使土液混合均匀,静置1分钟后,观看边缘溶液的颜色,与比色卡比色,读数。

② 试剂配制。混合指示剂的配制如下。

称取麝草兰0.025 g,溴麝草兰0.4 g,甲基红0.066 g,酚酞0.25 g,溶于500 mL酒精(化学纯)中,加500 mL蒸馏水,再加0.1 N的氢氧化钠约10 mL调至黄绿色(中性)时为止。备用。

注意事项如下。

当指示剂的颜色变红或变兰时,必须用稀酸或稀碱调节成黄绿色才能使用。

白瓷盘一定要洗干净,呈中性,亦可用待测土样擦洗瓷穴2~3次再使用。

在测定过程中,所用的试剂和用具不能与任何酸碱物质接触,如稍有沾染,就会得出错误的结果。

在比色时,一定要观察边缘溶液的颜色与比色卡进行比较。待测溶液的颜色介于比色卡上两个色阶之间时,不能取其平均值,只能取两个色阶之间的数值。例如,某土壤的pH值5.5~6.0(酸性土)。

### 四、实训报告

完成上述实习内容,各人填好剖面描述与记载表。

## 复习思考题

1. 土壤有哪些组成成分?
2. 简述土壤理化性质的生态作用。
3. 如何利用土壤特点,提高园林植物的适应性?
4. 城市土壤有什么特点?如何对城市土壤进行改良,促进园林植物的生长发育?

# 第7单元　园林植物与生物

理解植物与植物及植物与动物之间的相互关系；掌握生物关系调节在园林实践中的应用。

植物的生长发育除了受温度、光照等生态因子影响外，还受植物与植物、植物与动物之间及各种生物因子之间的相互制约。只有调节好各生物因子之间的关系，才能使园林植物更好地生长发育。

## 7.1　植物与生物的生态关系

### 7.1.1　植物之间的相互关系

植物之间的相互关系对同一生境生长的植物来说，可能对一方或双方有利，也可能对一方或双方有害。这些关系有的发生在同种植物之间，称为种内关系；有的发生在不同种植物之间，称为种间关系。不论种内与种间关系，根据其作用方式和机制，基本上可分为两类：直接关系和间接关系。

**1. 直接关系**

直接关系是指植物间直接通过接触来实现的相互关系，植物间的直接作用有如下几种。

1）树冠摩擦和树干挤压

摩擦是体现树枝受风的影响而产生相互摩擦、撞击的现象。摩擦会造成枝条折断，花、果及芽被打掉，生长不良。挤压是指林内树干部分紧密接触、互相挤压现象。树干挤压能造成摩擦损伤形成层。

2）附生关系

附生关系是指一种植物的个别器官（树干、枝、叶片）成为另一些较小植物的居住地。附生植物借助于吸根着生在附主植物表面，它们与附主在生理上无任何联系，完全属自养植物。矿物元素主要依靠附主体上的降尘和死皮部分的分解物供给，水分则来源于大气。在温带和寒带的附生植物主要是地衣、苔藓和一些菌类。在热带，附生植物种类繁多，除地衣苔藓外，还有兰科植物。附生植物的繁茂发展，不仅影响林内的光照条件，有时还会因其数量过多，致使树木受附生生物分泌物的腐蚀作用。

3）寄生关系

一个植物着生在另一个植物的体上或体内，并从其组织中吸取营养和水分的生活方式称为寄生。前一种植物称为寄生物，后一种称为寄主。寄生现象广泛存在于自然界，在我国常见的高等寄生植物如菟丝子（寄生在柳、赤杨、杨等树种上）、无根藤、列当等。有些寄生植物的叶片中含有叶绿素，能独立进行光合作用制造有机物质，但是要通过寄主吸收水分和矿

物质,这种生活方式称为半寄生,槲寄生和桑寄生植物就属于这一类。

寄生和半寄生植物体内灰分元素的浓度较高,特别是钾、磷的含量高,因而具有较高的渗透率,能从寄主植物的组织中吸收水分和养分,并使寄主的生理过程发生变化。主要表现为蒸腾强度的提高,常引起死亡。

真菌对高等植物的寄生常造成严重的后果。它们不仅从寄主体内吸取营养物质和水分,而且还干预寄主的正常生理活动。

4) 共生关系

两种生物生活在一起相互依赖,甚至一种生物完全依赖于另一种生物获得食物,而后者又依赖于前者得到矿质元素,或其他的生命必需物质,这种关系称为共生。如高等植物根系与真菌共生——菌根;藻类与真菌共生——地衣;固氮菌和豆科植物共生——根瘤。具有菌根或根瘤的园林植物,在栽培中可通过土壤接种,促进菌根的形成,这有利于园林植物的生长。

5) 根系连生

在密度较大的林内,树木间的根系有时相互连接在一起,这种现象称作根系连生。根系连生对树木的作用有两个方面,一是有利作用,如提高树木的抗风能力,互换营养物质与水分;二是不利作用,如生长健壮的树木通过根系连生夺取其他树木的营养和水分,从而造成其他树木的生长衰退和加速死亡。此外,通过根系连生还会传播病虫害。

6) 缠绕作用

藤本植物依靠其缠绕茎、卷须和勾刺等,缠绕或攀缘在邻近的植物或物体上,从而可获得更多的光照。攀缘植物适宜生长在温度与湿度较高的环境中,因此在我国北方地区种类较少,主要有五味子、猕猴桃等,而在我国南方地区种类则很丰富。藤本植物的大量存在会影响树木正常的生长发育。例如机械缠绕会使树干输导组织受阻,使树干变形,也会减弱树木的同化过程。

在城市绿化中,可以充分利用攀缘植物进行垂直绿化。这样不仅可以充分利用空间,解决城市绿化用地不足的问题,也可以更好地美化环境,维持城市的生态平衡。

**2. 间接关系**

植物间的间接关系主要是指相互分离的植物个体通过环境条件而发生的相互影响。植物间的间接影响普遍存在,任何植物的存在总要与周围环境发生关系,从而间接地影响其他植物的生长和发育。

1) 竞争

竞争是指植物间为利用环境中的能量和营养资源而发生的相互关系。这种关系主要发生在营养空间不足时。植物间的竞争主要表现在争夺光照、水分和矿质营养上。在对光照的竞争中,高大的植株能得到较多的光照,在竞争中处于有利地位,较矮小的植株则往往因光照不足而生长不良。植物的根系在对水分和营养物质的竞争中起重要作用,处于同一层次的根系竞争最为激烈。在园林植物栽植中,可以通过排除植物根系的强烈竞争,促使园林植物更好地生长。也可以根据植物根系的成层现象,合理配置园林植物,使根系处于不同层次,这样可以避免强烈竞争,使各种园林植物都能获得充足的水分与营养物质。

种间竞争的结果有两种。其一是两种间形成平衡调节;其二是一个物种取代另一个物种,会导致种的灭亡。种内竞争比种间竞争更为激烈,因为它们的生活习性和结构相似,但结果只会导致个体数量的减少,不会导致种的灭亡。

2）改变环境

一些植物的存在必然会对其周围的光照、温度、湿度等产生影响,进而对另一些植物间接地产生影响。例如,在城市的空地上栽培园林树木后,该地段的空气湿度便增大,温度变幅减小,太阳辐射减弱。这样就为耐阴性园林植物的生存创造了条件。耐阴性植物的枝叶及死亡之后的残体被土壤中的微生物分解后,又可以成为园林树木的营养。它们之间的关系是互利的。

3）生物化学作用

植物的根、茎、叶、花等排放出的化学物质对其他植物的生长和发育产生抑制或某些有益的作用,这种现象被称为他感或异株克生。例如,桃树根中的扁桃甙分解时产生苯甲醛,严重危害桃树的更新,老的桃树根没有清除之前,新的桃树根难以生长;黑核桃的叶片中含有胡桃酮,可抑制其他植物的生长。据研究,榆树与栎树、松树与接骨木、松树与云杉、桉树与草本植物是相互对抗、相互抑制的,不能栽植在一起。皂荚与七里香、黄栌与鞑靼槭是相互促进的。在园林植物搭配中,一定要注意植物间的他感作用,避免植物间的抑制作用,充分利用植物的相互促进作用,这样才能保证栽植的成功。

### 7.1.2 植物与动物的关系

动物是植物群落的组成成分,也是植物生存的环境条件之一。虽然在园林植物群落中的动物种类、数量与天然植物群落中有很大区别,但动物与园林植物间同样有密切关系,影响着园林植物的生长和发育。

**1. 植物对动物的影响**

植物群落是动物的生存环境,没有绿色植物也就没有动物,植物为动物提供食物和栖息场所。在所有植被类型中,森林在这方面起的作用最大。这是因为组成森林的植物种类多,能为动物提供丰富的食物;再者林木形体高大,森林中的植物具有分层现象,能为动物提供多层次隐蔽栖息场所,这样使森林中的动物种类和数量都多于其他类型植被。

在城市中,由于人口众多、交通拥挤、污染严重,很少有适合动物栖息的场所和其食物来源,所以大多数珍贵野生动物在城里已绝迹,鸟的种类和数量也很少。因此,城市中应栽植丛林、片林,创造一定规模的森林环境,以丰富动物的种类。

**2. 动物对植物的作用**

土壤中的动物通过粉碎、翻动土壤和分解有机质等方式,改良土壤物理性质和提高土壤肥力。

动物影响植物的繁殖,有些植物依靠动物传播花粉和种子。传播花粉的动物主要是昆虫、鸟类等。地球上虫媒植物占有花植物总数的90%。鸟类中大约有2 000种能传播花粉。有些动物以树木的种子为食,同时,它们又是种子的传播者。有些小粒种子,如桦木、杨树的种子常常由蚂蚁搬动传播。有些植物的种子带有钩刺或黏液,被动物携带它处而得到传播,如苍耳、飞蓬和刺儿菜等。

动物对植物的作用具有有益的方面,同时也存在有害的方面。动物直接或间接以植物为食,这样就不可避免地会给植物带来某些危害。有些动物以植物的果实、种子为食,大量的植物被它们取食,影响了植物的繁殖;有些鸟类喜食树木的幼芽、嫩枝和花序,如一只鹧鸪鸟在一个冬季就能吃掉总计达几百米的嫩枝;有些哺乳动物特别是鼠类经常咬食树根、树

皮,使树木生长不良甚至死亡;很多害虫以植物叶为食,如蛾类等食叶害虫危害很大;也有一些害虫以树枝、树干为食,如天牛等蛀干性害虫;动物的活动还能在植物中传播疾病,如蜜蜂可传播病原菌。

在自然界中也存在着许多种害虫的天敌,如鸟类、寄生性昆虫和捕食性昆虫等。鸟类对植物有巨大的保护作用,尤其是在其喂雏期间,消灭的害虫更多。例如,白脸山雀一天的食虫量相当于自己的体重;一只大斑啄木鸟一天能吃掉300只青褐天牛的幼虫。一个大型蚁巢,一天可捕捉2万只昆虫,一个夏季约捕捉200万只昆虫。

## 7.2 生物关系调节在园林中的应用

在园林生产实践中,了解了生物间的相互关系,对园林植物的合理配置和管理,增加生物多样性,提高生态系统的稳定性,具有重要的意义。

### 7.2.1 保持适应的栽植密度

植物种类的密度是否合适直接影响绿化功能的发挥,种植设计时必须要考虑这一因素。草坪中常采用组团模式,这对于提高绿化质量和艺术造型是一种很好的绿化手法。但是为了立竿见影而盲目将栽植株距加密,不仅浪费苗木,而且由于植物生长空间拥挤狭窄,植株生长得不到充足的阳光和养分,互相争光、争水、争肥,极易滋生病虫害,缩短植物更新期。诚然种植设计时初期可以适当密植,以保证初期的景观效果,但几年后必须及时间苗,确保植物合理的生长空间,以提高树势,增强树体抗病虫害的能力,减少传染病虫危害。

### 7.2.2 根据种间关系合理配置

园林植物配置是利用乔木、灌木、藤本及草本等植物之间的关系,通过艺术的手法,充分发挥植物本身形体、线条、色彩等自然条件,创造植物景观,供人们观赏,使植物既能与环境很好地适应和融合,又能在植物之间达到良好的协调关系,最大限度的发挥植物群体的生态效应。

在设计搭配垂直结构的不同层次的植物时,必须注意喜光性植物与耐阴植物的合理搭配。同时也要考虑到植物间直接和间接的相互影响作用,不仅要考虑地上部分的关系,还要考虑地下部分根系的发育状况及其根瘤菌与菌根的生长情况。在时间上必须注意季节的变化,在搭配人工植物群落时要做到不同季节均有可观赏之景,公园绿地的季相变化会给游人或休闲者很深的印象,如春天的樱花,秋天的枫叶,冬天的大雪压青松。充分利用季节的变化可以大大丰富景观变化,提高欣赏水平。此外,还应注意植物间的他感作用,利用相互促进作用有利于建立稳定的人工群落,利用植物间的干涉竞争消灭杂草,远比化学除草方法好得多。如利用一枝黄花(分泌2-顺脱氢母菊酯)抑制美洲豚草,刺槐(分泌刺槐素)可抑制茅草等。

### 7.2.3 加强城市中益鸟益虫的保护

由于城市环境不适于鸟类和益虫的生存,再加上人为的捕杀,城市中的动物无论是兽类、鸟类、昆虫和微生物都越来越少,这对保持城市园林生态系统的平衡是不利的。为了促进城市园林植物群落中的各种动物的发展,对鸟类及一些有益的动物(青蛙、蟾蜍、蜜蜂、黄鼠狼、刺猬等)应加以保护,加强宣传教育,加大执法力度,严禁捕杀。此外,城市建设中要充分考虑土壤微生物的生活条件。相反,对一些危害人类的动物则应加以消灭或限制。

### 7.2.4 综合防治园林植物病虫害

植物群落对病虫害的抵抗能力是靠个体、种群和生态系统三个水平的机制来维持的。个体水平是指化学防御,这要消耗大量的能量。种群和生态系统水平的防御,则主要靠物种的多样性。物种多样性影响病虫害自然控制力的假设主要有三个,即联合抗性假设、天敌假设和资源集中假设。

(1) 联合抗性假设认为,与单一植物构成的群落相比,多种植物构成的群落对有害生物的侵害有更强的抵抗力,病虫害爆发的概率较小。

(2) 天敌假设认为,不论是广谱性的还是专一性的天敌,在多种植物构成的群落中会更加丰富,天敌对有害生物的压制能力更强,从而降低病虫害的发生。

(3) 资源集中假设认为,多数病虫尤其是食性窄的种类容易在单一寄主植物构成的群落中发生,而在多种植物构成的群落中,由于寄主植物分散而降低害虫的发生。

这几种假设都强调植物种类多样性对群落生物多样性的直接影响,认为群落生物多样性对病虫害的自然控制力的作用是通过调节有害生物与其天敌类群的种类和数量来实现的,并认为多样化的植物群落能降低病虫害的爆发。

病虫害并不是在任何植物群落内都能大量发生的,只有在环境条件有利于病虫种群发生时才能爆发成灾。森林的组成、生物多样性与森林病虫害自然控制力之间关系尤为密切。一般来说,纯林比混交林更容易爆发病虫害,纯林植物种单一,植物与其他生物类群组成简单,生物多样性低,天敌种类少,对病虫害控制力弱,一旦病虫增殖,极易爆发成灾。而混交林内植物与其他生物类群比较复杂,各种生物间形成复杂的生物网,相互制约,增强了对有害生物种群的自控力。如对天敌普查发现,马尾松毛虫的天敌超过 110 种,其中混交林中有几十种之多,而纯林中只有 10 余种,这就是混交林中天敌对马尾松毛虫的自然控制力比纯林高数倍之多的主要原因。在马尾松与阔叶树种组成的混交林内,害虫的天敌,如益虫、蜘蛛和鸟类的种群数量比马尾松纯林高出 2.2 倍,其中马尾松混交林中的卵寄生蜂种群密度为 2 282 头,而纯林中只有 308 头;蛹期寄生率混交林中为 54.2%。而纯林只有 17.9%。均为纯林的数倍。

在病虫害大量发生时,化学防治是一种有效方法,但有它的不足,在消灭病虫害的同时,也会杀死天敌及其他益虫、益鸟和益兽,破坏食物链。因此,一方面要通过栽培养护措施来提高植物个体对有害生物的抵抗能力,使有害生物处于很低水平,另一方面,要保护天敌,增加生物多样性,利用生物防治方法来控制病虫害的发生。如应用赤眼蜂和白僵菌防治松毛虫,在我国许多地区获得了良好效果。在森林内设置招引木、人工鸟巢为鸟类提供栖息地,也是从实践中总结出来的生物防治的有效办法。如山东林业科学研究所在加杨林内设置招引木,招来了啄木鸟,经过三个冬季的观察,光肩星天牛由原来的每株 80 条减少到 0.8 条。

森林的稳定性与许多因素有关,但是最主要的是历史上形成的多物种共存的结果,正因为这样,天然林的稳定性强,抗干扰能力强,对立地的适应性也强,处于顶极群落阶段的天然林尤为如此。例如天然林被采伐利用后,用人工方法培育的大面积速生林常导致病虫害的频繁发生和立地质量的下降。因此,在城市地区进行园林绿化时,应多采用乡土树种,乔木、灌木、草本植物合理配植,通过增加植物种的多样性,招来动物类群,以丰富整个群落的物种

多样性,这对减少城市植物病虫害的危害,维护群落的稳定性有特别重要的意义。生物可以借助气流、风暴和海流等自然因素或人为作用,将一些植物种子、昆虫、微小生物及多种动物引入新的生态系统。在适宜气候、丰富食物营养供应和缺乏天敌的抑制条件下,得以迅速增殖,在新的生境下得以一代代繁衍,形成对本地物种的生存威胁,这就是生物入侵。当前城市园林植物的有害生物入侵呈明显上升之势,生物入侵对城市园林乃至整个国家的生态安全都构成严重的现实或潜在的威胁和破坏。

生物的入侵现象自古以来就存在,发展到近代就更为频繁。特别是国内、国际间的贸易、移民及战争等因素使得生物入侵加剧。国内、国际旅游事业的蓬勃发展,使交通工具更加先进,为物种无意或有意的传播提供了比以往更多的机会。一些高山、大海和沙漠等过去曾是阻止物种扩散的天然屏障,现在变得越来越小,越来越多的物种正在跨越屏障,生物入侵变得更加容易成功。面对如此开放的环境,城市首当其冲,城市园林有着较之其他地域更多更广的生物入侵机遇,面临更大的挑战。生物入侵不单单是直观的经济损失,更重要的是对于一个国家,一个地区,一个城市生态安全构成威胁和破坏。

紫茎泽兰,又名飞机草,原产中美洲,约在20世纪50年代从中缅、中越边境传入我国云南南部,70年代末传入四川凉山,到90年代,已由零星分布发展为40万亩,近几年已达到七八百万亩,占据了凉山1/5的草地,而且正以每年约30 km的速度向北、向东扩散蔓延,仅凉山州一地每年损失牧草五六亿公斤,畜牧业经济损失达数千万元。我国从20世纪70年代开始投入上千万人力物力除草,终因防除速度赶不上传播速度,"人草大战"以人的失败而告终。微甘菊是原产于南美的菊科植物,具无性和有性两种繁殖能力,喜欢攀缘,对6~8 m以下的天然次生林、人工速生林、经济林、风景林的所有树种,可形成整株覆盖之势,使被覆盖的植物因光合作用受到破坏窒息而死,造成成片树林枯萎死亡,形成灾难性后果,素有"植物杀手"之称。1984年,我国在深圳银湖首次发现微甘菊,近几年在珠江三角洲一带大肆扩散蔓延,已对广东福田内伶仃岛国家自然保护区构成巨大威胁。该草在香港、广东、广西正逐年扩大分布范围。大米草是原产于美国东海岸禾本科米草属的一个种,在20世纪60—80年代,我国为保滩涂从英美引进。30多年来,在我国北起辽宁锦西县,南到广东电白县的80多个县市扩散,现在对福建、浙江南部产生很大危害,影响海水交换能力,导致水质下降,诱发赤潮并致大片红树林消亡,成为"蓝色宝库"的祸害。原产南美洲的水葫芦,学名凤眼莲、凤眼兰,是雨久花科凤眼莲属的一个种。20世纪30年代引入我国,50—60年代曾作为畜禽饲料及观赏和净化水质的植物推广种植,后逸为野生,以其极快的无性繁殖形成单一的优势群落。在云南已成心腹之患,占据了滇池10 km$^2$的水域,破坏当地水生植物和水生动物,20世纪60年代以前的16种主要水生植物已相继消亡,60种水生动物仅剩30余种,且堵塞交通,给渔业和旅游业造成重大损失。

日本松干蚧是一种毁灭性害虫,已遍及华东各省,并从20世纪90年代中后期开始向东北地区扩散。吉林省于1994年首次发现日本松干蚧的侵害,至2002年,发生面积已达27万亩(1亩=666.7平方米),成灾面积13.5万亩,4万亩松林在虫口下濒死或枯死;以黑松为主的长春市已是"兵临城下",距疫区仅十几公里。号称"松树癌症"的松材线虫病的蔓延之势已覆盖了我国5亿多亩森林。美国白蛾侵入我国后,仅辽宁一地就有100多种植物受到危害,1995年入侵天津,不到3年几乎扩散到除蓟县外的天津城乡所有区(县),单株树木最高虫口高达千头以上,危害之处,一片残败。蔗扁蛾是我国新发现的一种鳞翅目钻蛀性害虫,危害香蕉、甘蔗等经济作物,防治难度较大,如今已遍及华南、华中、西南、华东、华北各地城市园林,除原产热带的巴西木、发财树、绿萝等观赏植物普遍受害外,全国各地尤其是城市园林中的许多木本和草本花卉都已受到不同程度的侵害。锈色粒肩天牛于20世纪80—90年代初一直以河南、山东南部为根据地危害国槐、栾树,90年代中期向东、西、北三个方向出击,如今已成为北京市树国槐的主要蛀虫。从未过长江的北方蛀虫臭椿沟眶象,在近几年内,跟随寄主千头椿大举入侵上海市。20世纪横行的柏树双条杉天牛一直盘踞在黄河流域和黄淮海平原和山陵,危害侧柏、桧柏、龙柏,如今已越过华北北部,出长城,直抵东北。

生物入侵的成功与否与多方面的因素有关,如物种自身的生态生理特点、入侵地的气候、食物和隐蔽场所的状况、侵入当时造成的后果及引起人们关注程度的大小等。

生物入侵是一个复杂的生态过程,可分为以下四个阶段。

(1) 侵入,是指生物离开原生存环境到达一个新环境。

(2) 定居,是指生物到达入侵地后,经过当地生态条件的驯化,能够生长、发育并进行了繁殖,至少完成了一代。

(3) 适应,是指入侵生物已繁殖了几代。由于入侵时间短,个体基数小。所以,种群增长不快,但每一代对新环境的适应能力都有所增强。

(4) 扩展,是指入侵生物已基本适应了新的生存环境,种群已经发展到一定数量,具有合理的年龄结构和性比,并且有快速增长和扩散能力。

入侵生物要获得成功必须通过以上四个阶段。显然,不是每个物种都能完成的,因此,研究入侵成功物种的特点就具有重要的理论和实践的意义。

对于外来物种的入侵,人们往往麻痹大意,不知所措。虽然外来生物可以通过各种交通渠道无意中传入,但在已知的入侵生物中,一半以上是人为引种的结果,在有目的地引入物种的过程中,极有可能发生逃逸现象,遇到适宜的环境条件后扩散,对生态环境形成威胁。总有人认为外来的一定比本地的好,不加分析地盲目引种,而来自异域生态系统的物种,难保在新环境中不产生变异,所谓"橘生淮南则为橘,生于淮北则为枳",这是不以人的主观意志为转移的自然规律。变异后的物种,其特性会随之改变,极有可能产生难以预料的灾难性后果。

生物入侵事关生态安全和保护,一定要突出保护第一的理念。所谓生态安全包含两层意义,一是生态系统自身是否安全,生态系统自身结构是否受到破坏;二是生态系统对于人类是否安全,即生态功能是否受到损害。生物入侵与生态安全的相关性是指自然界经过千百万年优胜劣汰形成的生物链,是不可随意更改的,凡是造成当地生物多样性丧失和削弱的,都要坚决予以阻止和防治,直至彻底消灭为止。

应对生物入侵是一项长期的系统工程,应贯彻"预防为主,综合防治"的方针,积极合理地利用农业、化学、生物、物理等一切有效的方法控制其扩大和蔓延。由于引种是生物入侵的主渠道,所以首先要杜绝盲目引种和违法引种。植物检疫是阻断生物入侵的有效措施,能够禁止或限制危险性害虫、病菌、杂草和带病的苗木、种子等的传入(出),或者在传入后限制传播、防止向其他地区蔓延。正如联合国《生物多样性公约》第8条指出的那样,"每一缔约国应尽可能并酌情防止引进、控制或清除那些威胁到生态系统,生境或物种的外来物种。"其次要从每一个地域和城市查起,查清我国现有的外来有害物种的种类和危害状况。对于已经入境的有害生物,要采取措施,尽量予以根除。根除就是全部种群治理。对新入侵尚未大面积扩散的物种就要采取根除措施。如美国加利福尼亚州对新入侵的地中海蜡实蝇、橘小实蝇和瓜木实蝇等及时采取一系列防治措施:喷洒农药,释放不育成虫,以及诱捕等,将这些刚入侵的害虫予以歼灭。

生物防治措施用于防治入侵生物已有很多成功事例。1888年美国从澳大利亚引进澳洲瓢虫防治吹绵蚧,到1889年底就彻底清除了吹绵蚧的灾害,挽救了加州年轻的柑橘业,就是一个经典例证。

从入侵有害生物原产地引进天敌防治有害生物具有成本低、效果持久、对环境安全等优点。1978—1985年间,我国引进天敌182种次,成效显著,如引进的丽蚜小蜂用于防治温室白粉虱取得了良好效果。近年来,广东省引进花角蚜小蜂防治松突圆蚧面积达60万公顷,成为我国生物防治的又一成功事例。

## 实验实训六　种间竞争和他感作用

### 一、目的

认识两种重要的物种关系——种间竞争和他感作用,并分析其异同。

### 二、材料与工具

直径为22 cm的花盆,沙土,有机肥,种子袋,剪刀,漏斗,胶皮管,直尺,电子天平,记录本、标签及放置花盆的台阶型装置等。种间竞争选用结缕草和高羊茅种子,他感作用选用向日葵和莴苣种子。

### 三、方法与步骤

**1. 种间竞争**

实验设计:将结缕草和高羊茅种子按不同比例进行播种,从全部为结缕草种子到全部为高羊茅种子,两者的比例分别为:0.00∶1.00,0.25∶0.75,0.50∶0.50,0.75∶0.25,1.00∶0.00共5个处理,每个处理重复3次,共需15个花盆。

(1) 将土壤和有机肥充分拌匀,分别装到花盆里,使土面稍低于盆口约2 cm,放于温室内备用。

(2) 按上述比例,每盆均匀播种40粒种子,播完后,将每个花盆贴上标签,写明处理、重复编号和播种日期。将花盆依次排列在温室内,定期交换位置、浇水。

(3) 种子萌发后,统计发芽率和幼苗成活情况。

(4) 将生长3个月的幼苗进行收获,分盆分种统计并登记分蘖数、生物量(鲜重)、株高。

(5) 将3个重复的分蘖数、生物量(鲜重)、株高进行统计,取其平均值;用图解法进行分析。

**2. 他感作用**

实验设计:在台阶型装置上部的一排花盆中,每盆播种10粒向日葵种子。在下面一排花盆中,3个盆通过管子和漏斗与上面的盆相连,作为处理;另外3个作为对照。共2个处理,每个处理重复3次。

(1) 将土壤和有机肥充分拌匀,分别装到花盆里,使土面稍低于盆口约 2 cm,放在温室内备用。

(2) 先播种向日葵,等到向日葵的真叶出现后,开始浇一定量的水(超过田间持水量),使一部分能够从水边的盆中流出来。第一次流出来的水溶液弃掉。第二次同样处理,将流出来的水溶液通过胶皮管引入下边的盆中,同样过程进行两次以后,保证下边的盆中的土壤含水量可以播种。对照浇清水,保证与处理的含水量相同。

(3) 每盆播 50 粒莴苣,将每个花盆贴上标签,写明处理、重复编号和播种日期,同时登记在表格上。

(4) 按处理和重复编号,将花盆依次排列在温室内,定期浇水。

(5) 种子萌发后,可以统计其发芽率和幼苗成活情况。对生物量进行测定,对所测定的数据进行统计分析。

### 四、实训报告

根据观察对实验结果进行分析。要求有规范的统计分析,恰当地应用图表等各种表达方式,提交实训报告。

## 复习思考题

1. 植物间的相互关系有哪些?什么是他感作用?
2. 利用生物间的相互关系,如何合理配置和管理园林植物。
3. 什么是生物入侵?请举例说明。

# 第8单元　植物群落

掌握植物种群和群落的基本概念及其基本特征；掌握植物种群与群落的调查方法；理解植物群落演替的过程；了解植物群落的形成、发育和分布规律。

## 8.1　种群的概念及其基本特征

### 8.1.1　种群的概念

种群一词源自拉丁语 populues，含人或人民的意思。简单地说，种群（population）是指一定时空同种个体的总和，是物种具体的存在单位、繁殖单位和进化单位。同一种群内的个体能自由授粉（或交配）、繁殖。确切地说，种群是在一定时间占据特定空间的具有潜在杂交能力、一定结构、一定遗传特性的同种生物的个体群。一个物种通常可以包括许多种群，不同种群之间一般存在明显的地理隔离，长期的隔离有可能促进亚种的出现或新种的产生。种群这个术语在生物学科中广泛应用，除生态学外，在进化论、遗传学和生物地理学中也经常使用。

一般认为，种群是物种在自然界中存在的基本单位。在自然界中，门纲目科属等分类单元是学者按物种的特征及其在进化中的亲缘关系来划分的，唯有种才是真实存在的，因为组成种群的个体随着时间的推移而死亡消失，又不断通过新生个体的补充而持续，所以进化过程就是种群中个体基因频率从一个世代到另一个世代的变化过程。因此，从进化论的观点看，种群是进化单位，任何一个种群在自然界中都不能孤立存在，而是与其他物种的种群一起组成群落，因此一个群落中常包括不同的种群，所以从生态学的观点看，种群又是生物群落的基本组成单位。

种群的概念既可以从抽象的理论意义上理解为个体组成的集合群，这是学科划分层次上的概念，如种群生态学、种群遗传学等，也可以从具体方面理解为某个确切的生物种群。事实上，除非种群栖息地具有清楚的边界，如岛屿、湖泊等。种群的时间界限和空间界限一般难以准确界定，因此，常由研究者根据调查目的予以划定。

作为一个种群不仅占有一定的空间，而且具有一定的结构，同一种群内的个体间具有交换基因的能力。种群虽然是由同种个体组成的，但不等于个体数量的简单相加，从个体层次到种群层次是一个质的飞跃，因为种群具有个体所没有的一些"群体特征"，如种群密度、年龄组成、性别比例、出生率、死亡率、平均寿命等。

生物物种的生存、发展和进化都是以种群为基本单位进行的，因此个体与种群的关系是部分与整体的关系。种群生态学（population ecology）是研究生物种群与环境之间相互关系的科学。种群不仅是构成物种的基本单位，而且也是构成群落的基本单位。

## 8.1.2 种群的基本特征

**1. 种群密度特征**

种群密度是指单位面积或体积内种群的个体数量,也可以是生物量或能量。由于生物的多样性,具体数量统计方法随生物种类或栖息地条件而异。种群密度的统计首先就要划分研究种群的边界。森林呈大面积连续分布,种群边界不明显,所以在实际工作中往往需要研究者根据需要自己确定种群边界。种群密度从不同的的角度有不同的表示方法,通常用种群粗密度和种群生态密度表示。种群粗密度是指单位面积(或空间)内个体的数目或种群生物量;种群生态密度是指单位栖息空间(种群实际所占有的有效空间)内的个体数或生物量。

如一片面积为 10 $hm^2$ 的马尾松林,林木总株数为 30 000 株,但其中有 2 $hm^2$ 的面积为裸露的岩石、2 $hm^2$ 的水域面积,因此,实际分布马尾松林的面积只有 6 $hm^2$,则该马尾松林的粗密度为 3 000 株/$hm^2$、生态密度为 5 000 株/$hm^2$。

种群相对密度是指一个种群的株数占样地内所有种群总株数的百分数。种群密度过大时,每一种生物都会以特有的方式作出反应,如森林自然稀疏;种群密度也有一个最低限度,种群密度过低时,种群的异性个体不能正常相遇和繁殖,会引起种群灭亡,表现出产量过低。

**2. 种群的空间特征及其分布格局**

1) 空间特征

种群都有一定的分布区,组成种群的每一个有机体都需要有一定的空间进行生长繁殖。不同种类的有机体所需空间性质和大小不同。种群所占据的空间大小与生物有机体的大小、活力及生活潜力等有关,如 1 只东北虎活动范围需 300～600 $km^2$,体型较小者需要空间相对小些。

衡量一个种群生存发展的趋势,一般要视其空间和数量的关系而定。随着种群内个体数量的增多和种群个体的生长,在有限的空间中,每个个体所占据的空间将逐渐缩小,个体间将出现领域性行为和扩散迁移等现象。所谓领域性行为是指种群中的个体对占有的空间进行保护和防御的行为。一般来讲,一个种群所占用的生存空间越大,其生存发展的潜力越大。

2) 分布格局类型

种群个体的空间分布格局大致可分为三种类型:随机型(random)、均匀型(uniform)和集群(成群)型(clumped)(图 8-1)。

(1) 随机分布。随机分布是指组成种群的每一个个体在种群领域中各个点上出现的机

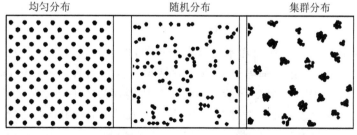

图 8-1 种群个体空间分布格局

会是相等的,并且某一个体的存在不影响其他个体的种群分布格局。随机分布在自然界比较少见,只有当环境均一、种群个体间没有彼此吸引或排斥的作用时,才能出现。用种子繁殖的植物,初入侵到一个新的地点时常呈随机分布。

(2) 均匀分布。均匀分布是指组成种群的个体分布等距或个体间保持一定的均匀间距。产生均匀分布的原因是由于种群内个体间的竞争引起的。例如森林中植物为竞争阳光(林冠)和土壤中的营养物(根际),沙漠中植物为竞争水分。另外自毒现象也是导致均匀分布的另一个原因。自毒现象是指植物分泌的一种渗出物,对同种植物实生苗的毒害作用。一般为干燥地区所特有。人工林属于均匀分布,但它是由于人为均匀栽植而形成的。

(3) 集群分布。种群内个体在空间的分布极不均匀,常成群、成簇、成块或呈斑点状密集分布。各群的大小、群间距离、群内个体的密度等都不相同,群内大多呈随机分布,时有均匀分布,这种分布格局即为集群分布,也称成群分布和聚群分布。集群分布是自然界最常见的一种种群分布格局。

**3. 种群的数量变动特征**

1) 影响种群数量变动的因素

影响种群数量变动的因素有如下几个方面。

(1) 种群的出生率和死亡率。出生率和死亡率是影响种群数量变动的最重要因素。出生率是指种群在单位时间内产生新个体数占总个体数的比例。常用种群中每 1 000 个个体的出生数或每年每一个雌体产生的个体数来表示。出生率常分为最大出生率(或生理出生率)和生态出生率(又称实际出生率)。

最大出生率是指种群在理想条件下,无任何生态因子的限制,繁殖只受生理因素决定的最大出生率。生态出生率是指在一定时期内,种群在特定环境条件下实际繁殖的个体数。

死亡率(mortality)代表一个种群的个体死亡情况。死亡率同出生率一样,也可以用特定年龄死亡率(age-specific mortality)表示,即按不同的年龄组计算。生理死亡率又称最小死亡率(minimum mortality),是指在最适条件下个体因衰老而死亡,即每个个体都能活到该种群的生理寿命时该群体的死亡率。生态死亡率是指在一定条件下的实际死亡率。由于受环境条件、种群本身大小、年龄组成的影响以及种间的捕食、竞争等,实际死亡率远远大于生理死亡率。

死亡率受环境条件、种群密度等因素的影响。环境条件恶劣,种群死亡率高,反之死亡率低;种群密度大,死亡率高,反之死亡率低。

(2) 迁入和迁出。迁入和迁出是影响种群数量变动的重要因素。植物种群中迁入和迁出的现象相当普遍。种子植物借助人、风、昆虫、水及动物等因子传播种子和花粉,在种群间进行基因交流,防止近亲繁殖,增强种群的繁殖能力等,但生物入侵也可能对种群的稳定性构成威胁。

2) 生命表

存活率(survival rate)常比死亡率更有实用价值,即存活个体数比死亡个体数更重要,假如用 $d$ 表示死亡率,则存活率等于 $1-d$。存活率通常以生命期望(life expectancy)来表示,生命期望就是种群中某一特定年龄个体在未来所能存活的平均年数。把观测到的种群中不同年龄个体的存活数和死亡数编制成表,称为生命表(life table)。它反映了种群发展过程中从出生到死亡的动态变化,最早应用于人口统计(human demography),主要在人寿保险事业中,用来估计不同年龄组人口的期望寿命。生命表又分为动态生命表和静态生命表。动态生命表(dynamic life table)是根据对同年出生的所有个体存活数目进行动态监测的资料而编制的,这类生命表也称为同生群生命表(cohort life table)。动态生命表对植物比较合适,因为植物固定不动。静态生命表(static life table)是根据某一种特定时间对种群作一年龄分布(结构)的调查,并掌握各年龄组的死亡率(数)再用统计学处理而编制的生命表。静态生命表它适用于世代重叠的生物,能够反映出种群出生率和死亡率随年龄变化的规律,但无法分析死亡的原因,也不能对种群密度制约过程的种群调节作定量分析。

**4. 种群的年龄结构特征**

种群的年龄结构(age-structure)是指种群内个体的年龄分布状况,用各年龄或年龄组的个体数占整个种群个体总数的百分数表示。种群的年龄结构一般包括年龄组成和性别比例两个因素。但由于大多数植物都是雌雄同株的,因而就植物而言,年龄组成是植物种群结构的主要因素,是种群的重要特征之一。

1) 种群年龄结构的基本类型

一般用年龄金字塔(age pyramid)的形式来表示种群的年龄结构。年龄金字塔是以不同宽度的横柱从上到下配置而成的图(见图8-2),横柱高低位置表示从幼年到老年的不同年龄组,宽度表示各年龄组的个体数或在种群中所占的比例。按锥体形状,可划分为三个基本类型。

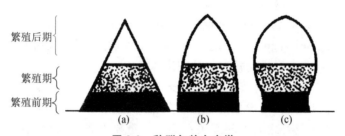

**图 8-2 种群年龄金字塔**
(a) 增长型;(b) 稳定型;(c) 衰退型

(1) 增长型种群(increasing population)。锥体呈典型金字塔形,基部宽,顶部狭,表示种群中有大量幼体,而老年个体较少,种群的出生率大于死亡率,是迅速增长的种群。

(2) 稳定型种群(stable population)。锥体形状呈钟型,老中幼比例介于增长型和衰退型种群之间,种群的出生率和死亡率大致相平衡,即幼、中个体数大致相同,老年个体数较少,代表稳定型种群。

(3) 衰退型种群(declining population)。锥体呈壶型,基部比较狭,而顶部比较宽,种群中幼体比例减少而老体比例增大,种群的死亡率大于出生率,种群的数量趋于减少。

2) 种群年龄结构的基本生活时期

根据植物种群中个体的生长发育阶段,种群可以划分为以下几个基本生活时期。

(1) 休眠期。植物已具有生活力的种子、果实或其他繁殖体(块根、地下茎)处于休眠状态之中。

(2) 营养生长期。从繁殖发芽开始到生殖器官形成以前。这个时期还可细分为幼苗、幼年(幼树)、成年三个时期。

(3) 生殖期。这一时期的特点是植物的营养体已基本定型,性器官成熟,开始开花结实,多年生多次结实的木本植物进入生殖期后,每年还要继续增加高度、粗度和新的枝叶,在每年的一定季节形成花、果和种子,但体形增长速度渐趋平缓。

(4) 老年期。种群的个体到达老年期时,即使在生长良好的条件下,营养生长也很滞后,繁殖能力逐渐消退,抗逆性减弱,植株逐渐趋向死亡。

这四个时期所占时间的长短,因植物种类不同而异,同一种类因所处生境条件的不同亦有差异。

## 8.2 群落的概念及其基本特征

### 8.2.1 群落的概念

群落(biotic community,生物群落)是指一定时间内居住在一定空间范围内的生物种群的集合。它包括植物、动物和微生物等各个物种的种群,共同组成生态系统中有生命的部分。群落(生物群落)也可以用来指各种不同大小及自然特征的有生命物体的集合,如一块农田、一片草地、一片森林、一片荒漠等,这种集合虽然结构松散,但却因其组成的种类及其某些结构特征而出现一些与种群不同的特征。生物群落可表示为

$$生物群落=植物群落+动物群落+微生物群落$$

生物群落上述的三个组成部分,从目前来看,植物群落学研究得最多,也最深入。群落学的一些基本原理多半是从植物群落学研究中获得的。

植物群落学(phytocoenology)也称地植物学(geobotany)、植物社会学(phytosociology)或植被生态学(ecology of vegetation),它主要研究植物群落的结构、功能、形成、发展及与所处环境的相互关系,目前已形成比较完整的理论体系。

动物群落学的研究较植物群落学研究起步相对较晚,但对近代群落生态学作出重要贡献的一些原理如中度干扰说,对形成群落结构的意义、竞争压力对物种多样性的影响、形成群落结构和功能基础的物种之间的相互关系等许多重要生态学原理,多数是由动物学家研究开始,并与动物群落学的进展分不开。最有效的群落生态学研究应该是动物、植物和微生物群落的有机结合。

植物群落(plant community)是指在环境相对均一的地段内,有规律地共同生活在一起的各种植物种类的组合,如一片森林、一个生有水草或藻类的水塘等。每一相对稳定的植物群落都有一定的种类组成和结构。一般在环境条件优越的地方,群落的层次结构较复杂,种类也丰富,如热带雨林;而在严酷、恶劣的生境条件下,只有少数植物能适应,群落结构也简单。群落的重要特征如外貌、结构、生产量,主要取决于各个植物种的个体,也取决于每个种在群落中的个体数量、空间分布规律及发育能力。不同的植物群落的种类组成差别很大,相似的地理环境可以形成外貌、结构相似的植物群落,但其种类组成因形成历史不同而可能很不相同。

群落生态学(community ecology)是研究生物群落与环境相互关系及其规律的学科,是生态学的一个重要分支科学。

### 8.2.2 群落的基本特征

**1. 群落的物种多样性**

联合国《生物多样性公约》对生物多样性的定义是:生物多样性是指所有来源的形形色色的生物体,这些来源包括陆地、海洋和其他水生生态系统及其所构成的生态综合体;这包

括物种内部、物种之间和生态系统的多样性。生物多样性一般具有四个层次：遗传多样性，是指地球上生物个体所包含的遗传信息的总和；物种多样性，是指地球上生物有机物的种类多样化；生态系统多样性，是指生物圈中生物群落、生境与生态过程的多样化；景观多样性，是指由不同类型景观要素或生态系统构成的空间结构、功能机制和时间动态方面的多样化或变异性。

群落层次上物种的多样性包括两种含义。一是群落中物种的丰富度，是指一个群落或生境中物种数目的多少。有学者认为丰富度是唯一的真正客观意义的多样性指标，群落中所含种类数量越多，丰富度越大，群落的物种多样性就越大，因此该指标可用于不同群落间的比较，但必须说明具体的面积、空间、层次等，使之具有可比性。二是群落中各个种的均匀度，是指一个群落或生境中全部物种个体数量分配的均匀程度。如在某一植物群落中抽取的四个样本中蒙古栎的数量分布为 21、23、25、27，而水曲柳的数量分布为 36、4、2、0，则蒙古栎的均匀度要明显高于水曲柳的。

群落中物种多样性往往随环境变化而变化。一般从热带到两极，随纬度增加，多样性逐渐减少，如在热带森林中，每公顷有上百种鸟类，而在温带森林的同样面积中，只有十几种。同样，随海拔增高，也会发生类似的变化。而在水体中又随着深度的增加生物多样性有降低的趋势。污染的环境对物种的多样性有较大影响。

我国地域辽阔，南北跨度较大，自然条件复杂多样，从而为生物的生存和繁衍提供了各种各样的生存环境。我国的生物多样性居全球第八位、北半球第一位，其中植物的丰富度位于世界第三。

**2. 群落中的优势现象**

群落中各个物种对决定群落的性质并非都起同等重要的作用。在成百上千的物种中，往往只有少数几种能凭借其大小、数量和活力等，对群落的结构和群落环境的形成起主要作用，这些物种称为群落中的优势种。优势种具有高度的生态适应性，它常常在很大程度上决定着群落内部的环境条件，因而对其他种类的生存和生长有很大影响。如陆地生物群落通常以植物为主体，在针叶林、阔叶林和针阔混交林中，往往有几种植物处于优势地位，它们不仅决定群落的外貌和结构，而且在能量代谢上起着至关重要的作用。

群落的不同层次可以有各自的优势种，如分布在南亚热带的马尾松林中乔木层以马尾松占优势，灌木层以桃金娘占优势，草本层以芒萁骨占优势，其中主要层的优势种称为建群种，它决定着群落的内部结构和生境，是群落的创造者和建设者，是群落最重要的种。如果群落主要层优势种由多个物种组成，这些物种称为共建种。群落中优势度较小的物种，一般称为附属种。附属种虽然也参加群落的建设，但对群落内部环境的影响较小。

如果一个物种的存在与活动直接决定着群落的结构，在群落中有独一无二的作用，而且这种作用对于群落又是必不可少的，那么这个物种通常被称为关键种。关键种是群落的标志物种，一旦丧失便会导致生物多样性的幅度衰退而影响群落的正常发展。检验一个物种是否是关键种，最简单的方法就是把它从该群落中移走，看群落的结构是否发生显著变化。如我国青藏高原的高原鼠兔就是所属群落的一个关键种，这是因为：①它的洞穴为许多小型鸟类（如雪雀、坚鸟）和蜥蜴提供了巢穴；②创造了微生境的改变，从而使植物的种类增加；③为中小型的肉食动物提供了食物来源（如鼬类、兔狲、赤狐、苍鹰和小猫头鹰等）；④通过土壤的反复利用促进生态系统的动态衍变；⑤增加地表上下的生物量。非洲象也是所属群落的一个关键种，它是一种广食性的植食动物，以各种植物的嫩芽嫩叶为食，非洲象的取食活动使灌木和小树难以生长起来,成熟的大树也常因非洲象啃树皮而死亡,因此非洲象的存在有利于把林地变成草原。侵入林地的草本植物越多,火灾发生的频率越大,这就更加速了林地向草原的转化过程,转化的结果显然有利于其他各类食草有蹄动物的存在,它们将进一步促进现存群落向草原群落的转化。

**3. 群落的种间关联性**

组成群落的生物种群并非任意组合,一个群落的形成和发展是经过生物与环境及生物与生物之间的长期竞争最后达到相互适应的结果,所以组成群落的生物种群间是相互联系、相互影响、相互作用的。种间关联性反映了群落中物种之间的联系特征。有些物种由于对环境资源的要求相似而一起出现或出现的次数比期望多,称为种间正关联。而有些物种由于竞争和对环境资源要求的明显差异而相互排斥,不一起出现,或出现的次数比期望的少,称之为种间负关联。正关联可能是因一个种依赖于另一个种而存在,或两者受生物或非生物环境因子影响而生长在一起。负关联可能是由于两个物种之间的排挤、竞争、化感作用或对不同环境的要求所致。

由此可见,生物群落并非简单的组合,而哪些种群能够组合在一起构成群落,要取决于两个条件:必须共同适应它们所处的无机环境;它们的内部的相互关系必须取得协调、平衡。

**4. 群落的结构特征**

群落的结构具有水平结构、垂直结构和时间结构等三种。

(1) 群落的水平结构是指群落在水平方向上的配置状况或分布格局。陆地群落(人工群落除外)的水平结构一般很少呈现均匀型分布,在多数情况下,群落内部各物种常常形成局部范围内高密度的片状分布或斑块状镶嵌。

(2) 群落的垂直结构主要指群落的成层现象。它是指群落中植物按照高度或深度的垂直配置所形成的群落层次。成层现象是群落中的植物在长期的竞争和进化的过程中,由于生物和非生物环境的影响,不同植物占据不同空间的结果。

成层现象是植物群落与环境条件相互适应的一种形式。一般植物群落所处的环境条件越丰富,群落层次越多,垂直结构越复杂;反之,群落层次越少,垂直结构越简单。在一个发育较完善的森林群落中,通常可以分为四个基本层次,即乔木层(主林层、次林层)、灌木层、草本层和地被层。群落中还有一些如藤本和附生、寄生植物,它们并不能独立形成层次,而是依附于各层中直立的植物上,称为层间植物。陆生植物包括地上成层和地下成层。成层现象使植物能最大限度地有效利用群落中的空间,提高植物利用环境资源的能力。

同植物的垂直分布类似,动物也随着植物的层次分明而分层栖居。例如在森林中,白翅拟蜡嘴雀总是成群地在森林的最上层活动,吃某些树的种子;煤山雀、黄腰栖莺则在林的中层栖居;血雉和棕尾虹雉则出没在森林底层,以地面的苔藓和昆虫为食。

海洋中生物的分层现象尤为明显,在淡水养鱼业中,人们利用鱼类分层栖居的习性,在同一池塘中放养不同的鱼种,如混合放养青、草、鲢、鳙四大家鱼,充分利用池塘的生境,提高生产量。

(3) 群落的时间结构是指受各种具有明显时间节律(昼夜、季节等)的环境因子的影响,群落的组成和结构随时间序列发生有规律的变化。它主要包括两方面内容:一是自然的时间节律引起的群落在时间结构上的周期变化,如植物群落表现最明显的就是季相,春、夏、秋、冬一年四季,在群落的外貌上表现出季节性变化特征;二是群落在长期历史发展过程中,由一种类型群落转变为另一种类型群落中的顺序变化,即群落的演替。

**5. 群落的稳定性**

群落的稳定性是指群落在一段时间内维持物种互相结合和各物种数量关系的能力及在受到扰动的情况下恢复到原来平衡状态的能力。它有四个含义,即现状的稳定、时间过程的稳定、抗变动能力和变动后恢复原状的能力。

多数生态学家认为,群落多样性是群落稳定性的一个重要的尺度。当一个群落具有很多物种,且每个物种的个体数比例均匀分布时,物种之间就形成了比较复杂的相互关系。这样的群落对环境的变化和群落内部的种群波动,由于强大的反馈系统的存在,会得到较大的缓冲,以减轻这种变动对群落稳定性的影响。

**6. 群落的交错区和边缘效应**

群落交错区又称生态交错区或生态过渡带,是指两个或多个群落之间(或生态地带之间)的过渡区域。这种过渡地带大小不一、形态各异;有的较窄,有的较宽;有的边缘持久,有的边缘则在不断变化;有的变化速率大,有的则表现为逐渐过渡。

群落交错区是一个交叉地带或种群竞争的紧张地带,在这里,群落中种的数目及一些种群密度要比相邻的群落大。群落交错区种的数目及一些种的密度增大的现象被称为边缘效应。边缘效应较为普遍,如森林的边缘树种要比内部的高大且长势良好;同样,农田的边缘产量高于中心部位的产量。值得注意的是,并不是所有的交错区都有边缘效应,它的形成,必须在具有特性的群落和环境之间,还需要一定的稳定时间。

发育良好的群落交错区,其生物个体可以包括两个群落的共有物种,还可能有交错区的特有物种。这种仅发生于交错区或原产于交错区的物种称为边缘种。一般来说,对于自然形成的边缘效应,应很好地去发掘利用。对于本不存在的边缘,也应努力去模拟塑造。随着科学技术的发展,广泛运用自然边缘效应带来的启示,将有助于对资源的开发、保护与利用。

**7. 种类组成的数量特征**

要说明群落的特征,仅对群落组成的性质进行分析还远远不够,要准确地确定群落中不同性质的种类成分,还必须研究不同物种的数量特征与变化。

1) 种的个体数量指标

(1) 多度。多度是对物种个体数目多少的一种估测指标,多用于群落野外调查。国内多采用 Drude 的七级制多度,即

| | |
|---|---|
| Soc(sociales) | 极多,植物地上部分郁闭 |
| $Cop^3$(copiosae) | 数量很多 |
| $Cop^2$ | 数量多 |
| $Cop^1$ | 数量尚多 |
| Sp(sparsal) | 数量不多而分散 |
| Sol(solitariae) | 数量很少而稀疏 |
| Un(unicum) | 个体或单株 |

(2) 密度。密度指单位面积或单位空间内的个体数,可表示为

$$D(密度) = \frac{n(样地内某物种的个体数)}{S(样地面积)}$$

一般对乔木、灌木和丛生草本以植株或株丛计数,根茎植物以地上枝条计数。样地内某一物种的个体数与全部物种个体数的百分数称为相对密度。某一物种的密度与群落中密度最高的物种密度的百分比称为密度比。

(3) 盖度。盖度是指植物的地上部分垂直投影面积占样地面积的百分比,即投影盖度。后来又出现了"基盖度"的概念,即植物基部的覆盖面积。对于草原群落,常以离地面 1 in(2.54 cm)高度的断面计算;对于森林群落,则以树木胸高(1.3 m 处)断面积计算。基盖度也称真盖度。乔木的基盖度特称为显著度。群落中某一物种的分盖度与所有分盖度之和的百分比,即相对盖度。某一物种的盖度与盖度最大物种的盖度的百分比称为盖度比。

(4) 频度。频度即某个物种在调查范围内出现的频率,常按包含该种个体的样本数占全部样本数的百分数来计算,即

$$F(频度) = \frac{n_i(某物种出现的样本数)}{n(样本总数)} \times 100\%$$

除此之外,还有高度、重量、体积等数量指标。

2) 综合数量指标

(1) 优势度。优势度用来表示一个种在群落中的地位与作用,但其具体定义和计算指标因群落不同而不同。多度、盖度、体积、质量等或它们的组合均可作为优势度的指标。

(2) 重要值。重要值也是用来表示某个种在群落中的地位和作用的综合数量指标,因为它简单、明确,所以在近些年来得到普遍采用。重要值是美国的 J. T. Curtis 和 R. P. Mchtosh(1951)首先使用的,他们在 Wisconsh 研究森林群落连续体时,用重要值来确定乔木的优势度或显著度,计算公式为

$$重要值(I.V) = \frac{相对密度 + 相对频度 + 相对显著度}{3}$$

上式用于草原群落时,相对显著度可用相对盖度代替,即

$$重要值 = \frac{相对密度 + 相对频度 + 相对盖度}{3}$$

重要值在群落数量研究中具有重要的意义:①是一个反映种群的大小、多少和分布状况的综合性指标;②反映种群在群落中的地位和作用;③可确定群落的优势种,表明群落的性质;④可推断群落所在地的环境特点;⑤是用于群落分类的一个很好的指标。

## 8.3 植物群落的形成与发育

由地层变动、冰川移动、流水沉淀、风沙或洪水侵蚀及人为活动等因素所造成的从来没有植物覆盖的地面,或原来有过植被,但被彻底消灭,连原有的土壤条件也不存在的裸地称为原生裸地。那些原生群落虽然被消灭,但原生群落下的土壤条件还保留着,而且土壤还保留着原生群落中某些种类的繁殖体的地段称为次生裸地,如火烧迹地、采伐迹地、撂荒地等。裸地是陆生植物群落形成的最初条件和场所。植物群落的形成从裸地开始,经历传播、定居、竞争、群落形成几个阶段。

### 8.3.1 植物群落的形成

**1. 传播**

世界万物的生命是丰富多彩的,每一种生命都会以他自己的方式来繁衍后代,"孩子长

大了,就得告别妈妈,四海为家"。牛马有脚,飞鸟有翅,而遍布世界的植物要把生命的种子传播到大地的各个角落,靠的什么办法?众所周知,种子是植物传宗接代的重要角色,而且能凭它神奇的本领四处旅行,植物也就得以处处安家。

植物从繁殖体开始迁移到新定居的地方为止,为植物的传播过程。这个过程以种子、孢子及能起繁殖作用的植物体的任何部位(如某些种的地下茎、具无性繁殖能力的枝和干及某些种类的叶),借助各种方式进行迁移。

1) 自体传播

自体传播是靠植物体本身传播的,并不依赖其他传播媒介。果实或种子本身具有重量,成熟后果实或种子会因重力作用直接掉落地面,例如毛柿及大叶山榄。而蒴果及角果的果实成熟开裂之际会产生弹射的力量将种子弹射出去,例如乌心石。自体传播种子的散布距离有限,但部分自体传播的种子在掉落地面后,会发生二次传播。鸟类、蚂蚁、哺乳动物都是可能的二次传播者。

2) 风传播

有些种子会长出形状如翅膀或羽毛状的附属物,乘风飞行。具有羽毛状附属物的种子大多为草本植物,例如菊科的黄鹌菜,木本植物则有柳树及木棉等。另外有些细小的种子,它的表面积与重量的相对比例较大,种子因此能够随风飘散,像兰科的种子。菊科植物蒲公英的瘦果,成熟时冠毛展开,像降落伞随风飘扬,把种子散播远方。

3) 水传播

靠水传播的种子其表面蜡质不沾水(如睡莲),果皮含有气室,密度较水低,可以浮在水面上,经由溪流或是洋流传播。此类种子的种皮常具有丰厚的纤维质,可防止种子因浸泡、吸水而腐烂或下沉。海滨植物,如棋盘脚、莲叶桐及榄仁,就具有典型靠水传播的种子。

4) 鸟传播

鸟类传播的种子大部分都是肉质的果实,例如浆果、核果及隐花果。鸟类啄食樟科植物的种子后将种子吐出。果实被采食后,种子经过消化道后随意排泄。鸟类传播种子的距离是所有方式中最远的。

5) 蚂蚁传播

在种子传播上,蚂蚁通常扮演二次传播者的角色。有些鸟类摄食、传播种子,但并没有全部消耗掉所有的养分,掉在地上的种子,其表面上还有残存的一些养分可供蚂蚁摄食,这时候蚂蚁就成了二手传播者。上述现象亦发生在自体传播或哺乳动物传播的种子。

6) 哺乳动物传播

哺乳动物传播的大部分都是属于一些中、大型的肉质果或干果。一般而言,哺乳动物的体型比较大,食物的需要量大,故会选择一些大型的果实。譬如猕猴喜爱摄食毛柿及芭蕉的果实,也帮助这些植物进行种子传播。

**2. 定居**

植物繁殖体传播到新的地点后,即进入定居过程。定居包括发芽、生长、繁殖三个环节。各个环节能否顺利通过,取决于种的生物学、生态学特征和定居地的生境。

定居能否成功,首先取决于种子的发芽力与发芽的条件,即发芽力保存期的长短,发芽率的高低,繁殖体所处生境中的水、温、空气诸因子的适宜与否和稳定程度。

其次是幼苗的生长状况。发芽时着生部位的水肥供给条件、温度的高低及变化、动物的影响等都直接关系着幼苗的命运。裸露的土壤表面有利于种子直接接触土壤并扎根生长;有地被物覆盖的地表(如枯枝落叶层、苔藓层、草被),往往使种子不能直接接触土壤,不利于

发芽和扎根生长。

繁殖是定居的最后一个环节。定居地生境能够满足植物繁殖体各发育阶段的生态要求,使其正常繁殖而完成定居过程。具有无性繁殖能力的种,在满足营养生长的条件下,极有可能实现定居。

**3. 竞争**

在动物世界中,动物之间弱肉强食是很自然的现象。植物没有动物那样大的活动空间,其生长范围狭小,又不能活动,但它们之间也同样存在着弱肉强食的现象。在一定的地段内,随着个体的增长、繁殖,或不同种的同时进入,必然导致对营养空间和水、养分的竞争,结果是适者生存。竞争的能力取决于个体或种的适应和生长速度。热带雨林中的绞杀植物就是植物间相互竞争的胜利者。热带森林地区,由于气温高,湿度大,非常适合热带植物的生长。植物群落中植物种类繁多,种间密度很大,故每种植物的生活空间缩小了,接受阳光的机会也相应减少。植物之间为了生存进行着一场争夺阳光和土壤养分的激烈竞争。在自然竞争中,那些具有生长优势的植物物种,可以得到充足的阳光和养料,从而在竞争中保存下来,那些处于劣势的植物,终究被淘汰。科学家们发现在巴拿马热带森林里,一些大树周围的许多小树和藤本植物相继枯死,经过观察发现,原来在大树根部长出了巨大根肿,它生长很快,在土壤中不断膨胀,形成一种挤压力,毁坏了邻近植物的根系,甚至将其根挤出地面,使其他植物无立足之地,枯竭而死。

植物世界生存竞争最残酷的一幕应是绞杀现象。

绞杀植物介于藤本植物和附生植物之间,是热带雨林植物争夺阳光、空间和矿物营养的残酷竞争达到顶峰的产物。绞杀植物最初只是像附生植物一样附着在树木的枝干上,而后一方面像藤本植物一样向上攀登与树木争夺阳光,另一方面又长出气根扎入土壤与树木争夺矿物营养,同时气根成网状包围住树干并逐渐愈合成绞杀植物的树干,最后原来的树木得不到阳光和矿物营养而死去,绞杀植物则形成了一株新的大树。最著名的绞杀植物是各种榕树,其发达的气根可以形成"独木成林"的现象,也可以成为绞杀植物的绳索。本来依靠鸟类和动物将种子携带到宿主枝桠和树皮裂缝后,才得以萌发生长的榕树,非但不"知恩图报",反而凭借自己垂吊而下的气根网,紧紧抱住宿主吸收养分并将其绞杀致死,进而占据其位置,寻求自身的发展。广东常见的绞杀植物有斜叶榕(ficus gibbosa)、榕树等。还有一种典型的绞杀植物——爬树龙,几条扭曲盘旋如蟠龙般的枝干,自下而上包裹着整个树身,外观像一株奇异美丽的"树雕",其实这"美丽"的背后,却是一场你死我活的拼杀。爬树龙正是为了自己生存,寄生于其他树干,长出纵横交错的根,包裹寄生树,一面盘剥树体的营养,一面与寄主争夺阳光雨露,迅速壮大自己。根伸入土中后,形成了自身强大的根系,独立生存后,密布于寄主的根便急剧扩张,紧紧裹缠寄主,直至使寄主"窒息"而死。

群落中的不同植株,即使种类、年龄都相同,也必然会在形态(主要指高度和直径)、生活力和生长速度上表现出或大或小的差异,这种现象在森林群落中称为"林木分化"。林木分化反映竞争能力的强弱,而剧烈的生存竞争,必然加速分化的进程。竞争的结果,使植物群落随年龄的增加单位面积上株数不断减少。这种现象在森林群落中称为"自然稀疏"。

种间竞争会产生种的灭亡。而种内竞争更为激烈,因为它们的结构和生活习性相似,种内竞争的结果会导致种的个体数量的减少,但不会导致种的灭亡。

**4. 群落的形成**

群落的形成过程,可简单地分为三个阶段。

1) 侵入定居阶段(先锋群落阶段)

这一阶段的特征是一些生态幅度较大的物种(先驱种),如一二年生的杂草,侵入定居并获得成功。虽然刚开始时这些物种中仅少数个体能幸存下来繁殖后代,或只在很小的一些生境中存活下来,但这种初步建立起来的种群却对以后环境的改造,为以后相继侵入定居的同种或异种个体起着极其重要的奠基作用。

2) 竞争平衡阶段

随着群落的发展,种群数量的增加,有了一定数量的物种后,生境逐渐得到改造,资源的利用逐渐由不完善到充分利用。因此,在这一阶段,物种之间的竞争激烈,有的物种定居下来,且得到了繁殖的机会,而另一些物种则被排斥,同时,那些能充分利用自然资源而又能在物种的相互竞争中共存下来的物种得到了发展,它们从不同的角度利用和分摊资源。通过竞争,逐渐达到相对平衡。

3) 相对平衡阶段(相对稳定阶段)

物种通过竞争平衡地进入协调进化,使资源的利用更为充分、有效。有时可能再增加一些共存的物种,使群落在结构上更加完善,使群落发展成为当地气候相一致的顶极群落,即群落有比较固定的物种组成和数量比例,群落结构复杂,层次多。

### 8.3.2 群落的发育

群落的发育分为三个时期。

**1. 发育初期**

在这一时期,群落建群种的良好发育是一个主要标志。由于建群种在群落发展中的作用,导致了其他植物种类的生长和个体数量上的变化。因此,在演替的各个阶段中,一个群落的发育初期,种类成分不稳定,每种植物个体数量的变化也较大;群落的结构尚未定型,主要表现在层次分化不明显,每一层中的植物种类也不稳定。在生态方面,群落所特有的生态环境正在形成之中,特点不突出。同样,群落的生活型组成和植物的物候进程都还没有一个明显的特点表现。

**2. 发育盛期**

在这一时期,适应于群落生态环境的植物种类能得到良好的发育。因此,群落的植物种类组成也相对稳定,与其他植物群落有着比较明显的区别。群落结构已经定型,主要表现在层次有了良好的分化,每一层都有一定的植物种类,呈现出一种明显的结构特点。在生态学特性方面,群落的生活型组成和季相变化,以及群落内生境都具有较典型的特点。如果群落的建群种是比较耐阴的种类,则在发育盛期还可以见到它们在群落中有良好的更新状况。

**3. 发育末期**

在一个群落发育的整个过程中,群落不断对内部环境进行改造。最初,这种改造作用对该群落的发育起着有利的影响。但当这一改造作用加强时,则被群落改变了的环境条件多数情况下对自身产生不利的影响,表现为原来的建群种长势逐渐减弱,缺乏更新能力。同时,一批新的植物侵入和定居,并且旺盛生长。由于这些原因,此时期植物种成分又出现一种混杂现象,原来群落的结构和生态环境特点也逐渐发生变化。一批新的植物种类终而取代了原有的群落,这也就是群落的自然演替。

实际上,群落的发育和形成之间并没有截然的界限。前一个群落的发育末期必然孕育着下一个群落的发育初期,等下一个群落进入发育盛期,被取代的前一个群落的特点才会全部消失。

## 8.4 植物群落的演替

### 8.4.1 植物群落演替和演替顶极的概念

**1. 植物群落演替**

自然植被系统是以群落的形态表现出来的。在植物群落中,一些植物树种由于各种原因会消失,而与此同时,另一些植物树种将及时出现弥补空缺,这将导致某一个植物群落结构进行一次自我调整,甚至进而影响某个范围内的生态系统。这种由缺失到弥补缺失的过程就称为演替。当这种演替慢慢达到稳定状态的时候,一次植物群落的演替行为就完成了。

活动和变化是植物群落最基本的特征之一。植物群落当前的外貌、结构等特征,是其运动发展过程中某一阶段的具体表现。随着时间的推移,植物群落的动态变化,优势种类可发生明显改变,引起整个群落组成的变化,具体表现为:在一定地段上,一种植物群落被另一种植物群落所替代,就是植物群落的演替。

**2. 演替顶极**

任何一类演替都经过迁移、定居、群聚、竞争、反应、稳定六个阶段,到达稳定阶段的群落,就是和当地生境条件保持协调和平衡的群落,这是演替的终点,这个终点就称为演替顶极。处于演替顶极的植物群落,即称为顶极群落。顶极群落为中生状态,不论成分、结构或是与气候之间的均衡状态都达到了相对的稳定。只要气候无剧烈的变化、没有人类活动、动物的显著影响或其他侵移方式的发生,它们便一直存在。由于大多数地区的地形、土壤存在着差异,植物也是复杂多变的。即使是在未被人类干扰的地区,也能形成很稳定的群落类型。它们通常出现在不同的坡向、不同的海拔及不同性质的土壤或岩石上。演替的趋同现象仅是局部的,不同的生境条件下发育的顶极群落仍有本质上的稳定,其内部还在不断地变动着,稳定和平衡是一种"动态平衡",内部的微小变化,不会影响群落的主要特点。

有关顶极群落的争论较多,最经典的有以下三种。

1) 单元顶极理论

该理论是由美国生态学家克里门茨(F. E. Clements)在1916年最先提出来的。他认为,在同一气候区内,无论演替初期的条件多么不同,植被总是趋向于减轻极端情况而朝向顶极方向发展,从而使得生境适合于更多的生物生长。因而,无论水生型的生境,还是旱生型的生境,最终都趋向于中生型的生境,并均会发展成为一个相对稳定的气候顶极群落。

在一个气候区内,除了气候顶极群落之外,还会出现一些由于地形、土壤或人为等因素所决定的稳定群落。为了和气候顶极群落相区别,F. E. Clements 将后者统称为前顶极群落(preclimax),并在其下又划分了若干前顶极群落类型。

单元顶极理论提出以来,在世界各国特别是英美等国引起了强烈反响,得到了不少学者的支持。但也有人提出了批评意见甚至持否定态度。他们认为,只有排水良好、地形平缓、人为影响较小的地带性生境上才能出现气候顶极群落。另外,从地质年代来看,气候也并非是永远不变的,有时极端气候的影响很大。

### 2) 多元顶极理论

多元顶极理论(polyclimax theory)由英国学者坦斯利(A. G. Tansley)在1954年提出。这个学说认为,如果一个群落在某种生境中基本稳定,能自行繁殖并结束它的演替过程,就可看作顶极群落。在一个气候区域内,群落演替的最终结果,不一定都汇集于一个共同的气候顶极终点。除了气候顶极群落之外,还可有土壤顶极群落(edaphic climax)、地形顶极(topographic climax)、火烧顶极(fire climax)、动物顶极(zoot-ic climax),同时还可存在一些复合型的顶极,如地形-土壤顶极(top-edaphic climax)和火烧-动物顶极(fire-zootic climax)等。一般在地带性生境上是气候顶极,在别的生境上可能是其他类型的顶极。

这样一来,一个植物群落只要在某一种或几种环境因子的作用下在较长时间内保持稳定状态,都可认为是顶极群落,它和环境之间达到了较好的协调。

### 3) 顶极模式假说

1953年顶极模式假说由惠梯克(R. H. Whittaker)提出。它是在单元顶极理论和多元顶极理论的基础上提出的,它承认单元顶极理论在生态学发展上的重要性,多元顶极理论是对单元顶极理论的适当修改。惠梯克认为,顶极概念的中心是群落的相对稳定性,顶极群落的组成、结构是由生态系统的总环境决定的,而不是其中某一个因素(如气候、土壤等),只要有多种因素的影响,就会有多种顶极群落的存在,一个地区的顶极群落是渐变的,它反映了多个因子渐变的特征,即生境梯度决定群落的格局。惠梯克说,尽管存在着干扰不连续现象,顶极群落与其用镶嵌体来解释,不如用与环境梯度格局相应的逐渐过渡的群落格局来解释。他强调群落的连续性,在这个连续变化的群落格局中,分布最广泛且通常位于格局中心的顶极群落,最能反映该地区的气候特征,并称之为优势顶极,其相当于单元顶极理论中的气候顶极。随着环境梯度的变化,各种类型的顶极群落,如气候顶极、土壤顶极、地形顶极等,不是以离散状态分布,而是连续变化的,很难明确地把各个顶极群落类型划分开,形成了一个以优势顶极为中心、其他顶极并存的连续变化的统一体。

另外,我国地植物学家刘慎谔在1962年对单元、多元顶极学说取综合态度,提出地带性顶极与非地带性顶极,指出主张单元顶极学说的,把注意力放在大气候上,大气候决定一切;主张多元顶极学说的,把注意力放在局部环境条件上,即综合因子上。他综合认为:有多少个系统就有多少个顶极(见图8-3),但地带性顶极只有一个,受制于大气候,其他都是非地带性顶极,受局部环境条件所控制。在研究植被区划时,应把注意力放在地带性顶极上;而研究一个地区内的植被时,则除注意地带性顶极外,同时还应注意非地带性顶极。

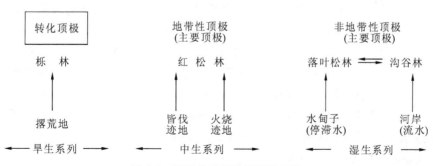

**图8-3 不同的系列及其顶极示意**

由此可见,不论是单元顶极论还是多元顶极论,都承认顶极群落是经过单向变化而达到稳定状态的群落;而顶极群落在时间上的变化和空间上的分布,都是和生境相适应的。两者的不同点在于：①单元顶极论认为只有气候才是演替的决定因素，其他因素都是第二位的，但可以阻止群落向气候顶极发展；多元顶极论则认为除气候以外的其他因素，也可以决定顶极的形成。②单元顶极论认为在一个气候区域内，所有群落都有趋同性的发展，最终形成气候顶极；而多元顶极论不认为所有群落最后都会趋于一个顶极。

顶极群落理论的提出，对生态学的发展起了巨大推动作用，但这方面的争论也随着对其认识的深入而不断进行。

### 8.4.2 植物群落演替的原因和分类

**1. 植物群落演替的原因**

植物群落演替的根本原因在于群落内部矛盾的发展。植物群落内部包含多对矛盾，例如：植物与植物之间（主要表现为对营养空间的竞争）、植物与其他生物（如鸟兽、昆虫、原生动物、微生物等）之间、植物与群落生境之间（主要表现为适应与改造）。这些矛盾之间的互相竞争、相互依赖作用，是群落发展的根本原因。上述诸对矛盾中，一般来说，主要矛盾是群落的优势种（或建群种）与群落生境之间的矛盾（表现为适应与改造两方面）。其中，起决定性作用的，即矛盾的主要方面是优势种（或建群种），特别是优势种的生物学、生态学特征。事实上，任何一定地段上的群落发生、发展过程，都是从具有与该地段的生境相适应的植物种类完成其传播开始的。所有的外部因素，如火灾、采伐、开垦、病虫害、风灾、冰川侵移、气候的变迁等，都是通过其内部的矛盾而起作用的，即引起群落的组成种类或群落生境发生变化，使原来的生境与群落组成种类间失去了相对的统一性，随之使原来的组成种类发生改变，从而产生群落的演替。因此，群落的演替是在内因和外因共同作用下产生的结果。

**2. 植物群落演替的分类**

（1）按照植物群落演替的起点裸地的性质，可分为原生演替和次生演替。开始于原生裸地上的植物群落演替称为原生演替，开始于次生裸地上的植物群落的演替称为次生演替。

（2）按照植物群落演替的性质和方向，可分为进展演替、逆行演替和循环演替。在未经干扰的自然状态下，群落从结构较简单、不稳定或稳定性较小的阶段（群落）发展到结构更复杂、更稳定的阶段（群落），后一阶段总比前一阶段对环境的利用更充分，改造环境的作用也更强，这称为进展演替。如由原生裸地→草原→灌木林→森林的演替。群落的逆行演替发生在人为破坏或自然灾害等干扰因素作用之后，原来稳定性较大、结构较复杂的群落消失了，代之以结构较简单、稳定性较小的群落，利用环境和改造环境的能力也相对减弱，甚至倒退到裸地。如森林由于火烧演替为草原，或由于草原的破坏形成荒漠。当干扰因素消失后，演替仍向着进展演替的方向发展。有些群落的演替具有周期性变化，即由一个类型转变为另一个类型，然后又回到原有的类型，为循环演替。如美国新罕布什尔州相对稳定的北方硬阔叶林中山毛榉、糖槭和黄桦的循环演替：山毛榉不能在自身林下更新生长，适于在糖槭林下更新，而糖槭只适于在黄桦林下更新，黄桦又能在山毛榉林下更新，并取代山毛榉，由此以山毛榉为优势的上层林木死亡后，就会产生一种小循环演替。

（3）按照演替初始阶段基质的性质可分为旱生演替和水生演替。在干旱缺水的基质上进行的演替属于旱生演替，如裸露的岩石表面上生物群落的形成过程。在多水的环境中开始的演替属于水生演替，如淡水湖或池塘或多水的沼泽中水生群落向中生群落的转变过程。

(4) 按照演替的动力可分为自发演替、异发演替和生物发生演替。由于生态系统自身变化而引起的演替称为自发演替,特别是由于生物作用引起生境的变化使自身不适应而为替代生物创造条件形成的演替,如在火山喷发形成的原生裸地上依次形成原生草地、灌木到山地森林都属于自发演替过程。由于生态系统外力所引发的演替称为异发演替,如由于物理环境中的地质变化而引发的演替类型。由于某些生物作用成为演替的主要动力而引发的演替称为生物发生演替,如由于非洲大象的干扰而形成的草原或自然群落被人为改变形成的农田属于该类型。

### 8.4.3 植物群落演替的过程

演替的过程是指沿着某一起点开始,经过一系列的演替阶段,最终到达演替终点的过程。下面以原生演替和次生演替为例说明。

**1. 原生演替**

从原生裸地上开始的群落演替即为群落的原生演替。而且,由顺序发生的一系列群落(演替阶段)组成一个原生演替系列。一般对原生演替系列的描述,都是采用从岩石表面开始的旱生演替和从湖底开始的水生演替进行描述。这是因为岩面和水底代表了两类生境的极端类型,一个极干,一个却为水生环境。在这样生境上开始的群落演替,其早期阶段的群落中,植物生活型组成几乎到处都是非常近似的。因此可以把它们作为一种模式来加以描述。

1)旱生演替系列

一块光秃的岩石表面,对于植物的生长来说,生境是非常严酷的。没有土壤,而且极为干燥,温度的变化幅度也极大。

(1)地衣植物群落阶段。在这个演替阶段中,在岩石表面顺序出现壳状地衣——叶状地衣——枝状地衣。它们凭借所分泌的有机酸腐蚀岩面,其残体也参加到土壤的聚集和水分的储蓄中去。岩面的生境开始改变。

(2)苔藓植物群落阶段。在上一阶段地衣植物聚集的少量土壤上,能耐干旱的苔藓植物开始生长,形成群落。它们具有丛生性,成片密集生长,聚集土壤的能力更强。土壤、水分条件进一步有所改善。

(3)草本植物群落阶段。在土壤稍多些的情况下,一些耐旱的草本植物,如蕨类和一年生短命植物相继出现,代替苔藓植物群落。接着是多年生植物定居和形成群落,到了这个阶段,原有岩面的环境已经大大改变:土壤增厚,有了遮阴,减少了蒸发,调节了温、湿度变化,土壤中细菌、真菌和小动物的活动也增加,生境再也不那么严酷了。于是创造出木本植物适宜的生活环境。在森林分布的地区,演替继续向前进行。

(4)木本植物群落阶段。在草本植物群落中,首先是一些喜光性灌木出现,以后形成灌木群落。继而,乔木树种生长形成森林。林下的荫蔽环境,使其他耐阴性的灌木和草本植物种类得以定居,原有的喜光性灌木逐渐从森林中消失。

在这个演替系列中,地衣和苔藓植物群落阶段延续的时间最长。草本植物群落阶段,演替的速度相对最快。而后,木本植物群落演替的速度又逐渐减慢,这是由于木本植物生长时期较长所致。

2)水生演替系列

在一般淡水湖泊中,水深 4 m 以下,由于光照和空气的缺乏,没有体形较大的绿色植物生长,只有一些浮游生物活动。由于浮游生物大量的残体堆积,加上从湖岸上冲刷下来得到的矿物质淤积,逐步抬高了湖底。随着湖底的逐步抬高,依次出现下列群落的演替系列。

(1) 沉水植物群落阶段。在水深 4 m 左右的池塘,常有许多沉水植物生长,如金鱼藻、狐尾藻、眼子菜、水车前、苦草等,它们整个植株全在水中。这些植物死后,死亡体向池塘底沉积,池塘日益变浅,不适于原有植物生长,让位给适合这种浅水环境的植物。

(2) 浮水植物群落阶段。当水深 1～3 m 时,出现浮水植物,如睡莲、菱角等。这些植物具有地下茎,根扎在水底土中,繁殖很快,有高度堆积水中泥沙的能力,叶子在水面或水面以上,有时密集生长遮蔽水面,加快湖底抬高的速度。

(3) 挺水植物群落阶段。水深 1 m 左右时,挺生水中的沼泽植物如莲、水鳖、芦苇、茭白、香蒲等逐渐迁移过来,它们也都有地下茎,繁殖特别快,个体数量多,阻留泥沙和累积腐殖质的速度加快。

(4) 湿生草本植物群落阶段。当水浅到一定程度,在干季土面可以露出时,已经不能适应挺水植物的生存,由灯心草、驴蹄菜等喜湿草本植物取而代之。在比较干燥的条件下,另一些新的植物迁移过来,在干燥气候区域,形成稳定的草原群落;在湿润气候区,则向木本植物群落发展。

(5) 木本植物群落阶段。最初生长耐湿的柳类很快过渡到乔木时期,如赤杨、白桦、水曲柳等,逐渐形成稳定性较大的群落。

水生演替系列实际上是一个植物填平湖沼的过程。每一阶段的群落都以抬高湖底而为下一个阶段的群落出现创造条件。这种演替系列经常可以在一般的湖沼周围看到,在不同深度的水生生境中,演替系列中各阶段的植物群落成环带状的分布。随着湖底抬高,它们逐个地向前推进。

上述群落原生性演替只提供一个群落演替的模式过程。它反映了群落的演替实质上是群落的生活型组成和植物环境的更替。每一个阶段的群落总是比上一阶段群落结构复杂,高度增加,因此,利用环境更为充分,改变环境的作用更强。这样也就为下一个群落创造条件,使得新的群落得以在原有群落的基础上形成和产生。

这就是说,植物群落的演替是由群落内部矛盾的发展所引起的。植物群落的发展,引起群落内部环境条件的变化,引起植物成分之间相互关系的变化,这些变化为新群落的产生创造了条件。于是新的代替旧的,演替就发生了。而人类对群落的利用和改造,很大程度上是在掌握群落演替规律性的基础上进行的。

**2. 次生演替**

当原生演替系列中的某个阶段受到外界因素干扰时,如火烧、采伐、病虫害、干旱、水淹、严寒等的作用,特别是在人类经济活动或破坏后发生的另一种群落演替系列,称为次生演替。次生演替包括两个过程,一个是群落的退化,另一个是群落的复生。

群落的退化是指在外界因素作用下,群落类型由比较复杂、比较高级和相对稳定的阶段向着比较简单、比较低级和稳定性较差的阶段逆行退化。因此,群落的退化属于逆行演替。例如马尾松林受到破坏后,可能变成荒山灌丛或草地。

群落的复生是指外界破坏作用停止之后,群落的演替又逐渐恢复到破坏前的原生群落类型。不过这种恢复只是群落类型上基本相同,而种类组成或层次结构不可能完全一样。例如,云杉林经采伐之后,首先恢复的为杨树林、桦树林,如果林地附近有云杉的种源,被破坏的云杉林仍然会更替为杨、桦林,最终再恢复为云杉林。

次生演替的速度、趋向和所经历的阶段取决于原生群落遭受破坏的程度和持续的时间。破坏的程度愈严重，持续的时间愈长，那么退化的阶段则愈低级，速度也愈快，而复生的群落阶段就多，速度就慢。如果原生群落被彻底的破坏，使群落失去复生的条件，那么群落的演替就转为原生演替。

人类活动对群落演替有很大影响。过度放牧导致草原退化，过度砍伐导致森林破坏，污水排放破坏水域生物群落。人类可以砍伐森林、填湖造地、捕杀动物，也可以封山育林、治理沙漠、管理草原，甚至可以建立人工群落。人类活动往往会使群落演替按照不同于自然演替的速度和方向进行。

## 8.5 植物群落的分布

地球陆地表面在温度保证的湿润气候条件下都能生长森林。南北极、冻原和高大山体上部因温度过低而无林。估计史前时期森林占全球陆地面积70%以上，人为活动使森林面积缩小，出现森林分布不均匀，特别是适于人类生存的温带，出现过古老文明的地区，森林面积急剧减少。现在世界森林面积占陆地面积的22%～30%。针叶林是分布面积最大的森林类型，分布在北半球高纬度地区，形成欧亚大陆和北美广阔的针叶林带，针叶林约占世界森林面积的33%。热带雨林分布面积也很大，这是赤道附近高温高湿热带地区形成的常绿阔叶林，在亚洲、南美洲和非洲形成三大片。这类森林受人为破坏较晚，南美巴西的热带雨林有的几乎未经人为活动干扰，处于原始状态，热带雨林面积约占世界森林总面积的20%。在广阔的温带和亚热带，形成针阔混交林、落叶阔叶林、常绿阔叶林等，由于该带人口密度大，森林破坏严重，处于这一纬度带的大多数国家，森林覆盖率较低。按大洲计，拉丁美洲森林最多，占世界森林面积的24%。

我国幅员辽阔，地形复杂，气候条件更是多种多样，不但具有寒、温、亚热、热带等气候带，而且在同一地区也常因山体高低而有显著差异。因此，我国的植物种类和植被类型十分丰富。

### 8.5.1 中国植被的区划

**1. 植被分布规律**

任何植物群落的存在，都与其生境条件密切相关，随着地球表面各地环境条件的差异，植被（森林）类型呈现有规律的带状分布，这就是植被分布的地带性规律，这种规律表现在纬度、经度和垂直方向上，合称植被分布的三向地带性。

1) 植被分布的水平地带性

地球陆地表面由于气候因子的有规律变化，森林类型呈现从低纬度向高纬度或沿经度方向从高到低的有规律分布，这种现象称为森林分布的水平地带性。水平地带性包括随热量变化的纬度地带性和距海远近的水分变化而形成的经向地带性。

我国南自南沙群岛，北至黑龙江，跨纬度49度以上，东西横跨经度约62度，在此广阔的范围内，表现出明显的森林分布水平地带性。太阳辐射是地球表面热量的主要来源。由于纬度的差异，从南向北形成各种热量带：热带、亚热带、温带、寒温带。陆地上大气降水的主要来源是海洋蒸发的水汽。我国东临太平洋，西连内陆，受海洋季风影响的程度不同，我国从东到西具有水分条件从湿润到干旱的明显变化，大体形成内陆高原和东部季风区两部分，其分界线大致由大兴安岭西坡南行,向西南经燕山、吕梁山、子午岭、六盘山到青藏高原边缘。这条线基本上是年降水量 400 mm 的等雨线,分界线以东,受海洋季风影响显著,年降水量超过 400 mm,属湿润区,适于森林生长;分界线以西,海洋湿润气流难于到达,年降水量不足 400 mm,干燥少雨,属干旱区。

我国东部森林分布区纬度地带性从大兴安岭山地开始,向南依次为:大兴安岭针叶林带、小兴安岭长白山针叶和落叶阔叶混交林带、华北落叶阔叶林带、华中落叶阔叶和常绿阔叶混交林带及常绿阔叶林带、华南热带季雨林和雨林带。森林的变化规律是林木组成和森林的层次结构由简单到复杂。我国森林分布的经度地带性表现在东部湿润区适于森林生长,西部干旱区地带性植被类型是半干旱草原和干旱荒漠,只在山地的一定高度和河流沿岸才出现森林。

2) 植被分布的垂直地带性

高大山体随着海拔的升高,森林类型呈现有规律的带状分布,这一现象称森林分布的垂直地带性。随海拔升高依次出现的植被带的具体顺序称植被的垂直带谱。由于山体的具体环境的差异,各有不同特点的垂直带谱,以热带山地垂直地带性最为完整,如地处我国台湾的玉山(北纬 23°30′)海拔 3 950 m,从山下到山顶的植被垂直带谱如下。

130～600 m,热带雨林;

600～900 m,山地雨林;

900～1 800 m,山地常绿阔叶林;

1 800～3 000 m,山地暖温带针叶林、针阔混交林、常绿落叶阔叶混交林和落叶阔叶林;

3 000～3 600 m,亚高山寒温带针叶林;

3 600～3 950 m,亚高山杜鹃灌丛和亚高山草甸二者复合分布。

垂直地带性是以纬度地带性为基础,愈向高纬度,垂直带谱愈简单。地处温带的长白山(北纬 42°)海拔 2 691 m,垂直带谱的基带为针叶阔叶混交林带,其植被垂直带谱如下。

1 100 m 以下,针叶阔叶混交林带;

1 100～1 800 m,亚高山针叶林带;

1 800～2 100 m,山地矮曲林和亚高山草甸带;

2 100 m,以上高山灌丛草甸带。

接近极地,则山体为冰雪所封盖,只有一个无林的植被带,即冻原带、水平带和垂直带结合在一起。

植被垂直带谱的基带与该山体所在地区的水平地带性植被相一致的规律,不仅在不同纬度上表现出来,在同一纬度的不同经度上也有表现。如我国长白山(东经 128°)和天山(东经 86°)都位于北纬 42°左右,天山的植被垂直分布如下。

500～1 000 m,荒漠带;

1 000～1 700 m,山地荒漠草原和山地草原带;

1 700～2 700 m,山地针叶林带;

2 700～3 000 m,亚高山草甸带;

3 000～3 800 m,高山草甸、高山垫状植物带。

两山植被垂直分布的差异:基带不同,天山的水平带是荒漠,长白山的基带是落叶阔叶林带;天山的森林带只出现在一定海拔高度(1 700～2 700 m),长白山的森林带从山底一直到海拔 2 000 m 左右的森林分布线;带谱组成不同,天山垂直带谱由不同植被类型:荒漠、草原、森林、草甸等组成,长白山垂直带谱基本由不同森林类型所组成。

水分是影响森林分布的重要因素。在同一高大山体上,不同坡向可能出现不同的水分条件,因而出现不同森林类型的垂直分带,如高黎贡山,东坡较西坡干旱,得以出现干性的云南松林带和落叶林带(见图8-4)。这种由坡向不同形成的水分条件差异,在很多高大山体上反映出不同的植被垂直分带。

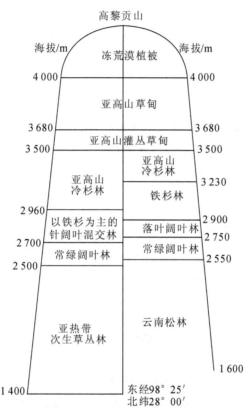

图8-4 滇西高黎贡山东坡和西坡植被垂直分布

有时在较大的地理区域中,既呈现水平地带性规律,也包含垂直地带性规律。我国东部湿润区,由青藏高原东缘向华南沿海及海南岛、台湾等岛屿,随海拔递降,出现如下植被:高山灌丛草甸、亚高山针叶林、中山针阔叶混交林和落叶阔叶林,云贵高原及其边缘的常绿阔叶林,台、粤、桂滇南的热带季雨林和雨林。

3) 水平地带性与垂直地带性的关系

水平地带性与垂直地带性有相似之处:森林类型在山地垂直方向上的成带分布和地球表面纬度水平分布顺序有相应性(见图8-5)。如果以赤道湿润区的高山植被分布带与赤道到极地的水平植被分布相比较,可以看出,自平地到山顶和自低纬度到高纬度的排列顺序大致上相似,即热带雨林(季雨林)、常绿阔叶林、落叶阔叶林、针叶林。垂直带与水平带上相应的植被类型,在外貌上也是基本相似的。

纬度地带性的带谱与垂直带谱的不同,区别如下。

(1) 纬度带的宽度比垂直带的宽度大得多,纬度带一般以几百千米计,而垂直带一般以几百米计。纬度带环境因子变化比较缓慢,每一纬度的距离111 km,年平均气温相差0.5~0.9 ℃,而海拔每升高100 m,气温下降0.5~0.6 ℃,这表明水平距离111 km的温度变化只

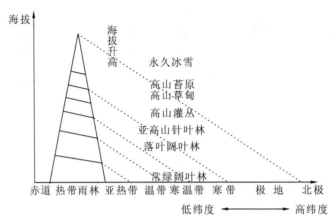

图 8-5 植被垂直地带与水平地带相关性示意图

相当于垂直高度上 100 m 的变化,形成纬度带和垂直带的气候因子中,还包括温度节律性变化不同:从赤道到极地,由一年四季分明的热带,经四季分明的温带,到温暖夏季短而严寒冬季长的寒带;在赤道带上的高山,随着海拔升高温度降低过程中,仍保持着均匀的年进程。

(2) 纬度带的相对连续性,垂直带的相对间断性。形成纬度带的环境因子是逐渐缓慢变化的,不同带谱间形成较广的过渡带,整个带谱呈现出连续性;垂直带各带谱距离较短,常被山体的河谷、岩屑堆、岩石露头所间断,有时不同带间分界明显。

(3) 纬度带与垂直带森林类型分布顺序的相似性是指群落的优势生活型和外貌,但植物种类成分和群落生态结构仍有较大差异。如我国北方针时林主要组成种为兴安落叶松(*larix gmelinii*),在我国西南亚高山针叶林常见种为长苞冷杉(*abies georgei*)、丽江云杉(*picea likiangensis*)等;另外,我国亚高山针叶林下,箭竹(*sinarun dinaria*)较普遍,北方针叶林下则不见。

经度地带性干旱区的垂直带:随着海拔增高,气温降低,蒸发减少,降水增加,空气湿度加大,逐渐离开经度地带气候的影响。出现森林,如以我国西北干旱区的高大山体为中心,形成八个林区。

**2. 中国植被区划**

我国的植被分区可划分出 8 个植被区域,22 个植被地带。

Ⅰ——寒温带针叶林区域

Ⅰ₁——南寒温带落叶针叶林地带

Ⅱ——温带针阔叶混交林区域

Ⅱ₁——温带针阔叶混交林地带

Ⅲ——暖温带落叶阔叶林区域

Ⅲ₁——暖温带落叶阔叶林地带

Ⅳ——亚热带常绿阔叶林区域

ⅣA——东部(湿润)常绿阔叶林亚区域

ⅣA1——北亚热带常绿落叶阔叶混交林地带

ⅣA2——中亚热带常绿阔叶林地带

ⅣA3——南亚热带季风常绿阔叶林地带

ⅣB——西部(半湿润)常绿阔叶林亚区域

Ⅳ$_{B1}$——中亚热带常绿阔叶林地带

Ⅳ$_{B2}$——南亚热带季风常绿阔叶林地带

Ⅴ——热带季雨林、雨林区域

Ⅴ$_A$——东部(偏湿性)季雨林、雨林亚区域

Ⅴ$_{A1}$——北热带半常绿季雨林、湿润雨林地带

Ⅴ$_{A2}$——南热带季雨林、湿润雨林地带

Ⅴ$_B$——西部(偏干性)季雨林、雨林亚区域

Ⅴ$_{B1}$——北热带季节雨林、半常绿季雨林地带

Ⅴ$_C$——南海珊瑚岛植被亚区域

Ⅴ$_{C1}$——季风热带珊瑚岛植被地带

Ⅴ$_{C2}$——赤道热带珊瑚岛植被地带

Ⅵ——温带草原区域

Ⅵ$_A$——东部草原亚区域

Ⅵ$_{A1}$——温带草原地带

Ⅵ$_B$——西部草原亚区域

Ⅵ$_{B1}$——温带草原地带

Ⅶ——温带荒漠区域

Ⅶ$_A$——西部荒漠亚区域

Ⅶ$_{A1}$——温带半灌木、小乔木荒漠地带

Ⅶ$_B$——东部荒漠亚区域

Ⅶ$_{B1}$——温带半灌木、灌木荒漠地带

Ⅶ$_{B2}$——暖温带灌木、半灌木荒漠地带

Ⅷ——青藏高原高寒植被区域

Ⅷ$_A$——高原东南部山地寒温性针叶林亚区域

Ⅷ$_{A1}$——山地寒温性针叶林地带

Ⅷ$_B$——高原东部高寒灌丛、草甸亚区域

Ⅷ$_{B1}$——高寒灌丛、草甸地带

Ⅷ$_C$——高原中部草原亚区域

Ⅷ$_{C1}$——高寒草原地带

Ⅷ$_{C2}$——温性草原地带

Ⅷ$_D$——高原西北部荒漠亚区域

Ⅷ$_{D1}$——高寒荒漠地带

Ⅷ$_{D2}$——温性荒漠地带

1) 寒温带针叶林区

该区位于大兴安岭北部山地。一般海拔300~1 100 m，北部最高峰奥科里堆山，海拔1 520 m。全区整个地形相对平缓，呈丘陵状台地，无终年积雪山峰。本区为我国最冷地区，冬季长达8个月，生长期仅90~100 d，年平均气温0 ℃以下。年降水量平均350~500 mm，大都分集中在7、8月，气候特点是寒冷较干燥。5、6月间常有明显旱象。

由于气候条件比较一致并且严酷，植物种类较少，主要组成树种是兴安落叶松，基本的森林类型是落叶松为主的明亮针叶林，可自山麓直达森林上限，广泛成林。群落学特征是林

分结构简单,常见的是落叶松纯林,乔木层有时混生樟子松,但本区樟子松数量很少,只在西北部可形成小面积樟子松纯林,一般在较干燥的阳坡或山顶部。林下草本植物不发达,下木稀少,以旱生型的兴安杜鹃为主,沼泽地则为苔藓杂草。

兴安落叶松林破坏后的更替树种往往是白桦(betula platyphylla)、山杨(populus davidiana),兴安落叶松的天然更新也比较好,常见白桦林或白桦与落叶松混交林,并向落叶松林方向发展。本区东南部边缘有很多蒙古栎(quercus mongolica)。

2) 温带针叶阔叶混交林区

本区包括东北三江平原、小兴安岭、长白山区,南至沈阳、丹东一线。小兴安岭属低山丘陵地形,山势浑圆,山顶也较平坦,平均海拔高度 400~600 m,个别山峰达 1 000 m 以上。张广才岭山势起伏较大,海拔最高 1 760 m。完达山地势较平缓,多低湿沼泽地。长白山地势高峻,海拔一般 500~1 000 m,主峰 2 691 m。该区冬季长夏季短,冬季长达 5 个月以上,生长期约 125~150 d,年降水量 500~800 mm,由南向北逐渐递减。由于气温较低,蒸发量小,空气湿润,降水主要集中在气温较高的夏季,这些因素相配合,有利于形成茂密的落叶阔叶与针叶混交林。

地带性顶极群落是以红松为主构成的温带针阔混交林,一般称阔叶红松林,除红松(pinus koraiensis)外,混交的针叶树有红皮云杉(picea koraiensis),混交的阔叶树有紫椴(tilia amurensis)、枫桦(betula costata)、水曲柳(fraxinus mandshurica)等,本区南部森林种类组成较北部丰富,有少量沙松(abies holophylla)、紫杉(taxus cuspidata)、千金榆(carpinnus cordata)等。灌木种类较繁多,常形成茂密下木层。本区低湿谷地有小面积非地带性顶极落叶松林,北部有较多分布。个别地段尚有云杉、冷杉林。大规模森林开发以来,原始阔叶红松林面积急剧减少,反复破坏后往往形成次生的落叶阔叶林,即次生林,其主要组成树种有:蒙古栎、白桦、山杨等形成纯林或混交林。

3) 暖温带落叶阔叶林区

包括三个林区:辽东胶东半岛丘陵松栎林区,冀北山地松栎林区,黄土高原山地丘陵松栎林区。

这一带地形属低山丘陵,西部高,东部低,由山地、丘陵到平原,一般海拔 1 000 m 以下,少数主峰近 3 000 m。本带气候夏热多雨,冬寒晴燥,春多风沙,年平均气温 10~16 ℃,年降水量沿海一带 500 mm 以上,有的可达 1 000 mm,西部低于 500 mm,全年降水分配不均,约 70%集中于夏季,夏季温高雨多,对林木生长有利,但冬寒春旱,对植物生长不利。

本带森林资源少而分散,一般均为栎类、油松、侧柏为主的次生林分布。辽东胶东半岛丘陵以赤松为优势种,阔叶树辽东栎、麻栎等组成落叶类栎林。冀北山地主要树种有桦木、山杨、油松(pinus tabulaeformis)、栎类,海拔 1 600~2 300 m 有华北落叶松(larix principis rupprechtii)及云杉,以下为油松纯林或松栎混交林。晋冀交界北部海拔较高处为华北落叶松和云杉,低海拔处是栎林。吕梁山、太行山海拔 1 600 m 以上主要有白杆(picea meyerii)、青杆(picea wilsonii)、华北落叶松混交林或桦木、山杨次生林。冀北山地和黄土高原山地的低山地带由多种栎类、油松、侧柏等组成幼龄次生林。此外,多为次生灌丛和灌木草地,平原低山地区多为散生的和人工栽培的树种。灌木以酸枣、荆条为主。草本则以黄背草、白羊草占优势。

4) 亚热带常绿阔叶林区

本区范围特别广阔,北起秦岭淮河一线,南达北回归线南缘附近与热带北缘相接,西止于松潘贡嘎山、木里、中甸、碧山、保山一带；东迄东海之滨，包括我国台湾和舟山群岛等一些弧形列岛在内；长江中下游横贯于本区中部。地势西高东低，西部包括横断山脉南部以及云贵高原大部分地区，海拔多在 1 000～2 000 m；东部包括华中、华南大部分地区，多为 200～500 m 的丘陵山地。气候温暖湿润，无霜期 250～350 d。土壤以酸性的红壤和黄壤为主。

常绿阔叶林是本区具有代表性的植被类型。上层是常绿阔叶树种所组成，其中以壳斗科、樟科、木兰科、山茶科、金缕梅科为主。在林内通常都有一至数个优势种，并常分为两个乔木亚层。乔木以青冈属、栲属、石栎属、桢楠属、楠木属等为常见。灌木中也多常绿种类，常见的有鹅掌柴属、冬青及柃木属、杜鹃属等。草本中有常绿的蕨类如狗脊、瘤足蕨、金毛狗和苔草等。林内一般都有藤本和附生植物，在山地背阴或迎风面，树干上附生的苔藓非常普遍。

本区常绿阔叶林被破坏后，常为次生针叶林或人工林，长江中下游一带主要为马尾松和人工杉木、毛竹林，西南则为云南松、思茅松等。

本区竹类占有一定比重，同时还有很多地质史上孑遗植物，如银杏、水杉、水松、银杉、金钱松、枫香、檫木、鹅掌楸、珙桐等，具有很高的观赏价值和研究价值。

5）热带季雨林、雨林区

这是我国最为偏南的一个植被分区。东起我国台湾东部沿海的新港以北，西至西藏亚东以西，东西跨越经度达 32°30′；南端位于我国南沙群岛的曾母暗沙（北纬 4°），北面界线则较曲折；在东部地区大都在北回归线附近，即北纬 21°～24°之间，但到了云南西南部，因受横断山脉影响，其北界升高到北纬 25°～28°，而在藏东南的林芝地区附近更北偏至北纬 29°附近。在本区内除个别高山外，一般多为海拔数十米的台地或数百米的丘陵盆地。这一区气候高温多雨，全年平均温度 22 ℃ 以上，年雨量 1 500～3 000 mm。高温期与多雨期、低温期与少雨期较一致，形成湿热、干凉两季气候特征，地形对热量、湿度分配影响较大。

滇南、滇西南部湿热河谷，海南岛中部山地沟谷、东部低山丘陵，我国台湾东部、南部，有较典型的雨林分布，进入中上层的树种主要有楝科、樟科、大戟科等。闽、粤、桂沿海和台湾西南部，海南岛海拔 700 m 以下的丘陵，滇南、滇西南大部低山，都为热带季雨林，主要种有木棉（gossampinus malaborica）等。本区较高处分布有亚热带常绿林。沿海保留有少量海岸林。海湾淤泥的黏质盐土上有红树林分布，自雷州半岛、海南岛一直到福建沿海呈间断分布，愈向北树种愈少，红树林以红树科为主，我国红树林共 26 个树种。我国台湾雨林主要树种有：肉豆蔻（myrisflca cagayanensis）、白翅子树（pterorapermum niveum）等；由大叶榕（ficus septica）、厚壳桂（cryptocarya chinensis）等组成半常绿季雨林，木棉、黄豆树（albiz）等组成落叶季雨林。海南岛雨林主要树种有苦梓（michelia balansae）、母生（homalium hainanense）等。南海诸岛调查资料较少，一般分布有赤道珊瑚林。

热带雨林是我国所有森林类型中植物种类最为丰富的一种类型。热带季雨林在我国广泛分布，是一种地带性类型，在明显干季气候条件下，以喜光耐旱的热带落叶树种为主，我国季雨林中主要落叶树种约 60 多种，有时以优势种出现。

本区原始雨林、季雨林已很少，大部沦为次生林或灌丛草地，低山丘陵平地大部分开垦农作物，现已大面积营造人工林，如桉树、杉木等，还栽植多种珍贵树种：母生、青梅等，以及多种经济林木：椰子、咖啡、荔枝等。

6）温带草原区

欧亚大陆近中心区域是世界上最大的草原，它西起欧洲多瑙河下游，东至我国松辽平

原,全长约 8 000 km。我国温带草原区是欧亚草原区的组成部分,包括松辽平原、内蒙古高原、黄土高原,以及新疆北部的阿尔泰山区,面积十分辽阔。地貌上除西部为山地(阿尔泰山)外,大部分以开阔平缓的高平原和平原为主体,气候为典型大陆性气候。本区包括半湿润的森林草原区,半干旱的典型草原区和一部分荒漠草原区。地带性植被以针茅属为主所组成的丛生禾草草原为主,但在半湿润区和山地垂直分布带上也常有森林带的出现。

7) 温带荒漠区

本区包括新疆的准噶尔盆地与塔里木盆地、青海的柴达木盆地、甘肃与宁夏北部的阿拉善高原及内蒙古自治区鄂尔多斯台地的西端,约占我国国土面积1/5。整个地区以沙漠与戈壁为主。气候极端干燥,冷热变化剧烈,风大沙多。年降雨量一般低于 200 mm。气温温差极大,植被主要由一些极端旱生和小乔木、灌木、半灌木和草本植物所组成。如梭梭、沙拐枣、旱柳、泡泡刺、胡杨、木麻黄、骆驼刺、猪毛菜、沙蒿、苔草以及针茅等。较高山地受西来湿气流影响,随海拔高度的上升而降水量渐增,因而也出现草原或耐寒针叶林。

8) 青藏高原高寒植被区

青藏高原位于我国西南部,平均海拔 4 000 m 以上,是世界上最高的高原。包括西藏自治区绝大部分、青海南半部、四川西部以及云南、甘肃和新疆部分地区。由于海拔高、寒冷干旱,大面积分布着灌丛草甸、草原和荒漠植被。但在东南部(横断山脉地区),由于水热条件较好,分布着以森林为代表的大面积针阔叶林。四川西部的折多山以东、邛崃山以西的大渡河流域,分布着大面积的针叶林和片段的常绿阔叶林,形成结构复杂的植被垂直带谱。

我国植被区划如图8-6所示。

### 8.5.2　植被分布规律在园林中的应用

植物地理分布规律是植物及其种群与其地理环境长期相互作用的结果。任何一种植被类型和结构都受不同地带环境的制约,同时又对一定范围的环境产生影响。不同植被地带的植物群落组成成分和结构是在不同地带环境条件的制约下,通过植物长期适应和发育而形成的。应用植物地理分布指导园林绿化工作,在园林植物选择、引种、配置等方面具有重要的意义。

**1. 园林绿化植物选择、规划**

城市按其地理位置,从属于所在地的地理气候区。在城市园林绿化工作中,绿化植物的选择、规划应考虑城市所处的气候带和植物的地带性分布规律及特点,充分利用城市所在地带自然保护区的各种天然植被调查成果,挖掘和利用乡土植物,使绿化植物的选择、规划符合城市所处生物气候的植物分布规律。充分发挥乡土植物生态上的适应性、稳定性、抗逆性强和生长较旺盛的特点,保证适地适树,有利于园林绿化的成功。此外,充分挖掘利用丰富的乡土植物资源可以选出大量的园林绿化新材料,丰富城市园林的景观,使园林绿化面貌充分反映出各自地区自然景观的地带性特色。这样不仅能体现地方风格,而且符合生态园林原则。例如,长江中下游地区可选择银杏、东北地区选择红松;深圳市可选择阴香、榕树、秋枫、樟树等;青海西宁选择乡土植物华北紫丁香、羽叶丁香、贺兰丁香等;江苏镇江市可选择利用乡土地被植物紫花地丁、金钱草等。

**2. 引入域外园林植物,增加植物多样性**

城市园林植物群落组成与所处的生物气候带植被具有较大的相似性,但城市植被属于

第 8 单元　植物群落

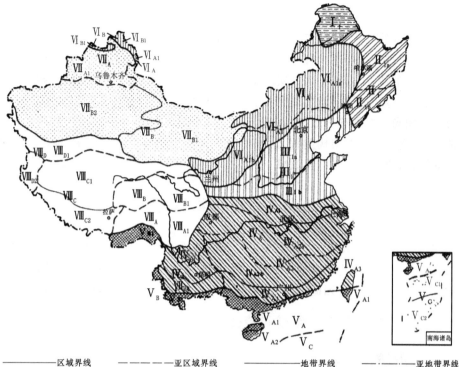

| | | | |
|---|---|---|---|
| ——— 区域界线 | - - - 亚区域界线 | — - — 地带界线 | ····· 亚地带界线 |

- I 寒温带针叶林区域
  - I₁ 南寒温带落叶针叶林地带
- II 温带针阔叶混交林区域
  - II₁ 温带针阔叶混交林地带
  - II₁ₐ 温带北部针阔叶混交林亚地带
  - II₁ᵦ 温带南部针阔叶混交林亚地带
- III 暖温带落叶阔叶林区域
  - III₁ 暖温带落叶阔叶林地带
  - III₁ₐ 暖温带北部落叶栎林亚地带
  - III₁ᵦ 暖温带南部落叶栎林亚地带
- IV 亚热带常绿阔叶林区域
  - IV_A 东部(湿润)常绿阔叶林亚区域
  - IV_A1 北亚热带常绿、落叶阔叶混交林地带
  - IV_A2 中亚热带常绿阔叶林地带
  - IV_A2a 中亚热带常绿阔叶林北亚地带
  - IV_A2b 中亚热带常绿阔叶林南亚地带
  - IV_A3 南亚热带季风常绿阔叶林地带
  - IV_B 西部(半湿润)常绿阔叶林亚区域
- IV_B1 中亚热带常绿阔叶林地带
- IV_B2 南亚热带季风常绿阔叶林地带
- V 热带季雨林、雨林区域
  - V_A 东部(偏湿性)季雨林、雨林亚区域
  - V_A1 北热带半常绿季雨林、湿润雨林地带
  - V_A2 南热带季雨林、湿润雨林地带
  - V_B 西部(偏干性)季雨林、雨林亚区域
  - V_B1 北热带季雨林、半常绿季雨林地带
  - V_C 南海珊瑚岛植被亚区域
  - V_C1 季风热带珊瑚岛植被地带
  - V_C2 赤道热带珊瑚岛植被地带
- VI 温带草原区域
  - VI_A 东部草原亚区域
  - VI_A1 温带草原地带
  - VI_A1a 温带北部草原亚地带
  - VI_A1b 温带南部草原亚地带
  - VI_B 西部草原亚区域
  - VI_B1 温带草原地带
- VII 温带荒漠区域
  - VII_A 西部荒漠亚区域
  - VII_A1 温带半灌木、小乔木荒漠地带
  - VII_B 东部荒漠亚区域
  - VII_B1 温带半灌木、灌木荒漠地带
  - VII_B2 暖温带灌木、半灌木荒漠地带
- VIII 青藏高原高寒植被区域
  - VIII_A 高原东南部山地寒温性针叶林亚区域
  - VIII_A1 山地寒温性针叶林地带
  - VIII_B 高原东部高寒灌丛、草甸亚区域
  - VIII_B1 高寒灌丛、草甸地带
  - VIII_C 高原中部草原亚区域
  - VIII_C1 高寒草原地带
  - VIII_C2 温性草原地带
  - VIII_D 高原西北部高寒荒漠亚区域
  - VIII_D1 高寒荒漠地带
  - VIII_D2 温性荒漠地带

图 8-6　中国植被区划

人工植被，是在人为干预下形成的，人工引进外来植物明显增多。引种是园林绿化中园林植物的一个重要来源。通过引种，增加园林植物的种类，植物具有的多样性，丰富园林景观，满足园林绿化的多功能要求，使城市达到植物与环境多样性统一，增添大自然的风韵。引种的实践证明，相似的植被类型间引种易于成功。因此，园林植物引种时，根据城市所在生物气候带的植物地带分布特点，调查研究引入植物起源地的植被类型，在同种或邻近的植被带间引种，就易获得成功。例如我国引种的日本香柏、法国梧桐、南洋衫、大叶黄杨、马拉巴栗、阿珍榄仁、酒瓶椰、三角花等。我国国内相邻的不同植被类型间的园林植物引种很普遍，从而丰富了各地园林绿化植物的种类。

### 3. 园林植物群落结构配置

不同植被地带的自然植物群落具有不同的结构特征,群落的结构特征受到所处地带环境条件的制约,同时又是群落内各种种群间和种群内在适应和生存竞争中达到一种动态平衡的结果。自然条件下,森林群落的层次结构,一般分为乔木层、下木层、草本层及活地被植物层等四个层次。然而,不同植物地带的自然森林群落,其各种层次的发达程度、比例及种类组成则很不相同。根据这一规律,在建园时,可以根据当地的自然群落结构,选择各层次的植物种类,并进行合理的结构配置,这样能满足各种植物对生境的要求,使园林植物群落形成稳定的结构,取得较好的建园效果。

## 8.6 城市植物群落

植物在长期进化过程中,与自然形成了一种协调的关系。不同于自然的是,城市生态环境在很大程度上限制了植物种类的多样性。据统计,我国木本植物约 7 500 种,但目前用于城市绿化的只有 300 多种。因此,城市植物群落组成的多样性与自然植被有明显的差异。

### 8.6.1 城市植物群落的组成和特征

#### 1. 城市植物群落及组成

城市植物群落是指城市这个人工化环境中所有的植物的总和。城市规划中用得很多的是"绿地"这一概念。但随着城市的发展,城市绿化已经不能满足人们生活的需要,城市的生态绿化成为城市建设的必然趋势。生态绿化就是符合生态学理论的绿化,就是模拟森林自然发育规律的轨迹,以科学化的造林技术,在短期内建造适合当地自然法则的理想森林的绿化。因此,随着城市园林的发展,就产生了"城市森林"的概念。城市森林由乔木、灌木、草本等植物,野生动物和微生物组成。城市森林的结构单元包括草地、花坛、绿篱、行道树、小游园、花园、公园、森林公园、自然保护小区、自然保护区、片林、林带、各种纪念林、古树名木、风景区、水源涵养林、水土保持林及园林小品等。各种单元有机结合,形成了城市森林系统。城市森林系统是城市植物群落的高级形式。城市森林可区分为三个层次:城区森林、近郊森林和远郊森林。城区森林是指城区(市区)范围内的土地上的植物群落,一般是由公共绿地、公园、行道树、花坛、园林小品等为主体构成。近郊森林是指位于城区(市区)与边远郊区之间的中间地带(城乡结合部)的植物群落,由防护林、公园、风景区、游乐场、庭院经济树木等构成。远郊森林是指位于城区(市区)外层的远郊区,对城区生态环境有一定影响的植物群落,由水源涵养林、森林公园、自然保护区、经济林木和用材林等构成。城市森林是一种特殊类型的植物群落,以人工植物群落为主。

#### 2. 城市植物群落的特征

城市植物群落由于人为活动的影响,不仅其生境特化了,而且群落的组成、结构、动态等有所改变,完全不同于自然植物群落的特征。

1) 生境的特化

城市化的进程改变了城市环境,也改变了城市植被的生境。较为突出的是铺装了的地表,改变了其下的土壤结构和理化性质以及微生物组成。而污染了的大气则改变了光、温、水、风等气候条件。城市植物群落处于完全不同于自然群落的特化生境中。

2) 区系成分的简化

城市植物群落的种类组成远较原生植物群落为少,尤其是灌木、草本和藤本植物。另一方面人类引进的或伴人植物的比例明显增多,外来种占原植物区系成分的比例越来越大。

3) 格局的园林化

城市植物群落在人类的规划、布局和管理下,大多是园林化格局。乔、灌、草、藤等各类植物的配备,以及森林、树丛、绿篱、草坪或草地、花坛等的布局等,都是人类精心镶嵌而成,并在人类的培植和管理下而成的园林化格局。

4) 结构分化且单一化

城市植物群落结构分化明显,并日趋单一化。城市森林大都缺乏灌木层和草本层,层间植物更为罕见。

5) 演替受人为干预

城市植物群落的发展动态,无论是形成、更新或是演替,都是在人为干预下进行的。

## 8.6.2 城市植物群落的主要组成单元

**1. 公园和公共绿地**

公园绿地在城市绿地中一般占有较大份额。由于城市公园和公共绿地的植物常以群丛或小群落形式配植,能构成接近自然风貌的景观,因此,成为城市居民经常前往游憩的地方。绿地通过植物的生命活动可减少城市污染物的危害,改善城市气候,其作用的大小取决于范围大小、绿地养护工作的质量。面积愈大,产生的生态效益愈大。根据研究,绿地对改良气候能产生可感效果的最小规模是 $0.5 \sim 1.0 \ hm^2$。生态效益的大小还取决于绿地在整个城区地理上的规划布局。树木永远是公园和绿地的主体,必须根据具体环境条件来选择适宜树种。乡土树种不仅适应性强、便于养护、寿命较长、营造的植物群落相对稳定,而且有利于发挥地方特色,应作为第一选择。对外来树种的利用,应十分慎重。一般宜将外来树种根据生态特性营造成群落,可形成有利于其生长的小生境,而不宜在公园分散种植。

各种树丛和树木覆盖区在一定程度上保持自然植被的状况,产生特殊的小生境,其总体效应在改善城市气候方面起着决定性性作用。因此,在最需要树木发挥其效益的地域,特别是市中心,应多种植树木而不是仅把树木当作城市的点缀。如果在小片绿地的四周建筑群密集,则绿地的生态效益会大大降低。绿地中树木数量愈少,生态效益愈低。因此,在城市规划中,应合理留出专门地段种植树木,并积极创造条件开辟较大空地群植树木,形成片林,以便获得显著的生态和景观效益,提高环境质量。

**2. 庭院树木**

庭院树木对建筑物周围环境起着十分重要的作用。它们可以过滤空气中的尘埃,减弱噪声的影响;可减弱太阳光对庭院的直接辐射;通过蒸腾作用引起热消耗,降温增湿,产生凉爽效应;还可"软化"建筑物直硬线条所产生的不良视角效应。因此,建筑师在设计房屋时,应考虑配置一些外形优美的树木,以提高其设计效果,同时丰富城市森林的组成,使景观呈现多样性。这类树种常见的有臭椿、香椿、桂花、构树、泡桐、梧桐、榕树、桑树、女贞、喜树、槐树、银杏、鹅掌楸、红椿、柿树、枣树、栾树、罗汉松、刺冬青、榆树、棕榈、石楠、腊梅等。

**3. 垂直绿化**

在城市,可充分考虑垂直绿化,即利用一些藤本植物的攀缘特性,覆盖墙壁或栏杆取得绿化效果。

垂直绿化可减弱噪声及大气污染物对住户的危害,提高室内清洁度,起到降温增湿、美化室内环境的作用。特别是对一些大型的高度适中的建筑,如立交桥、体育馆、建筑物顶等,采用垂直绿化,既可弥补绿地不足,产生生态效益,又可收到良好的视觉效果。充分绿化的墙面,可减少建筑物表面的反光,减少光线的眩目。垂直绿化要与小片地段的水平绿化相结合。攀缘植物与草坪、花卉相结合,不同色彩、形状的灌木、乔木相配植,会产生良好的观赏效果。用于垂直绿化常见的藤本植物有凌霄、紫藤、爬山虎、葎草、葡萄、云南黄馨等。

**4. 行道树**

行道树在城市绿化中起着重要的作用,但由于城市的特点,街道两侧树木的生长条件是极为恶劣的。在夏季,由于建筑物和路面的热辐射,车辆散发的热和尾气,以及供水量少和经常无风等环境,抑制了树木的蒸腾作用,使得树木常"感到"过热,并因此而引起焦叶和树干基部树皮受到灼伤,所以,行道树一般应选抗热性较好的树种,如白杨、悬铃木、刺槐、桦木等。具有多茸毛叶片的树种可反射大量的热辐射,也可将树干基部涂白以增加反射,达到保护树木的目的。

由于街道路面的封闭,自然降水几乎全部排入下水道,使得自然降水无法充分供给树木。另外,一些地下建筑如地铁、人防工程等已深入到地面以下很深的地方,使树木根系很难接近到地下水。所以对行道树应经常浇水,同时,宜选用一些较耐旱、根系发达,叶片革质具有光泽或有茸毛的树种种植,如刺槐、臭椿、悬铃木、槐树、茸毛白蜡、樟树、广玉兰、杜英、枫扬、重阳木、榆树、栾树、银杏、广玉兰、无患子、构树等。

## 实验实训七　植物种群与群落的调查方法

### 一、目的

掌握植物种群与群落的调查方法,通过调查研究,对植物群落作综合分析,找出群落本身特征和生态环境的关系,以及各类群落之间的相互联系。

### 二、材料与工具

(1) 测量仪器:指南针、经纬仪或罗盘仪、测绳、测高器、皮尺、海拔仪、卡尺或围尺。
(2) 调查测量设备:钢卷尺、剪刀、标本夹、采集杖、各种表格、记录本、标签。
(3) 文具用品:彩笔、铅笔、橡皮、小刀、米尺、绘图薄、资料袋等。

### 三、方法与步骤

植物种群是指在某一特定的时间内占据某一特定空间的同种植物的集合体。植物种群虽然是由同一物种的许多个体集合而成的,但并非是一个物种所有个体的简单组合,它是物种群体的有机组合。种群是种的存在形式。植物种群的调查通常包括种群的大小、种群密度、种群的年龄结构、种群的增长动态以及种群间的相互作用。

植物群落是指在一定时间、一定地段或生境中各种植物种群所构成的集合。植物群落的野外调查包括群落的空间结构(垂直结构、水平结构)以及群落的时间结构(群落的季节变化和演替)、植物群落的生活性分析以及群落的物种多样性等内容。

在野外调查中,植物种群和植物群落调查通常是结合在一起进行的,采取的方法是类似的。

**1. 取样技术**

在研究植物种群或群落时,不可能对整个种群或群落进行全面的测度和分析,或者说无法对一个种群或群落的整体进行全面的研究。因此,有必要从所研究的群落中选取一定范围进行研究。这样既能采取尽可能低的代价,又能从选取的代表群落中获得较高的信息量对整个植物群落的种类组成和结构进行分析。而所谓的取样技术(sampling technique)是指选取或确定代表地段,包括设置方法、范围大小等,它们常依具体的群落类型、群落分析目的等的不同而不同。目前植物群落常用的取样技术有样地取样法(plot method)和无样地取样法(plotless method)。

1)样地法采样技术

通过样地确定的代表群落地段通常是由一个或若干个取样单位(sampling unit),一般称为样地或样方的分离或连续片段组成的,具体的要求之一是取样的植物群落必须是一致的。因此,常规的取样,其样地不应当选在地形地貌变化或土壤环境变化较大的地段,尤其不宜设置在群落交错区上,除非是有研究群落交错区的需要或其他目的。而决定在什么地方取样、怎么取样和取什么样以前,对群落进行初步的观察或路线勘查仍然是绝对必要的。

(1) 样地的大小。样地大小的确定应以抽样植物的大小和密度为基础,样地应该足够大,以包括足够的个体数,但又要足够小到便于区分、计数和测定现存个体,避免由于重复或漏掉个体而产生混乱。建议草本植物样地大小为 1 $m^2$,灌木或高度超过 3 m 的小树群落为 10～20 $m^2$,森林乔木群落为 100 $m^2$。

(2) 样地的形状。样地传统的形状是方形,或称为样方(quadrat),但由于边缘效应影响,有时也使用圆形(circle)以减少这种误差,特别在调查草本群落时,样圆是较为适宜的。但就相对面积而言,矩形的样地,通常称为样带(belt)或样条(transect),优于等径状的样地,因为只需少数的样地仍能较好地代表整个群落,而长度 16 倍于宽度的样地比长度较小的样地更加有效,尤其是在矩形的长轴与群落内的主要环境变化梯度相平行的情况下,效果更好。在有些情况下,也采用线状样条或称为线条接触法,或样线取样(line sampling),这种方法是把那些顺着线出现的种加以记载。

(3) 样地的数目。一般来说,估算的准确性有赖于样地的数量与质量,但是,由于人力和时间的原因,调查的样地数目不可能越多越好,但要能确切地反映群落的本来面目,样地数目所合计的总面积,应达到一个最低限度(最小面积)。这个界限是随群落的类型不同而异的,一般应以稍大于最小面积为宜。而且,在完成应调查的全部样地之后,应在被调查的群落内巡走一次,记下样地内未被记入的种类和应记的项目。

最小面积通常采用绘制群落的种—面积曲线来确定。具体方法是,开始使用小样方(草本群落用 10 cm×10 cm,灌木群落用 20 cm×20 cm,乔木群落用 1 m×1 m),随后用一组逐渐成倍扩大的巢式样方逐一调查每个样方(见图 8-7),统计每个样方内的植物种数,然后以种的数目为纵坐标,样方面积为横坐标,绘制种—面积曲线(见图 8-8)。此曲线开始陡峭上升,而后水平延伸,有时会再次上升。曲线开始平伸的一点所对应的面积即群落取样的最小面积,也可以将 85% 的种出现的面积作为群落取样的最小面积,它可以作为样方大小的初步标准。

(4) 样地的排列。样地的排列(布置)有六种主要的方法,可根据调查的目的和群落的

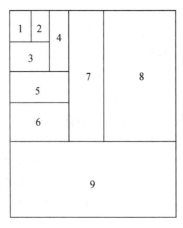

图 8-7 巢式样方示意

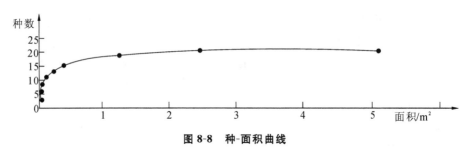

图 8-8 种-面积曲线

实际情况加以选用。

① 代表性样地。样地是主观设置的,设置在被认为有代表性的地段上和某些特殊的地点上。在某些情况下,从实际出发,这种样地设置方法往往成为唯一可供选择的方法。

② 随机取样。随机确定样地的方法很多,通常可在两条互相垂直的轴上,根据成对的随机数字来确定样地的位置;或者通过罗盘仪在任一方向上,以随机步程法来确定样地的地点。然后,换一个方向,再重复进行。至于随机数字的获得,可用抽签、游戏纸牌或使用随机数字表。

③ 规则取样。梅花形取样、对角线取样、方格法取样等都属于规则取样(系统取样)方法,在群落调查中,就是使样地以相等的间隔占满整个群落;或者在群落内设置几条等距离的样带,然后把样地以相等的间距安排在这些样带上。

④ 限定随机取样。以规则取样的方法,把整个群落分成几个较小的区域,然后在每个较小的区域内随机布置样地。这种方法也称为部分随机取样。

⑤ 样条取样法。实际上是规则取样的一种特殊类型。其区别主要是样地在样条上是连续的一个接一个地设置。这种方法特别适合研究梯度变化情况。

⑥ 分层取样。被调查的植被群落有时由于地形、砍伐等因素,使得整体显出很大的不齐性。这时进行取样调查,往往会由于取样单元间的巨大变差而影响调查结果,使用分层取样法可减少这种误差,这种方法一般可分为三个步骤:把被调查对象划分为若干部分,称为层次,这样划分的结果,使得原来不齐性的总体,划分成较小的部分内具有相当齐性的各层;然后在各部分(层次)中抽取一个样本;再计算总体平均数的估计量,即

$$Y_{st} = \frac{\sum N_n Y_n}{N}$$

式中:$N_n$——$n$ 层的取样单元总数;

$Y_n$——$n$ 层中样品平均数;

$N=\sum N_n$——总体含量。

(5) 调查记录。调查记录的内容、项目随研究目的不同而不同,但其原则是不宜罗列的太烦琐太细致,以免影响调查进度。细致的数据整理分析工作应在室内进行。

研究群落的组成和结构,可使用群落调查表格。群落调查表格可根据研究的目的和对象而制定(表 8-1 至表 8-5 供参考)。

**表 8-1　植物群落环境调查表**

调查者:_____ 调查日期:_____ 样地编号:_____ 样地面积:_____

群落类型:_____ 群落名称:_____

地理位置:_____省_____市(县)_____村(镇);经度:_____纬度:_____

地形:_____

海拔:_____ 相对高度:_____ 坡向:_____ 坡度:_____

土壤、岩石、地下水位:_____

周围情况:_____

动物活动情况:_____

经济特点以及利用情况:_____

**表 8-2　乔木调查记录表**

调查者:_____ 调查日期:_____ 样地编号:_____ 样地面积:_____
总群闭度:_____ 分层群闭度:Ⅰ_____ Ⅱ_____ Ⅲ_____
群落类型:_____ 群落名称:_____

| 植物名称 | 层次 | 高度/m | 枝下高/m | 胸径/cm | 树皮 | | | 树冠 | 物候相 | 生活力 | 生活型 | 板根支柱根呼吸根 | 附生藤本寄生 | 备注 |
|---|---|---|---|---|---|---|---|---|---|---|---|---|---|---|
| | | | | | 厚度 | 颜色 | 光滑度 | | | | | | | |
| | | | | | | | | | | | | | | |
| | | | | | | | | | | | | | | |
| | | | | | | | | | | | | | | |

**表 8-3　灌木调查记录表**

调查者:_____ 调查日期:_____ 样地编号:_____ 样地面积:_____
总群闭度:_____ 分层群闭度:Ⅰ_____ Ⅱ_____ Ⅲ_____
群落类型:_____ 群落名称:_____

| 植物名称 | 层次 | 株数 | 覆盖度/(%) | 聚生度/(%) | 高度/m | | 胸径/cm | | 物候相 | 生活力 | 生活型 | 备注 |
|---|---|---|---|---|---|---|---|---|---|---|---|---|
| | | | | | 最高 | 优势 | 最大 | 优势 | | | | |
| | | | | | | | | | | | | |
| | | | | | | | | | | | | |

表 8-4 草本或半灌木调查记录表

调查者：_____ 调查日期：_____ 样地编号：_____ 样地面积：_____
总群闭度：_____ 分层群闭度：Ⅰ_____ Ⅱ_____ Ⅲ_____
群落类型：_____ 群落名称：_____

| 植物名称 | 层次 | 株(丛)数 | 覆盖度/(%) | 聚生度/(%) | 高度/m | | 物候相 | 生活力 | 生活型 | 备注 |
| --- | --- | --- | --- | --- | --- | --- | --- | --- | --- | --- |
| | | | | | 叶层高 | 生殖层高 | | | | |
| | | | | | | | | | | |
| | | | | | | | | | | |

表 8-5 层间植物调查表

调查者：_____ 调查日期：_____ 样地编号：_____ 样地面积：_____
群落类型：_____ 群落名称：_____

| 植物名称 | 类型 | | | 数量 | 物候相 | 生活力 | 直径或体积/cm | 被附着植物 | | 分布情况 | | 备注 |
| --- | --- | --- | --- | --- | --- | --- | --- | --- | --- | --- | --- | --- |
| | 藤本 | 附生 | 寄生 | | | | | 名称 | 生活型 | 位置 | 方向 | |
| | | | | | | | | | | | | |
| | | | | | | | | | | | | |
| | | | | | | | | | | | | |

植物名称一栏,一个植物名称就代表一个个体,整理时可把相同名称的累计。

茎周长是指离地 1.3 m 处茎的周长,以便用来计算胸面积,而测定周长比起测定直径来要容易得多。胸面积、基面积等都是对乔木、灌木、丛生草等大个体种通用的量度指标,但是由于从地表来测定基面积已不常用,因为许多植物由于板根、支持根等而使其基部呈扭旋状,所以,普遍采用一个适宜的高度(1.3 m)来测量胸高直径或胸面积。

2) 无样地取样技术

无样地取样技术是 20 世纪中叶迅速发展并广泛应用的取样技术。无样地取样技术不用划取样方进行调查,而是在被调查的地段内确定一系列的中心点(或随机点),以便测定从中心点到每个象限内的最近个体及其距离。无样地取样法主要包括最近个体法、近邻法、随机成对法及中心点四分法(见图 8-9)。由于中心点四分技术比较容易应用且更有效,下面主要介绍中心点四分法的使用方法与步骤。

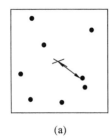 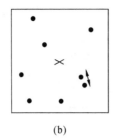 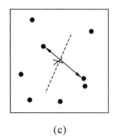 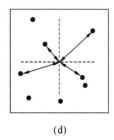

(a) (b) (c) (d)

图 8-9 无样地取样法
(a) 最近个体法；(b) 近邻法；(c) 随机成对法；(d) 中心点四分法

(1) 中心点的确定。中心点可以在通过群落内的一系列线来确定,也可以用限定随机法,即样线可以随机确定,而点则是按在样线上相隔一定距离来确定的,距离的大小应使两个点不致测到同一株植物。森林群落可以每隔 20 m 或 30 m 取一个点,或视实际情况而定。

(2) 划分象限。中心点确定后,把围绕中心点周围的面积分为四个象限,这可用罗盘仪来确定,或以一条通过中心点而垂直于样线的直线,与样线本身把周围平面分为四等份。调查之前,可以确定一个主观的准则,以某一方向为第一象限,顺时针依次为第二、三、四象限。这种规定纯粹是为了纪录的方便。

(3) 调查纪录。在每个象限内标出与中心点最靠近的一个个体。按每点测定植物名称、胸面积及点到植物的距离等指标,并记载在表 8-6 中。

表 8-6 中心点四分法无样地取样调查表

地点_____ 海拔_____ 坡向_____
群落_____ 日期_____ 调查人_____

| 中心点号 | 象限号 | Ⅰ[①] | | | Ⅱ | | | Ⅲ | | | 备注 |
|---|---|---|---|---|---|---|---|---|---|---|---|
| | | 植物名称 | 胸径周长/cm | 距离/cm | 植物名称 | 胸径周长/cm | 距离/cm | 植物名称 | 胸径周长/cm | 距离/cm | |
| 1 | 1 | | | | | | | | | | |
| | 2 | | | | | | | | | | |
| | 3 | | | | | | | | | | |
| | 4 | | | | | | | | | | |
| | 其他[②] | | | | | | | | | | |
| 2 | 1 | | | | | | | | | | |
| | 2 | | | | | | | | | | |
| | 3 | | | | | | | | | | |
| | 4 | | | | | | | | | | |
| | 其他 | | | | | | | | | | |

注:①Ⅰ、Ⅱ、Ⅲ…同一象限内测定的不同植株;②同一中心点内出现的其他情况。

(4) 最少点数的确定方法。最少点数是应用中心点四分法获得能保证某群落类型的种类组成和真实特征的中心点数目,也可由种类数目与中心点树木的相关曲线,即种—点数曲线来判断,或重要值—点数曲线来判断。最少点数原理及其判断方法,也可应用于其他无样地取样。

其具体方法与步骤如下。

① 中心点的设置。首先应在取样地段内随机设置一系列中心点。通常是沿通过地段的一系列线上选出中心点。围绕各点的平面划分四个象限,可用罗盘来做。当应用样线时,象限可以用线本身和该线垂直的线构成。在每个象限内标出最靠近的个体,记录和测定必要的数据(见图 8-10)。

② 绘制种—点数曲线。随着点数的增多,种数也随着增多。但到一定的点数以后,随着点数的增多,种数却增加甚少,以点数为横轴,种数为纵轴,在坐标平面上标出位置,绘制种—点数曲线。

③ 确定最少点数。从种—点数曲线上,可以看出,初始时曲线波动都极大,而后逐渐趋向稳定,或沿着一定的幅度而波动,此时,相应中心点数即可判断为最少点数。

**2. 种群和群落特征的计量指标**

根据野外调查数据,可以对种群和群落特征进行计算和分析,通常包括相对多度、密度、

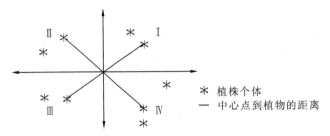

图 8-10　中心点四分法取样示意图

频度、显著度、重要值、物种多样性指数、种群年龄结构、生活型和群落结构图解等几个方面。

1）相对多度

相对多度是指种群在群落中的丰富程度。多度越大,表明群落中某一植物的个体数越多。相对多度可以根据实测计算,也可以根据目测估算。相对多度可表示为

$$相对多度 = \frac{某一植物的个体总数}{同一生活型植物个体总数} \times 100\%$$

在野外调查时,对植物群落多度的估测通常采用 Drude 划分多度级来表示,为方便起见,操作中都使用代码(见表 8-7)。

表 8-7　Drude 的多度级

| 植物个体数量 | 符　号 | 数　码 |
|---|---|---|
| 植物数量很多,支柱密集,形成背景 | Soc. | 7 |
| 植物数量很多 | $Cop^3$ | 6 |
| 植物数量多 | $Cop^2$ | 5 |
| 植物数量尚多 | $Cop^1$ | 4 |
| 植物数量不多,散布 | Sp. | 3 |
| 植物数量稀少,偶见 | Sol. | 2 |
| 植物在样方里只有 1 株 | Un. | 1 |

2）密度和相对密度

密度是指在单位面积上某种植物的个体数目,通常用计数方法测定。按株数测定密度,有时会遇到困难,不易分清根茎禾草的地上部分是属于一株还是多株。此时,可以把能数出来的独立植株作为一个单位,而密丛禾草则应以一丛为一个计数单位。丛和株并非等值,所以必须同它们的盖度结合起来才能获得较正确的判断。特殊的计数单位都应在样方登记表中加以注明。

种群密度部分地决定着种群的能流、种群内部的生理压力的大小、种群的散布、种群的生产力及资源的可利用性。种群密度通常用株(丛)/ m² 表示。密度及相对密度可表示为

$$密度 = \frac{一种植物个体总数}{样地面积} \times 100\%$$

$$相对密度 = \frac{一个种的密度}{所有种的密度总和} \times 100\%$$

3）频度和相对频度

频度是指某种植物在全部调查样方中出现的百分数。它是表示某种植物在群落中分布是否均匀一致的测度,是种群结构分析特征之一。它不仅与密度、分布格局和个体大小有

关,还受样方大小的影响,用大小不同样方所取得的数值不能进行比较。因此任何时候,记录频度值时都必须说明样方的大小。

种群频度($F$)可表示为

$$频度 = \frac{该种植物出现的样地数}{所调查的样地总数} \times 100\%$$

$$相对频度 = \frac{一个种的频度}{所有种的频度总和} \times 100\%$$

4)盖度

盖度是指群落中某种植物遮盖地面的百分数。它反映了植物(个体、种群、群落)在地面上的生存空间,也反映了植物利用环境及影响环境的程度。植物种群的盖度一般有两种:投影盖度和基面积盖度。投影密度是某种植物冠层在一定地面所形成的覆盖面积占地表面积的比例;基面积盖度一般多对乔木种群而言,以胸高径面积的比表示。

投影盖度($C_c$)和基面积盖度($C_b$)的计算公式分别为

$$C_c = \frac{C_i}{A} \times 100\%$$

$$C_b = \frac{D_{BHi}}{A} \times 100\%$$

式中:$C_i$——样方内第 $i$ 种植物冠层投影面积之和($m^2$);

$A$——样方水平面积($m^2$);

$D_{BHi}$——样方内某乔木种胸高断面积之和($m^2$)。

5)植物的生长高度

植物的生长高度一般用实测或目测的方式进行,以 cm 或 m 表示。在测量植物种群高度时,应以自然状态高度为准,不要将植株拉直。在测量单株植物时,应测其绝对高度,植株高度因种的生活型及其生长环境不同而异,同时随时间变化而表现出明显的季节变化。种群高度 $H$ 应该以该种植物成熟个体的平均高度表示。

$$H = \frac{\sum H_i}{n}$$

式中:$\sum H_i$—— 样方内所有第 $i$ 种成熟植物的高度之和(m);

$n$—— 该种植物成熟个体数(株)。

6)叶面积指数

叶面积指数(LAI)是指绿色叶片面积和土地面积之比,即单位土地面积上全部植物的总叶面积除以土地面积。它是决定植株间光照状况的重要因素,也是表示植物群体大小的最好指标。叶片是植物进行光合作用与外界进行水汽交换的主要器官,叶面积是衡量群落的生长状况和光能利用率的重要指标。叶面积的测量方法有多种,如计算纸(方格纸)法、纸模称重法、干重法、求积仪法、长宽系数法、叶面积仪法、拓印法等。叶面积仪法方便准确,是叶面积观测的常用的方法。

(1)计算纸法。选用被测植物的代表性叶片若干($N$)片,将其形态描于纸上。然后,清点每一叶形所包含的计算纸小方格数 $n$,对于边缘小格,可视被占面积的多少,分别以 0.5、0.5±0.2 小格进行读数,后者分为三个级别:即大部分划入叶形内的算 1 小格;一半划入叶形内的算 0.5 小格,小部分入叶形内的算 0 小格。

由于计算纸的小方格面积为 1 mm²,所以被测植物的平均叶面积 $S$ 为

$$S = \frac{\sum n_i}{N}$$

(2) 纸模称重法。使用一些质地厚薄较为均匀的纸,剪取一定面积($S_0$),烘干后称重($G_0$),则可以求得这种纸的单位质量面积为

$$D = S_0 / G_0$$

野外工作时,可取被测定植物有代表性的叶片若干($N$)片,在纸上将其叶片形状印描下来,然后在这张印有该植物叶片形状的纸上,编上号码及取样点、时间等一系列与其他调查项目有联系的记录,待所有植物测定完毕后,带回实验室再将每种植物叶形纸模分别剪下,烘干、称重($G$),则该植物平均叶片面积为

$$S = \frac{GD}{N}$$

(3) 干重法。选取被测植物有代表性的叶片若干($N$)片,烘干、称重($G$)。同时,用打孔器取一定数量($n$)的叶圆片,同样烘干、称重($G_0$)。由于打孔器面积($S_0$)是固定而可测定的,所以该植物平均每片叶的叶面积($S$)则可表示为

$$S = \frac{G S_0 n}{G_0 N}$$

这种方法在离实验室很近时采用,或者某些植物,如禾本科植物,叶片剪下后很快卷起,利用上述第(1)、第(2)种方法印描叶形较为困难的情况下,使用这种方法可以得到较为准确的结果。

(4) 标准木总叶面积及叶面积指数的测定方法。伐倒标准木,确定所有叶片的干重,根据实测的比叶面积,计算标准木总叶面积,然后换算成林木的叶面积指数。

(5) 草灌丛群落叶面积指数的测定方法。采用直接测定和干重系数相结合的综合测定方法。首先,采用光电面积仪直接测量单株植物的叶面积;然后将叶片放入干燥箱在 70～80 ℃下烘干,用电动天枰称重;再求出单株植物的平均面积——干重系数,即面积/干重比(cm²/g)。再结合群落生物量测定,测出样方中每种植物叶片的总干重,乘以各自的干重系数即可求出每种植物的叶片总面积,进而统计出各种群、科群、纲群和群落的叶面积指数(LAI)。

## 四、实训报告

根据上述调查结果,分析种群或群落的特征。

# 复习思考题

1. 植物种群的基本特征有哪些?
2. 影响种群数量特征的指标有哪些?
3. 植物群落的基本特征有哪些?植物群落是如何形成的?
4. 什么是群落的边缘效应?
5. 如何理解群落演替的概念?举例说明植物群落演替的过程及原因是什么?
6. 简述我国植被分布的特点。
7. 分析本地区植被分布特点及其在园林绿化中的应用。

# 第9单元 生态系统概述

掌握生态系统的概念,生态系统的结构与功能;了解生态系统的基本特征和生态平衡原理。

## 9.1 生态系统的概念及其分类

### 9.1.1 生态系统的概念

生态系统(ecosystem)一词是由英国植物生态学家 A. G. Tansley 在 1935 年首先提出的,强调有机体与环境不可分割的观点,把生物及其非生物的环境看成是互相影响、彼此依存的统一体。在自然界中,生物的生存与周围环境发生着密切的关系。生物从环境中获得必需的能量和物质以塑造自身,同时排出物质以改造环境。因此,生态系统是指在一定的时间和空间内,生物的成分和非生物的成分通过种的流动、物质的循环、能量的流动及信息的传递等相互作用、相互依存而构成的一个具有一定结构和功能的特殊整体。即生态系统包括有生命的成分和无生命的成分。

在自然界,只要在一定的空间内存在生物和非生物两种成分,且两种成分能互相作用达到某种功能上的稳定性,即便是暂时的,这个整体就可以视为一个生态系统。因此,生态系统的范围和大小没有严格的限制,大至生物圈或生态圈、海洋、陆地,小至一片森林、一块草地、一个池塘、一个鱼缸甚至含藻类的一滴水。除了自然生态系统外,还有很多人工生态系统,如农田、果园等。

### 9.1.2 生态系统的组成

生态系统都是由生物群落和非生物环境两大部分组成的,其内部的构成要素多种多样,但为了分析的方便,常常把这两大部分区分为四个基本组成部分,即:生产者、消费者、分解者和无机环境,如图 9-1 所示。

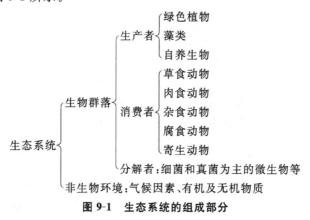

**图 9-1 生态系统的组成部分**

**1. 生产者**

生产者是指能利用无机物制造有机物的自养生物,主要是绿色植物,同时包括一些藻类、光合细菌及化能合成细菌。它们都能将环境中的无机物合成有机物,并把环境中的能量以化学能的形式固定在有机体内。生产者是生态系统中最基本和最关键的生物成分,是生态系统所需一切能量的基础,是生态系统的核心。

**2. 消费者**

消费者是指直接或间接利用绿色植物等有机物作为食物来源的异养生物,主要包括各类动物和寄生性生物。根据食性的不同可分为如下几种。

1) 草食动物

草食动物又称素食者或一级消费者、初级消费者,是直接以绿色植物为食的动物,如牛、羊、骆驼;田鼠;菜青虫、蝉等。

2) 肉食动物

肉食动物又称肉食者,它们以草食动物或其他弱小动物为食,包括次级消费者和三级消费者等。以初级消费者为食的是次级消费者,以次级消费者为食的是三级消费者……如在"青草→兔子→蛇→老鹰"食物链中,兔子是初级消费者,蛇是次级消费者,老鹰是三级消费者。

3) 杂食动物

杂食动物既吃植物,也吃动物,食物多种多样,如麻雀、鲤鱼等。

4) 寄生动物

寄生动物寄生于其他动、植物体上,靠吸取寄主营养为生的动物,如寄生蝇、寄生蜂等。

5) 腐食动物

腐食动物以腐烂的动、植物残体为食,如蝇蛆和秃鹰等。

**3. 分解者**

分解者又称还原者,主要为细菌、真菌等微生物,也包括某些营腐生生活的原生动物,同属于异养生物。如专吃兽尸的兀鹫,食朽木、粪便和腐烂物质的甲虫,白蚁,皮蠹,粪金龟子,蚯蚓和软体动物等。分解者以动、植物的残体和排泄物中的有机物质作为维持生命活动的食物源,并将复杂的动、植物残体分解为简单的无机物归还环境,供生产者再度吸收利用。分解者的存在在生态系统中具有重大的意义,如果没有分解者,生态系统的物质循环就会停止。

**4. 非生物环境**

非生物环境是生态系统中生物赖以生存的物质和能量的源泉,也是生物活动的场所。按其对生物的作用,主要分为如下几类。

(1) 气候因素。气候因素主要为光照、温度、湿度、降水、气压、雷电等。

(2) 无机物质。无机物质包括氧、氮、磷、硫、二氧化碳、水和无机盐类。

(3) 有机物质。有机物质包括蛋白质、糖类、脂类和腐殖质等。

### 9.1.3 生态系统的分类

生态系统是在一定的区域中,生物与环境、生物与生物之间紧密联系、相互作用,通过物质循环、能量流动和信息传递而构成的具有特定结构的功能整体,也就是说,凡是有生物的地方,生物与其居住环境就构成生态系统。由于气候、土壤、动植物不同,地球表面的生态系统也多种多样,目前尚无统一和完整的分类原则,常见的划分方法有以下几种。

**1. 按环境性质划分**

按生态系统的环境性质和形态特征划分,生态系统可分为陆地生态系统和水域生态系统两大类。陆地生态系统根据植被类型和地貌的不同可分为森林、草原、荒漠、冻原等类型;水域生态系统根据水体的理化性质又可分为淡水生态系统和海洋生态系统。如图9-2所示。

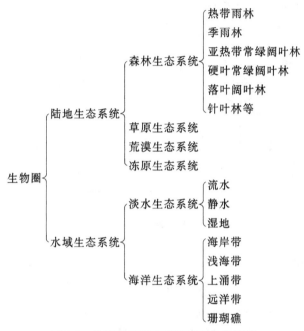

**图 9-2　生态系统按环境性质划分的类型**

**2. 按人类对生态系统的影响程度划分**

按人类对生态系统的影响程度划分,生态系统可分为自然生态系统、半自然生态系统和人工生态系统三类。

(1) 自然生态系统,是指未受到或仅受到轻度人类影响的生态系统。该类生态系统在一定空间和时间范围内,可依靠自我调节能力维持系统稳定,如原始森林、荒漠、冻原、海洋等生态系统。

(2) 半自然生态系统,是指在自然生态系统的基础上,通过人工对生态系统进行调节管理,使其更好地为人类服务的生态系统,如人工草场、人工林场、农田、农业生态系统等。它是介于自然生态系统和人工的生态系统之间的生态系统,又称为人工驯化生态系统。

(3) 人工生态系统,是在自然生态系统的基础上,按人类的需求,由人类设计制造建立起来,并受人类活动强烈干预的生态系统,如城市、宇宙飞船、生长箱、人工气候室等。

除按照以上的两种划分依据外,生态系统还可按照生态系统的生物成分分为:植物生态系统、动物生态系统、微生物生态系统和人类生态系统等。

## 9.2 生态系统的基本特征

### 9.2.1 结构特征

生态系统是由生物成分和非生物成分组成的一个生态复合体。其中生物成分包括生产者、消费者和分解者,非生物成分则包括气候、无机物质和有机物质等。它们之间通过物质循环、能量流动、信息传递联系起来,如图9-3所示。

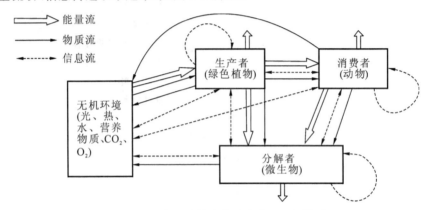

图9-3 生态系统的结构功能特征一般模型

### 9.2.2 功能特征

生态系统具有物质循环、能量流动、信息传递三大功能。其中,物质循环是双向的,能量流动是单向的,传递的信息包括物理的、化学的、营养的和行为的信息等,它们构成了信息网。生态系统内的生产者、消费者和分解者与它们赖以生存的非生物环境相互作用,不断进行着能量和物质的交换,从而保持生态系统的运转,使其发挥正常的功能,该功能的正常发挥离不开信息的传递。

### 9.2.3 动态特征

生态系统是一个动态系统,它不是静止的,而是不断运动变化的。任何一个生态系统的形成,都要经历一个由简单到复杂,不断发展、演变的过程。

### 9.2.4 开放特征

任何一个生态系统都是对外开放的,既有外界物质和能量的输入,也有物质和能量的对外输出,从而维持系统的有序状态。例如一个池塘虽然可以人为划定明显的边界,但与其相邻的生态系统不可分割,或者临界是森林,有些有机物质可以进入池塘;或者与一条河相通,又能流进各种有机物质。生态系统之间都存在着能量和物质的交换,地球上的荒漠、森林、草原、河流、湖泊和海洋彼此绝不是独立存在的,某种物质能在森林里发现,也能在河流或草原找到它的踪迹,可见,生物圈各生态系统都互有影响。

### 9.2.5 自动调控特征

生态系统内部具有一定的自我调节能力。生态系统自动调控功能表现在三个方面:同种生物种群密度调控;异种生物种群间的数量调控;生物与环境之间相互适应的调控。这些调控通常通过反馈调节机制使生物与生物、生物与环境之间达到功能上的协调和动态平衡。通常来说,生态系统的结构越复杂,种的数目越多,自我调节能力就越强。但生态系统的自我调节能力是有限的,超过这个限度,原系统将不复存在。

### 9.2.6 特定空间特征

生态系统与具有不同生态条件的特定区域和范围的空间相联系,在该空间中栖息着相应的生物类群。生物与非生物环境的相互作用及生物对非生物环境的长期适应,使生态系统的结构和功能反映了一定的地区特性,形成了不同的特定空间类型。

## 9.3 生态系统的结构与功能

### 9.3.1 生态系统结构

**1. 形态结构**

生态系统中生物种类及各种生物的种群数量均具有一定的时间分布和空间配置,在一定时期内处于相对稳定的状态,从而使生态系统能保持一个相对稳定的形态结构。

1) 空间配置

在生态系统中,各种动物、植物和微生物的种类和数量在空间上的分布构成垂直结构和水平结构。在各种类型的生态系统中,森林生态系统的垂直结构最为典型,具有明显的成层现象。在地上部分,自上而下有乔木层、灌木层、草本植物层和苔藓地衣层。乔木层上部的叶片受到全量的光照,灌木层只能利用从乔木层透射下来的残余光照。通过灌木层再次减弱的太阳光,能被草本层利用的只相当于入射光的1%~5%。透过草本层到达苔藓地衣层的阳光,一般只占入射光的1%左右。在地下部分,有浅根系、深根系及根际微生物。动物具有空间活动能力,但是它们的生活直接或间接地依赖于植物,因此,在生态系统中动物也依附于植物的各个层次而呈现出成层分布现象,如许多鸟类以其食性的不同而分别在林冠、树干、林下灌木和草本层中觅食和做巢,许多兽类在地面筑窝,许多鼠类在地下掘洞等。

2) 时间配置

生态系统的时间结构是指生态系统的生物成分随时间的变化而发生相应的变化状况。同一生态系统,在不同时期或不同季节,表现出一定的周期性变化。如长白山森林生态系统,冬季满山白雪皑皑,到处是一片林海雪原;春季冰雪消融,绿草如茵;夏季鲜花遍野,争芳斗艳;秋季硕果累累,一片金色。这一年四季有规律的变化,就构成了长白山森林生态系统的"季相"。生态系统的时间配置,除表现在季节周期性变化外,还表现为月相变化和昼夜周期变化,如蝶类和蛾类在昼夜间的交替出现,鱼类在昼夜间的垂直迁移等。

**2. 营养结构**

生态系统的营养结构是指生态系统的生物成员在能量和营养物质上的依存关系。其中以生产者、消费者、分解者三大功能类群为中心。它们与环境之间发生密切的物质循环、能量流动。在生态系统中,各种成分间的联系实际上是营养上的联系。

1) 食物链

在生态系统中,生物之间通过一系列捕食与被捕食的关系形成食物链。如"青草→野兔

→狐狸→狼"就构成了一个食物链。食物链的概念是美国生态学家 R. L. Lindeman 在 1942 年研究某一湖内生物种群能量流动规律时,由中国谚语"大鱼吃小鱼,小鱼吃虾米,虾米吃稀泥"得到启发而首先提出的。

根据能流发端、生物成员取食方式及食性的不同,生态系统中的食物链一般可分为以下四种类型。

(1) 捕食食物链,也称草牧食物链或活食食物链,是以植物为起点,到草食动物,再到肉食动物的食物链。如青草→野兔→老鹰,树→长颈鹿→狮等。

(2) 腐食食物链,也称残渣食物链或分解链,是以死亡的有机体及其排泄物为起点的食物链。如枯枝落叶→蚯蚓→线虫类→节肢动物。

(3) 寄生食物链,是以活的动、植物有机体为营养源,以寄生方式生存的食物链。如鸡→跳蚤→细菌→病毒,树叶→尺蠖→寄蝇→寄生蜂。

(4) 混合食物链,组成食物链的各节中,既有活食性生物成员,又有腐蚀性生物成员。如"麦草→牛—粪→蚯蚓→鸡—粪→猪—粪→鱼",在这一食物链中牛、鸡为活食生物,蚯蚓、鱼为腐食生物。

2) 食物网

在一个生态系统中,每一物种往往不是出现在一条食物链上,而是出现在多条食物链上,多条食物链交织在一起,形成错综复杂的网状结构,亦即生物之间由于食物关系构成的网状联系,这也称为食物网,如图 9-4 所示。在食物网中,一个物种数量的改变,必然牵动整个食物网内各物种数量的变动。

图 9-4 一个简化的草原生态系统食物网

### 9.3.2 生态系统的功能

**1. 生态系统的能量流动**

能量是一切生命活动的基础,所有生物的生命活动都伴随着能量的转化。生态系统的能量来源于太阳。太阳光照到地球表面上,产生两种能量形式:一种是热能,能够推动水分循环,产生空气和水的环流;另一种是光化学能,为植物光合作用提供能量,形成碳水化合物及其他化合物,成为生命活动的能源。

能量是生态系统的动力,其运动与转化始终贯穿于生态系统的生物成分与非生物环境相互作用的过程中。能量流动从植物光合作用固定太阳能开始,直到分解者分解得到无机物归还环境为止,是一个能量的消耗过程。

生态系统中的能量流动是借助于食物链和食物网来实现的。

1) 生态系统能量流动的特点

生态系统能量流动有如下三个特点。

(1) 能量的流动是单方向、不可逆的运动。在能流过程中,一部分能量用于维持生命活动而被消耗,一部分用于合成新的组织或作为势能储藏起来。例如,动物从植物获得的能量不再回到植物,而动植物呼吸时放出的能量散发到外界环境中也不能重新利用。能量最终以热能的形式散发掉。

(2) 能量流动严格遵守热力学第一、第二定律。热力学第一定律是能量守恒定律在热力学中的应用。能的形式可以改变,但总量保持不变。如可以从一种形式转变为另一种形式,但它不能创造也不会消灭。热力学第二定律:①能量只能从集中形式逐渐降成分散的形式,不能自发产生能的转换;②任何一种能量的转移都有一些能量损失掉,一种形式的能绝不会全部转换成另一种形式的能。但是,损失的能与用掉的能加在一起,仍然等于总能量。

(3) 能量流动是一个能量不断消耗的过程。生态系统中能量的流动在沿食物链传递过程中按营养级逐级递减。

2) 生态系统能量流动的途径

生态系统中的能量流动是通过营养级进行传递的,即是通过食物链进行逐级转化和传递的。生态学中把食物链中每一个环节上的物种称为一个营养级,换言之,营养级就是食物链上的一个一个环节。如生产者是自养生物,称为第一营养级,草食动物是第二营养级,肉食动物是第三营养级,依此类推。如图9-5所示。

**图9-5 食物链的营养级划分**

营养级以"T"表示。第一营养级为T1,第二营养级为T2,第三营养级为T3,依此类推,一般来说,食物链中的营养级不会多于5个,这是因为能量沿着食物链的营养级逐级流动时,是不断减少的。根据热力学第二定律,当能量流经4~5个营养级之后,所剩下的能量已经少到不足以维持一个营养级的生命了。

3) 生态系统能量流动的规律

生态系统中能量流动的规律是通过生态金字塔来体现的。能量沿着食物链从前一个营养级流动到下一个营养级,由于多种原因能量不断减少。虽然不同类型的生态系统,其食物链中能量转移比例会有一个变动的幅度,但通常是按1/10传递,生态学家称这一事实为"百分之十定律"。森林植物所固定的太阳能以1/10的比例转移给草食动物,草食动物又以自身能量的1/10转移给第一级肉食动物,依此类推。

在生态系统能量流动的研究中,通常用生态金字塔来表示各营养级之间的关系(见图9-6)。例如,绿色植物的生物量应比草食动物大,依此类推。此种规律性梯级般地递减,用方框图排列起来,状如金字塔形,并且总有塔尖存在,这样就构成了生态金字塔。常用的生态金字塔有三种类型,即数量金字塔、生物量金字塔和能量金字塔。数量金字塔用每一营养级的个体数量来表示;生物量金字塔用每一营养级的生物量来表示;能量金字塔用每一营养级的能量来表示。而生态系统中的能量流动则如图9-7所示。

图 9-6 简化的生态金字塔

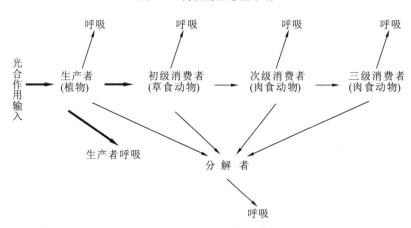

图 9-7 生态系统的能量流

**2. 生态系统的物质循环**

生态系统中的生物要维持其生活并进行繁殖,除了要有能量输入外,还要有物质输入。

1) 物质循环的基本概念

生态系统的物质循环是指各种化合元素和化合物,在不同层次、不同大小的生态系统中,沿特定的途径从环境到生物体,再从生物体到环境,不断地进行反复循环变化的过程,亦称生物地球化学循环。生命的存在依赖于生态系统的物质循环和能量流动,二者是密切相关不可分割的,构成一个统一的生态系统功能单位。与能量流动不同,生态系统的物质流动是循环的,各种有机物质最终以经过还原者分解成可被生产者吸收的形式重返环境,进行再循环。

有机体生命过程中,需要的养分很多,如碳、氢、氧、氮、磷、钾等30~40种化学元素。根据生命的需要可将这些元素分为以下三类。

(1) 能量元素。包括碳、氢、氧,它们占生物总重量的95%左右,生物对其需要量最大,最为重要。

(2) 大量元素。包括钙、镁、磷、钾、硫、氮等,是生物有机体大量需要的元素。

(3) 微量元素。包括铜、锰、锌、硼、铁、铝、硅等,生物对它们的需要量很少,但生命过程中必不可少。

2) 物质循环的主要类型

物质循环可在以下几个层次上进行。

(1) 生物个体层次上的物质循环。生物个体层次上的物质循环也就是物质在生物个体中的运动过程,即生物个体从外界取得营养物质进行新陈代谢的过程。这一过程既包括营养物质在生物体中的流动过程,也包括部分营养物质再循环利用的过程。

(2) 生态系统内部的物质循环。生态系统内部的物质循环是指物质从进入生态系统到离开生态系统这一过程中的物质运动过程,主要包括绿色植物从非生物环境中摄取物质元素,合成为自身组成的有机物,一方面直接传递给分解者,被分解后直接归还到非生物环境中去;另一方面,以食物的形式传递到消费者,再从消费者传递到分解者,最终仍返还非生物环境中去;以及非生物环境中物质以非生命形式传递的过程。如图9-3所示。

(3) 生态系统之间的物质循环。从整个生物圈的观点出发,根据循环的属性,物质循环可分成三种主要循环类型。

① 水循环。水是自然的驱动者,没有水的循环就没有生物地球化学循环,生命就不能维持。

② 气相型循环。该种循环的物质储存库主要是大气圈和水圈。如氧、二氧化碳、氮、氯、溴等属于气相型循环。气相型循环把大气和水密切地连接起来,具有明显的全球性循环特点。

③ 沉积型循环。该种循环的物质储存库主要是岩石圈和土壤圈。如磷、钙、钾、镁、钠、铁、铜、碘、锰等属于沉积型循环。沉积型循环是缓慢的、非全球性的,是一个不完善的循环类型。

3) 物质循环的特点

(1) 物质不灭,循环往复。物质循环不同于能量流动,物质在生态系统内外的数量是有限的,而且是分布不均匀的,但是由于它能在生态系统中永恒地循环,故可被反复多次利用。

(2) 物质循环与能量流动不可分割,相辅相成。能量是物质循环运转的动力,物质是能量流动的载体。能量在生态系统中的固定、转化和耗散的过程,同时也是物质由简单无机物变为复杂有机物,再回到简单无机物的循环再生过程。因此,任何生态系统的存在和发展,都是物质循环和能量流动共同作用的结果。

(3) 物质循环中的生物富集。能量在生态系统中流动时是随营养级的上升而逐级递减

的。但物质在食物链流动时,一些化学性质比较稳定的物质以一些结构物质,它们被生物体吸收固定后可沿食物链积累,随营养级的上升浓度不断增大,如DDT、"六六六"、氮、钙等。

(4) 各物质循环过程相互联系,不可分割。如局部碳循环的失衡将导致大气中二氧化碳浓度升高引起"温室效应",进而影响水循环过程。

**3. 生态系统的信息传递**

生态系统的功能整体性除体现在能量流动、物质循环等方面外,还表现在系统中各生命成分之间存在着信息传递。生态系统中包含着多种多样的信息,主要可分为物理信息、化学信息、营养信息和行为信息四大类。

1) 物理信息

生态系统中以物理过程为传递形式的信息称为物理信息,如光信息、声信息、电信息、磁信息等。动物更多是靠声信息来确定食物的位置或发现敌害的存在的,如鸟类的叫声婉转多变,除了能够发出报警鸣叫外,还有许多其他叫声。植物同样可以接收声信息,例如当含羞草在强烈的声音刺激下,就会有小叶合拢、叶柄下垂等反应。

在自然界中存在许多生物发电现象,因此许多生物可以利用电信息在生态系统中活动。大约有300种鱼类能产生0.2~2 V的微弱电压,可以放出少量的电能,并且鱼类的皮肤有很强的导电力,在组织内部的电感器灵敏度也很高。鱼群在洄游过程中的定位,就是利用鱼群本身的生物电场与地球磁场间的相互作用而完成的。

候鸟的长途迁徙、信鸽的千里传书,这些行为都是依赖于自己身上的电磁场与地球磁场的作用,从而确定方向和方位。植物对磁信息也有一定的反应,若在磁场异常的地方播种,产量就会降低。

2) 化学信息

化学信息主要是指生命活动的代谢产物及性外激素等,有种内信息素(外激素)和种间信息素(异种外激素)之分。种间信息素主要是次生代谢物(如生物碱、萜类、黄酮类)及各种苷类、芳香族化合物等。在生态系统中,化学信息有着举足轻重的作用。

在植物群落中,可以通过化学信息来完成种间的竞争,也可以通过化学信息来调节种群的内部结构。有时,在同一植物种群内也会发生自毒现象。在这些植物的早期生长中,毒素可能降低幼小个体的成活率。然而,当这种毒素在土壤中积累时,它们就能使植物自身死亡,减少生态系统中的植物拥挤程度。

在动物群落中,可以利用化学信息进行种间、个体间的识别,还可以刺激性成熟和调节出生率。例如,猎豹和猫科动物有着高度特化的尿标志信息,它们总是仔细观察前兽留下的痕迹,并由此传达时间信息,避免与栖居在此的对手遭遇。动物还可以利用化学信息来标记领域。同种动物间以释放化学物质来传递信息,如蚂蚁可以通过自己的分泌物留下化学痕迹,以便后面的蚂蚁跟随。群居动物能够通过化学信息来警告种内其他个体,融遇到危险时,由肛门排出有强烈臭味的气体,它既是报警信息,又有防御功能。

许多动物分泌的性信息素在种内两性之间起信息交流的作用。在自然界中,凡是雌雄异体,又能运动的生物都有可能产生性信息素。显著的例子是,雄鼠的气味可使幼鼠的性成熟大大提前。

3) 营养信息

通过营养交换的形式,将信息在生物之间、种群之间进行传递,即营养信息传递。这种信息传递主要沿食物链在食物网内互相传递,影响着生物的生长、取食方式、数量等,从而通过营养调控生态系统的各个方面。如动物在某些特定条件下或处在某个生长发育阶段,分泌出如酶、维生素、抗菌素、性激素等特殊的化学物质,以传递如报警、集合、有无食物等信息。

4）行为信息

有些动物可以通过各自的行为方式向同种个体发出识别、威吓、求偶和挑战等信息,称为行为信息,如丹顶鹤在求偶时雌雄双双起舞。

## 9.4 生态系统的平衡

### 9.4.1 生态平衡的含义

生态平衡是生态系统平衡的简称,是指生态系统在一定时间内结构与功能的相对稳定状态。此状态下生态系统的物质和能量的输入、输出接近相等,在外来干扰下能通过自我调控恢复到原初稳定状态。

生态系统能够维持平衡状态主要依赖于系统本身的抵抗稳定性和其在受到干扰或破坏时的恢复稳定性两个方面。通常,生态系统结构越复杂,发育越成熟,抵抗外界干扰或破坏的能力就越强;生物的生活时代短,结构简单,系统恢复力也就弱。

### 9.4.2 生态平衡失调及其原因

当外来干扰超过生态系统的自我调节能力时,系统将不能恢复到原初稳定状态,即为生态失调或生态平衡的破坏,甚至导致生态危机。造成生态系统失衡的因素主要包括自然因素和人为因素两种。自然因素主要是自然界的一些异常变化,如地震、海啸、台风、火山爆发、流行病等,可严重影响甚至彻底摧毁原生态系统。人为因素主要表现在人类对自然资源不合理的开发利用,以及在工农业生产等活动中对自然界的污染两个方面。对自然资源不合理的开发利用常会导致森林毁灭、草原退化、水源枯竭、水土流失、土地荒漠化、石漠化、盐渍化、野生动植物资源灭绝等,而且还会导致更为严重的自然灾害。其中,植被破坏的后果最为不堪设想,如我国的黄土高原,在历史上曾经是森林草原区,由于森林和草原的破坏,造成长期水土流失。黄河每年带走的泥沙约 16 亿吨,下游河床每年增高十几厘米。现在黄河正常水位已经和开封的铁塔尖处于同一高度,严重威胁着黄河流域人民的生命财产安全。长江历来山清水秀,可是近年来由于上游森林及其他植被受到破坏,长江的含沙量和浑浊度大增,以致江水黄化,污染剧增。1981 年夏长江上游四川省一次特大洪水,波及 135 个县市,淹没农田 833 300 $hm^2$,直接经济损失达 100 亿元,这是我国近年来一次惨重的生态灾难。对自然界的污染所带来的后果也让人类吃尽了苦头。如洛杉矶光化学烟雾事件,发生在 20 世纪 40 年代初期的美国洛杉矶市,该市三面环山,市内高速公路纵横交错,占全市面积的 30%。全市 250 多万辆汽车每天消耗汽油约 1 600 万升,由于汽车漏油、汽油挥发、不完全燃烧和汽车排气,向城市上空排放近千吨石油烃废气、一氧化碳、氮氧化物和铅烟,在阳光照射下,生成淡蓝色的光化学烟雾,其中含有臭氧、氧化氮、乙醛和其他氧化剂,滞留市区。光化学烟雾主要刺激眼、喉、鼻,引起眼病、喉头炎和不同程度的头疼,严重时会死亡。在 1952

年12月的一次烟雾中,造成65岁以上老人死亡400人。再如伦敦烟雾事件。1952年12月5日—8日于英国伦敦市,当时,英国几乎全境为浓雾覆盖,温度逆增,逆温在40～150 m低空,使燃爆产生的烟雾不断积累。尘粒浓度最高达4.46 mg/m³,为平时的10倍;二氧化硫最高达$1.34×10^{-6}$,为平时的6倍。加上三氧化二铁的粉尘作用,生成了相当量的三氧化硫,凝结在烟尘或细小的水珠上形成硫酸烟雾,进入人的呼吸系统,使得市民胸闷气促,咳嗽喉痛。约4 000人丧生,尤以45岁以上的人最多,1岁以下幼儿的死亡率也增加。事件后的两个月内还有8 000人死亡。英国环境专家认为,伦敦毒雾与英国森林遭到破坏,特别是与泰晤士河两岸森林被毁的潜在原因有关。

通常,自然因素引起的生态平衡破坏往往是突发的、局部的和低频率的;人为因素引起的生态平衡破坏却是长期的,且危害性较大。

### 9.4.3 脆弱(退化)生态系统的保护、利用、恢复与重建

生态系统的动态发展在于其结构的演替变化。结构良好的生态系统处于一种动态平衡中,生物群落与自然环境在其平衡点上下有一定范围的波动。结构简单,生态系统就会表现为抵抗外界干扰的能力低、自身的稳定性差,即形成脆弱生态系统;如果外界干扰打破了原有生态系统的平衡,使系统固有的功能遇到破坏或丧失,就会变为退化生态系统,即生态系统在外界干扰下形成的偏离自然状态的系统。退化或脆弱生态系统形成的直接原因是人类活动,部分来自自然灾害,有时两者作用叠加。

目前,生态恢复的基本思路是根据地带性规律、生态演替及生态位原理,按照生态系统发生功能的方式,选择引入不同数量的种类或不同类型的种,构造或还原种群和生态系统,实行土壤、植被与生物同步分级恢复,以逐步使生态系统恢复到一定功能水平。生态系统恢复最关键的是系统功能的恢复和合理结构的构建。目前的生态恢复技术可分为土壤改造技术、植被的恢复与重建技术、防治土地退化技术、小流域综合治理技术、土地复垦技术等。

退化生态系统的恢复重建是实现可持续发展的有效途径之一,只有将恢复生态学的理论进一步发展,并逐渐应用于实践中,才能使人类的生态环境向着结构合理、功能发挥正常的方向发展,为人类提供一个优越的生存和生活的空间。

# 实验实训八　大学校园生态系统调查

## 一、目的

校园生态系统是城市生态系统的一个子系统,通过校园生态系统的调查分析,理解城市生态系统组成的复杂性及各生态要素之间相互的影响和可协调性。通过对校园生态系统的各组成要素的调查情况,来分析、反映校园生态系统的结构及各生态要素之间相互的影响,从而理解城市生态系统。

## 二、材料与工具

调查问卷表、采访记录本、实地采集调查记录本等。

## 三、方法与步骤

**1. 调查内容**

拟定调查提纲,按城市校园生态系统的组成列出如下调查提纲。

(1) 校园基本概况:占地面积、校区组成、现有人口、管理机构。

(2) 校园教学与科研组成要素:教师组成、学生组成、教学与实验条件组成。

(3) 教学服务要素:校园人口、教育系统(中学、小学、幼儿园)、校园教育网点(教学实验楼)、图书馆、医院、餐饮业、文娱设施、行政管理楼、学生宿舍、教工居住区、物业管理、治安管理、垃圾处理、资源消耗、校办工矿企业、邮电通讯、银行、工商贸易、交通运输、供热(气)站。

(4) 自然要素:校园绿化面积、植物种类、河道(水系)、花园绿角、大气质量、水体质量、噪声质量情况。

**2. 调查方法**

(1) 本实验的完成需要学生分组进行,每4～6人一组,完成分项的实验调查,做出分项实验的分析结果,然后全班集体讨论完成总实验的分析和结果。

(2) 按上述的内容设计问题,包括校园概况(占地面积、校区组成、现有人口、管理机构)和各组成部分。问题要简洁明了,主要调查系统是否完善和运行良好。采用实况调查和问卷的方法调查校园内各社会要素的实际情况,分析这些要素在校园生态系统中的作用和地位。对校园自然要素主要采取实地调查和问卷调查相结合的方式,实地调查校园的绿地面积、绿化植物种类;问卷定性调查绿化水平、空气质量、水体质量、噪声环境质量等,分析自然系统在保证校园整体生态系统中所承载的功能。

(3) 参考调查表。

① 社会要素情况实况调查示范表(以调查教师队伍成员为例,其他要素的调查同学可自己制作)如表9-1。

表9-1 ×××大学教师队伍的情况表*

| 学院名称 | 人数 | 性别比例 | 年龄比例((60～50):(49～40):(39～30):(30以下) | 职称比(教授:副教授:讲师:其他教辅人员) | 学历比(博士:硕士:其他) |
| --- | --- | --- | --- | --- | --- |
| ×××学院或系 | | | | | |
| ×××学院或系 | | | | | |
| ⋮ | | | | | |

注:* 为了说明问题,学生可自己增加内容。

② 社会要素问卷调查示范表(以调查教师队伍成员为例,其他要素的调查同学可自己制作)如表9-2所示。

表 9-2 教学服务质量问卷表

| 要　素 | 调查对象 | 服务质量的满意程度 | | | 不满意的原因 |
|---|---|---|---|---|---|
| | | 很满意 | 一般满意 | 不满意 | |
| 图书馆 | 学生 | | | | |
| | 教师 | | | | |
| 食堂 | 学生 | | | | |
| | 教师 | | | | |
| 文娱设施 | 学生 | | | | |
| | 教师 | | | | |
| ⋮ | | | | | |

③ 自然要素调查示范表如表 9-3 所示。

表 9-3　×××大学校园自然要素调查表*

| 组 成 要 素 | 学生宿舍区 | 教学区 | 办公区 | 教工宿舍区 |
|---|---|---|---|---|
| 面积 | | | | |
| 绿地面积 | | | | |
| 绿化树种 | | | | |
| 河道、湖面面积 | | | | |
| ⋮ | | | | |

注：*为了说明问题，学生可自己增加内容。

④ 自然要素质量问卷调查示范表（以调查教师队伍成员为例，其他要素的调查同学可自己制作）如表 9-4 所示。

表 9-4　校园自然要素质量问卷表

| 要　素 | 调查对象 | 服务质量的满意程度 | | | 不满意的原因 |
|---|---|---|---|---|---|
| | | 很满意 | 一般满意 | 不满意 | |
| 绿化质量 | 学生 | | | | |
| | 教师 | | | | |
| 空气质量 | 学生 | | | | |
| | 教师 | | | | |
| 水体质量 | 学生 | | | | |
| | 教师 | | | | |
| 噪声环境质量 | 学生 | | | | |
| | 教师 | | | | |
| ⋮ | | | | | |

## 四、实训报告

**1. 校园自然环境生态系统特点分析**

（1）校园自然生态要素质量水平有哪些？

（2）校园自然生态要素对校园生态系统的贡献作用有多大，表现在哪里？

**2. 校园社会要素合理性分析**

（1）校园社区社会要素比较复杂，人口密度是否合理、教育体系是否完善、各项服务设施分布是否合理等。

（2）分析校园的运营状况是否良好，找出其中出现问题的项目。

**3. 结论与建议**

（1）对校园自然生态系统建设的评价与建议。

（2）对校园生态系统社会要素提出合理化建议。

# 复习思考题

1. 生态系统的基本部分有哪些，它们在系统中有何作用？
2. 试述生态系统的结构与功能。
3. 试用物质循环的原理分析城市植物群落清除枯枝落叶的弊端。
4. 什么是生态平衡？如何判断生态系统是否平衡？
5. 试分析生态平衡失调的原因。

# 第10单元　园林生态系统

掌握城市生态系统、园林生态系统的概念；熟悉城市生态系统和园林生态系统的组成及结构；理解园林生态系统对城市生态系统的重要作用及与改善环境之间的紧密关系。

## 10.1　城市生态系统概述

城市，一般指大规模的人口聚集地，已有一定程度的经济、文化，以及工业的发展，同时也是人口层次最复杂的地区。

"城市"的提法本身就包含了两方面的含义："城"为行政地域的概念，即人口的集聚地；"市"为商业的概念，即商品交换的场所。最早的"城市"（实际应为我们现在"城镇"）就是因商品交换集聚人群后而形成的。而城市的出现，也同商业的变革有着直接的渊源关系。最初城市中的工业集聚，也是为了使商品交换变得更为容易（可就地加工、就地销售）而形成的。在城市中直接加工销售相对于将已加工好的商品拿到城市中来交换而言，正是一种随着工业城市的出现而产生的商业变革。城市包括城市规模、城市功能、城市布局和城市交通，这几方面所发生的变化，必然会对城市的商业活动产生影响，促使其发生相应的变革。

总之，城市是一个非常复杂的集合体，它所包含的内容十分广泛，并且随着本身的发展趋向于复杂化，是众多方面综合交叉形成的复合体。20世纪以来，人类的城市化速度日渐加快。在城市化速度加快的同时，城市环境问题也日益突出，自然环境受到严重破坏。社会、经济发展和自然生态保护的矛盾使城市的发展面临严峻考验。维持和促进城市生态系统的良性发展，为人类提供一个健康、舒适的城市环境已成为人们的共识。

### 10.1.1　城市生态系统的概念

城市生态系统是自然生态系统发展到一定阶段的结果，也是随着人类生态系统的不断发展而发展起来的，是按人类的意愿创建的一种典型的人工生态系统。关于城市生态系统的概念很多，许多学者各自从不同的角度对其进行了定义。

何强等认为凡拥有十万以上人口，住房、工商业、行政、文化娱乐等建筑物占50%以上面积，具有发达的交通线网和车辆来往频繁的人类集聚的区域称为城市生态系统，其主要是从城市本身的角度进行定义。

马世骏、王如松等认为城市生态系统是人类社会—经济—自然三个子系统构成的复合生态系统，如图10-1所示。

《环境科学辞典》将城市生态系统定义为：特定地域内的人口、资源、环境（包括生物的和物理的、社会的和经济的、政治的和文化的），通过各种相生相克关系建立起来的人类聚居的社会、经济、自然的复合体。

宋永昌等认为城市生态系统是人为改变了结构、物质循环和部分改变了能量转化的、长期受人类活动影响的、以人为中心的陆生生态系统。

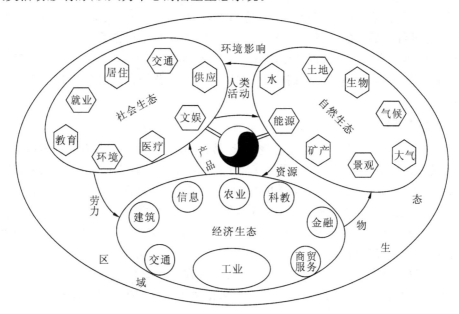

图10-1　城市复合生态系统结构功能示意图

总之,城市是人口集中居住的地方,是当地自然环境的一部分,它本身并不是一个完整的、自我稳定的生态系统。但城市具有自然生态系统的一些特征,具有某种相对稳定的生态功能和生态过程。城市生态系统首先是一个以人为核心的生态系统,通过人与周围的环境(包括自然环境、社会环境和经济环境等)、人与生态环境之间的相互联系和相互作用,以及环境之间的相互影响和相互联系所构成的一个复合生态系统。同时,通过不断的人为调控和管理以及与周围的自然生态系统的广泛联系等措施,使城市的能量、物质、信息等的交换更趋合理化,使其结构和功能得以协调,从而保持城市生态系统的稳定性。

## 10.1.2　城市生态系统的特征

城市生态系统是在人口大规模集居的城市,以人口、建筑物和构筑物为主体的环境中形成的生态系统。包括社会、经济和自然生态系统。其特征主要体现在以下几方面。

**1. 城市生态系统的人为性**

同自然生态系统相比,城市生态系统中生命系统的主体是人类,而不是各种植物、动物和微生物。人在系统中不仅是消费者,而且是整个系统的营造者。所以,城市生态系统最突出的特点是人口的发展代替或限制了其他生物的发展。

城市中的各种设施都是围绕人类的生活便利、舒适等要求营造的,其人工化的趋势日趋明显,出现了越来越多的远离自然的东西,如人工化地形、人工化土壤、人工化的水系,甚至还形成了人工化气候、人工化的植被。

**2. 城市生态系统的不完整性**

由于城市生态系统大大改变了自然生态系统的生命组分和环境组分,使城市生态系统的功能同自然生态系统的功能相比,有很大的区别。经过长期的生态演替,处于顶极群落的自然生态系统中,其系统内的生物与生物、生物与环境之间处于相对平衡状态。而城市生态

系统则不然,其系统内缺乏分解者,生产者(植物)不仅数量少,而且其作用也发生了改变,生产者(植物)的作用主要是改善城市生态环境而不是为消费者——人提供营养物质和能量。维持城市生态系统所需要的大量营养物质和能量,需要从城市生态系统以外的其他生态系统中输入。同时,城市生态系统所产生的各种废弃物,也由于城市生态系统缺乏分解者而不能完全分解,要靠人类通过各种环保措施来加以分解。因此城市生态系统是一个不完全的生态系统。

**3. 城市生态系统的高度开放性**

城市生态系统是物质和能量的流通量大、运转快、高度开放的生态系统。城市中人口密集,城市居民所需要的绝大部分食物要从其他生态系统人为地输入;城市中的工业、建筑业、交通等都需要大量的物质和能量,这些也必须从外界输入,并且迅速地转化成各种产品。城市居民的生产和生活产生大量的废弃物,其中有害气体必然会飘散到城市以外的空间,污水和固体废弃物绝大部分不能靠城市中自然系统的净化能力自然净化和分解,如果不及时进行人工处理,就会造成环境污染。由此可见,城市生态系统不论在能量上还是在物质上,都是一个高度开放的生态系统。这种高度的开放性导致它对其他生态系统具有高度的依赖性,由于产生的大量废弃物只能输出,所以会对其他生态系统产生强烈的干扰。

**4. 城市生态系统的复杂性**

城市生态系统的复杂性表现在城市生态系统中,能源、物质、人口、信息等高度集中,即单位面积上所含有的能源、物质、人口、信息等物质性要素要比任何自然生态系统多,并具有高速转化的特点,其运动性也比其他自然生态系统要快得多。由于人类具有巨大的创造、安排城市生态系统的能力,特别是运用人类所特有的科学技术作为辅助,使城市生态系统的物质、能量和信息的变化异常迅速,其结构和功能比自然生态系统要复杂得多。因此,城市生态系统是一个迅速发展和变化的复合人工系统,是一个功能高度综合的系统。

**5. 城市生态系统的脆弱性**

城市生态系统是一个不稳定生态系统,首先表现在营养关系"本末倒置"(见图10-2),自然生态系统是以绿色植物为主体,能量的最终来源是太阳能,在物质方面则可以通过生物地球化学循环而达到自给自足。而城市生态系统以人为核心,人起着重要的支配作用,这一点与自然生态系统明显不同。城市生态系统不是一个"自给自足"的系统,其所需求的大部分能量和物质都需要从其他生态系统(如农田生态系统、森林生态系统、草原生态系统、湖泊生态系统、海洋生态系统)人为地输入。同时,由于城市生态系统中植物、微生物数量少,食物链简化,使城市中人类在生产活动和日常生活中所产生的大量废弃物,由于不能完全在本系统内分解和再利用,必须输送到其他生态系统中去。加上城市污染、城市特殊的气候、环境等因素,造成城市生态系统本身的自我调控能力下降,使城市生态系统对其他生态系统具有很大的依赖性,因而也是非常脆弱的生态系统。

**6. 城市生态系统的高"质量"性**

城市生态系统的高"质量"性指其构成要素的空间高度集中性及其表现形式的高层次性。主要反映在两个方面,一是物质、能量、人口的高度集中性。如我国深圳,2 020平方公里土地上集中了近700万人口,没有高度集中的物质和能量就不可能维持这样一个系统的有序发展。二是城市生态系统的高层次性。首先是人具有巨大的创造、安排城市生态系统的能力;其次是城市生态系统的构成物质体现着当今科学技术的最高水平;再者维持这个系

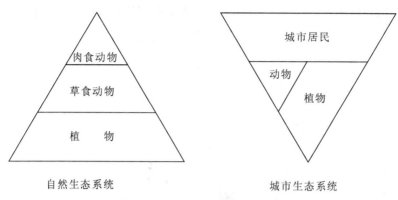

图 10-2　自然生态系统与城市生态系统的能量金字塔对比

统的运行,科学技术起着关键的作用。

**7. 城市生态系统是一个需要高度协调的生态系统**

城市生态系统的复杂性和高度开放性决定了城市生态系统必须进行良好的协调,这样才能维持其各组分之间的正常关系,否则会导致相互影响甚至相互抑制;城市生态系统的不完整性和不稳定性使城市生态系统具有混乱的可能性,这些更需要有良好的协调作用。

城市生态系统的发展速度快慢与否,稳定与否,最终取决于人类对它的协调作用,而这种协调作用是建立在人类对城市生态系统认识不断提高的基础上,并伴随着科技的发展而发展起来的。只有保持城市生态系统中各组成部分之间的高度协调,才能维持城市生态系统的良性运转,才能使城市生态系统向着更优化、更完善的方向发展。

### 10.1.3　城市生态系统的构成

由于城市生态系统的复杂性,对城市生态系统的构成没有统一的划分方法,从不同的角度可以对城市生态系统有不同的描述,现就常见的描述作简单介绍。

从生态学的角度出发,城市生态系统是城市居民与周围生物和非生物环境相互作用而形成的一类具有一定功能的网络结构,也是人类在改造和适应自然环境的基础上建立起来的特殊的人工生态系统。它是由自然系统、经济系统和社会系统所组成的(见图 10-3)。

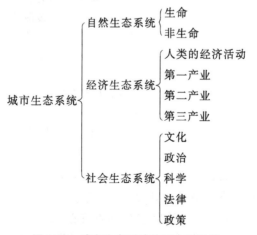

图 10-3　城市生态系统的三个子系统

从环境学的角度出发,城市生态系统由生物系统和非生物系统构成,如图10-4所示。

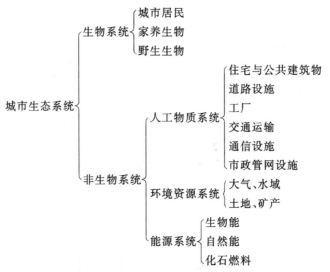

**图 10-4 环境学角度的城市生态系统**

从社会学的角度出发,城市生态系统是以人为核心,可以看作由城市人类和城市环境构成,如图10-5所示。

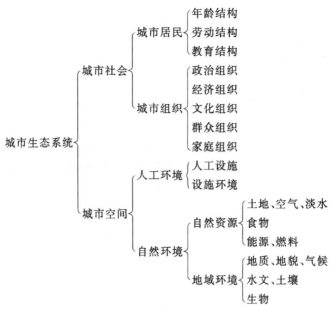

**图 10-5 社会学角度的城市生态系统**

## 10.2 园林生态系统组成

城市园林是城市生态系统的重要组成部分。园林生态系统是由园林生态环境和园林生物群落两部分组成。园林生态环境是园林生物群落存在的基础,为园林生物的生存、生长发育提供物质基础;园林生物群落是园林生态系统的核心,是与园林生态环境紧密相连的部分。园林生态系统是园林生态环境和园林生物群落之间相互联系、相互作用构成的生态系统。

### 10.2.1　园林生态环境

园林生态环境通常包括园林自然环境、园林半自然环境和园林人工环境三部分,如图 10-6 所示。

$$\text{园林生态环境}\begin{cases}\text{园林自然环境}\begin{cases}\text{自然气候}\\\text{自然物质}\end{cases}\\\text{园林半自然环境}\\\text{园林人工环境}\end{cases}$$

**图 10-6　园林生态系统组成**

**1. 园林自然环境**

园林自然环境包括自然气候和自然物质两类。自然气候(如光照、温度、湿度、降水、气压、雷电等)为园林植物提供生存基础,自然物质(如自然土壤、水分、氧、二氧化碳、各类无机盐、非生命的有机物质等)为园林植物的生长发育等方面提供必要的物质基础。

**2. 园林半自然环境**

园林半自然环境是指自然环境经过人们适度的管理,受人类影响较小的园林环境。即经过适度的土壤改良、适度的人工灌溉、适度的遮阴防风等人为干扰或管理下的环境,仍以自然属性为主的环境。通过各种人工措施,使园林植物等受各种外来干扰适度减小,在自然状态下保持正常的生长发育。各种大型的公园绿地、生产绿地等属于此类。

**3. 园林人工环境**

园林人工环境是指人工创建的,并受人类强烈干扰的园林环境。该类环境下的植物必须通过强烈的人工干扰才能保持正常的生长发育,如温室、大棚及各种室内园林环境等都属于园林人工环境。在该环境中,协调室内环境与植物生长之间的矛盾时要采用的各种人工化的土壤、人工化的光照条件、人工化的温湿度条件等是园林人工环境的组成部分。

### 10.2.2　园林生物群落

园林生物群落是指生活在一定的园林区域内,相互之间具有直接或间接关系的各种生物的总和。园林生物群落是园林生态系统的核心,是园林生态系统发挥各种效益的主体。园林生态系统包括园林植物、园林动物和园林微生物。

**1. 园林植物**

园林植物是指能绿化、美化、净化环境,具有一定的经济价值、生态价值和观赏价值,适用于改善人们生活环境、丰富人们精神生活和维护生态平衡的栽培植物。简而言之,凡适合于各种类型园林绿地栽培的植物都可称为园林植物。园林植物是园林生态系统的初级生产者,它利用光能合成有机物质,为园林生态系统的正常运转提供物质、能量基础。

园林植物种类繁多,如果没有一个统一的方法鉴别和分类,就无法对其识别和利用。为了更好地挖掘和利用园林植物,对园林植物进行栽培、养护,使之有效地为人类服务,必须科学地进行分类并正确识别园林植物。园林植物的分类依据有不同的标准,存在多种分类方法,除植物系统分类法外,常用的分类方法有以下几种。

1) 按植物学特性分类

园林植物按植物学特性可分为乔木类、灌木类、藤木类、草本植物、竹类、仙人掌及多浆

植物等。

(1) 乔木类：树体高大（通常高度大于 6 m），主干明显而直立，分枝多，树干和树冠有明显区分，如白玉兰、广玉兰、女贞、樱花、橡皮树等。

(2) 灌木类：无明显主干，一般植株较矮小，靠地面处生出许多枝条，呈丛生状，如栀子花、牡丹、月季、腊梅、贴梗海棠等。

(3) 藤木类：茎木质化，长而细软，不能直立，需缠绕或攀缘其他物体才能向上生长，如紫藤、凌霄等。

(4) 草本植物，包括一、二年生草本植物和多年生草本植物。在一年内完成其生活周期，即从播种、开花、结实到枯死均在一年内完成，称一年生草本植物。一年生草本园林植物多数种类原产于热带或亚热带，故不耐 0 ℃ 以下的低温。通常在春天播种，夏、秋开花结实，在冬季到来之前即枯死。因此，一年生草本园林植物又称春播园林植物，如凤仙花、万寿菊、麦秆菊、鸡冠花、百日草、波斯菊等。在两年内完成其生活周期的园林植物，称二年生草本园林植物。多数当年只长营养器官，翌年开花、结实、死亡。二年生草本园林植物多数种类原产于温带或寒冷地区，耐寒性较强，通常在秋季播种，翌年春、夏开花，故又称为秋播园林植物，如紫罗兰、飞燕草、金鱼草、虞美人、须苞石竹等。多年生园林植物，其寿命超过两年以上，能多次开花结实。依地下部分的形态变化不同，多年生园林植物可分宿根园林植物（如菊花、萱草、福禄考等）和球根园林植物（如大岩桐、水仙、郁金香、美人蕉、荷花大丽花、花毛茛）两类。

(5) 竹类：属禾本科竹亚科，根据地下茎和地上生长情况又可分为三类：单轴散生型，如毛竹、紫竹、斑竹等；合轴丛生型，如凤尾竹、佛胜竹等；复轴混生型，如苦竹、箬竹等。

(6) 仙人掌及多浆植物：这类植物又称多汁植物，植株的茎、叶肥厚多汁，部分种类的叶退化成刺状，表皮气孔少且经常关闭，以降低蒸腾，减少水分蒸发，并有不同程度的冬眠和夏眠习性，该类植物大多数为多年生草本或木本，有少数一、二年生草本植物。如仙人掌、燕子掌、虎刺梅、生石花等。

2) 园林植物按其在园林配置的位置和用途分类

园林植物按其在园林配置的位置和用途可分为绿荫树、行道树、花灌木、绿篱植物、垂直绿化植物、花坛植物等。

(1) 绿荫树，指配置在建筑物、广场、草地周围，也可用于湖滨、山坡营建风景林或开辟森林公园，建设疗养院、度假村、乡村花园等的一类乔木，可供游人在树下休息之用。如榉树、槐树、鹅掌楸、榕树、杨树等。

(2) 行道树，指成行栽植在道路两旁的植物。如水杉、银杏、朴树、广玉兰、樟树、桉树、小叶榕、葛树、木棉、重阳木、羊蹄甲、女贞、椰子大王、椰子、鹅掌楸、悬铃木、七叶树等。

(3) 花灌木，指以观花为目的而栽植的小乔木、灌木。如梅、桃、玉兰、丁香、桂花等。

(4) 垂直绿化植物，指绿化墙面、栏杆、山石、棚架等处的藤本植物。如爬山虎、络石、薜荔、常春藤、紫藤、葡萄、凌霄、叶子花、蔷薇等。

(5) 绿篱植物，指园林中用耐修剪的植物成行密集代替篱笆、围墙等起隔离、防护和美化作用的一类植物。如侧柏、罗汉松、厚皮香、桂花、红叶石楠、日本珊瑚树、丛生竹类、小蜡、福建茶、六月雪、女贞、瓜子黄杨、金叶女贞、红吐小檗、大叶黄杨等。

(6) 造型类、树桩盆景：造型类指经过人工整形制成各种物像的单株或植株组合，如罗汉松、叶子花、六月雪、瓜子黄杨、日本五针松等；树桩盆景是指在盆中再现大自然风貌或表达特定意境的艺术品,比较常见的种类有银杏、金钱松、短叶罗汉松、榔榆、朴树、六月雪、紫藤、南天竹、紫薇等。

(7) 地被类,指用低矮的木本或草本植物种植在林下或裸地上,以覆盖地面,起防尘降温和美化作用。如金连翘、铺地柏、紫金牛、麦冬、野牛草、剪股颖等。

(8) 花坛植物,指采用观叶、观花的草本植物和低矮灌木,栽植在花坛内组成各种花纹和图案,如月季、红叶小檗、金叶女贞、金盏菊、五色苋、紫露草、红花酢浆草等。

3) 园林植物依观赏部位分类

园林植物依可观赏的花、叶、果、茎等器官进行分类,可分为观叶类、观花类、观茎类、观芽类、观姿态类等。

(1) 观花类:其主要观赏部位为花朵,以观赏其花色、花形,闻其花香为主的园林植物。木本观花植物如玉兰、梅、樱花、杜鹃等。草本观花植物如兰花、菊花、君子兰、长春花、大丽花、香石竹、郁金香等。

(2) 观叶类:以观赏植物的叶形、叶色为主的园林植物。这类园林植物或叶片光亮、色彩鲜艳,或叶形奇特,或叶色有明显的季相变化,如红枫、苏铁、橡皮树、变叶木、龟背竹、花叶芋、彩叶草、一叶兰、万年青等。

(3) 观果类:以观赏果实为主的园林植物,其特点是果实色彩鲜艳、经久不落,或果形奇特、色形俱佳。如佛手、石榴、金橘、五色椒、金银茄、火棘等。

(4) 观芽类:以植物肥大而美丽的芽为观赏对象,如银柳、结香、印度橡胶树等。

(5) 观姿态类:树枝挺拔或枝条扭曲、盘绕,似游龙,像伞盖,如雪松、金钱松、毛白杨、龙柏、龙爪槐、龙游梅等。

(6) 观茎类:该类园林植物茎干因色泽或形状异于其他植物而具有独特的观赏价值,如佛肚竹、白桦、紫薇、竹类、白皮松、红瑞木等。

4) 按栽培方式分类

按栽培方式分为露地园林植物和温室植物两类。

(1) 露地园林植物,指在自然条件下生长发育的园林植物,包括露地生长的乔木、灌木、藤本、草本植物及露地生产切花、切叶、干花的植物等。

(2) 温室植物,指使用温室栽培或越冬养护的园林植物,包括温室内的热带植物、副热带植物、盆栽花卉及生产切花、切叶、干花的栽培植物。

**2. 园林动物**

园林动物是指园林生态系统中生存的所有动物。园林动物是园林生态系统中的重要组成部分,对于维护园林生态平衡、改善园林生态环境有着重要的意义。园林动物的种类和数量随园林环境的不同而有较大的变化。园林植物群落层次越多,物种越丰富,园林动物的种类和数量越多。相反,在人口密集、园林植物的种类和数量贫乏的区域,园林动物的种类和数量较少。

常见的园林动物主要有各种鸟类、小型兽类、两栖类、爬行类以及昆虫等。园林环境中最常见的动物以鸟类居多。城市公园、乡村庭院、风景名胜区等是各种鸟类的栖居地。城市区域,特别是城市中心区,由于植物的种类和数量相对较少,鸟类的种类和数量较少,主要以对植物环境要求不高的麻雀为主。近年来,一些城市加强环境保护,使市区的环境得以改善,植物的种类和数量增多,加上市民的环保意识增强,鸟类的种类和数量又有回升的趋势。

由于人类活动的影响,园林环境中的大中型兽类早已绝迹,小型兽类也只是偶有出现,

常见的有蝙蝠、刺猬、蛇、蜥蜴、野兔、松鼠、老鼠等。兽类的种类和数量也随着园林环境的变化而不同,在绿地面积小、层次简单的区域,兽类的种类和数量较少,而在面积较大、层次丰富的区域园林兽类则较多。如北京市区的种类只有 4 种左右,近郊的颐和园和圆明园约有 12 种,而香山公园则达到 18 种之多(刘常富等)。

园林环境中昆虫的种类和数量相对较多,其中以鳞翅目的蝶类、蛾类的种类和数量最多,它们多是人工植物群落中的害虫。此外,鞘翅目、同翅目、半翅目的昆虫也常见。

**3. 园林微生物**

园林微生物是指园林环境中生存的各种细菌、真菌、放线菌、藻类等,包括园林环境空气微生物、水体微生物和土壤微生物等。园林环境中的微生物种类,特别是一些有害的细菌、病毒等的数量和种类较少,这是由于园林植物能分泌各种杀菌素杀死一些细菌、病毒。园林环境中土壤微生物的减少主要是人为影响引起的。此外,城市的卫生活动,如植物的枯枝落叶被及时清除,也大大限制了园林环境中微生物的数量,因此,必须投入较多的人力和物力行使分解者的功能,以维持园林生态系统正常的园林生物之间、生物与环境之间的能量传递和物质交换。

## 10.3 园林生态系统的结构及类型

### 10.3.1 园林生态系统的结构

园林生态系统的结构主要是指成园林生态系统的各种组成成分及量比关系,各组分在时间、空间上的分布,以及各组分间能量、物质、信息的流动途径和传递关系。园林生态系统的结构主要包括物种结构、空间结构、时间结构、营养结构等几个方面。

**1. 物种结构**

园林生态系统物种结构是指构成系统的各种生物种类及它们之间的数量组合关系。园林生态系统的物种结构类型多样,不同的系统类型,其生物的种类和数量差别较大。草坪类型物种结构简单,仅由一个或少数几个物种构成;城市小型绿地、小游园等由几个到十几个生物种类构成;大型绿地系统,如公园、植物园、树木园、城市森林等,是由众多的园林植物、园林动物和园林微生物所构成的物种结构多样、功能健全的生态单元。

**2. 空间结构**

园林生态系统的空间结构指系统中各种生物的空间配置状况,包括垂直结构和水平结构。

1) 垂直结构

园林生态系统的垂直结构是指园林生物群落,特别是园林植物地上的不同高度和地下不同深度的空间垂直配置状况。目前,园林生态系统垂直结构的研究主要集中在地上部分的垂直配置上,包括系统中不同植物在不同层次空间上的茎叶的配置状况,它是衡量系统利用光、热、水、气等自然资源的重要指标。一般,园林生态系统的植物垂直结构主要为以下几种配置方式。

(1) 单层结构,仅由一个层次构成,如行道树、草坪等。

(2) 灌草结构,由草本和灌木两个层次构成,如道路中间的绿化带配置。

(3) 乔草结构,由乔木和草本两个层次构成,如简单的绿地配置。

(4) 乔灌结构,由乔木和灌木两个层次构成,如小型休闲森林等的配置。

(5) 乔灌草结构,由乔木、灌木、草本三个层次构成,如公园、植物园、树木园中的一些配置。

(6) 多层结构,除乔木、灌木、草本三个层次外,还包括另外的一些植物,如藤本植物和附、寄生植物,它们并不形成独立的层次,而是依附于各层次直立的植物体上,称为层间植物。在做具体研究时,往往把它们归入实际依附的层次中。

除植物的分层现象外,系统中动物分层现象也很普遍。动物之所以有分层现象,主要与食物有关,系统中不同层次提供不同的食物,其次还与不同层次的微气候条件有关。如以乔木为主的多层结构中的鸟类,往往有不同的栖息空间,森林中层栖息着山雀、啄木鸟等,而林冠层栖息着柳莺、交嘴等。大多数鸟类虽然可同时利用几个不同的层次,但每一种鸟都有一个自己最喜爱的层次。

2) 水平结构

园林生态系统的水平结构是指园林生物群落,特别是园林植物群落在一定范围内植物类群在水平空间上的组合与分布。它取决于物种的生态学特性、种间关系及环境条件的综合作用。园林生态系统的水平结构在构成群落的形态、动态结构和发挥群落的功能方面有重要作用。

园林生态系统水平结构的表现形式有自然式、规则式和混合式三种类型。

(1) 自然式结构。园林植物在平面上的分布没有表现出明显的规律性,而是根据植物习性和自然界植物群落形成的规律,仿照自然界植物群落的结构形式,经艺术提炼而就。师法自然,虽由人做,宛自天开。尽可能多地运用植物种类,达到生态多样性要求。应充分考虑物种的生态位特征,合理选配植物种类,避免种间直接竞争,形成结构合理、功能健全、种群稳定的群落结构。因此,只有掌握了植物的生理生态习性、植物与环境间的适应、植物与植物的种内种间关系,才能配置出较为理想的自然式结构。在实践中,常将植物与建筑、道路、桥梁、山石、水体巧妙搭配,营造出一幅具有视觉、听觉、嗅觉等感官意识的中国式自然山水园林。

(2) 规则式结构。规则式又称几何式、图案式等园林植物在水平分布上具有明显的外部形状,或有规律性的排列。把美丽的自然植物进行规范式的人工造型。在规则式的植物造景中,平面和立面布局,整体造型,花草、树木、建筑、道路、水体等一般要求整齐对称。规则式植物造景主要给人雄伟、严整、庄重的视觉感受,同时也给人一种拘谨、威慑、空间开朗有余但变化不足的一览无余之感。

(3) 混合式结构。混合式结构是指园林植物在水平上的分布有自然式结构又有规则式结构的内容,将二者有机地结合的结构。它是介于绝对轴线对称法和自然山水法之间的一种园林设计方法,因而兼容了自然式和规则式的特点。在实践中,混合式结构往往可以克服自然式结构缺乏庄严肃穆氛围、规则式结构又略显呆板之缺憾,而将二者有机结合,可取得较好的景观效果。

**3. 时间结构**

如果说植物种类组成在空间上的配置构成了群落的垂直结构和水平结构的话,那么不同植物种类的生命活动在时间上的差异,就导致了结构部分在时间上的相互配置,形成了群落的时间结构。在某一时期,某些植物种类在群落生命活动中起主要作用;而在另一时期,

则是另一些植物种类在群落生命活动中起主要作用。园林生态系统随时间而发生的结构变化主要表现为以下两个方面。

1）季相变化

园林植物群落的外貌在不同季节是不同的，随着气候季节性交替，群落呈现不同的外貌，称之为季相。植物的物候现象是园林植物群落季相变化的基础。在不同的季节，园林呈现不一样的风光，如在早春开花的植物，在早春来临时开始萌发、开花、结实，到了夏季其生活周期已经结束，而另一些植物种类则达到生命活动的高峰。所以在一个复杂的群落中，植物生长、发育的异时性会很明显地反映在群落结构的变化上。正是"万物静观皆自得，四时佳境与人同"。

植物季相景观也可以反映某个地方的季节特色，如享誉天下的杭州西湖"苏堤春晓"、"平湖秋月"，北京西山的"香山红叶"，以及苏州拙政园的"海棠春坞"等。亦有些地方将季节性的景观合理开发为节日，如北京植物园的"桃花节"、湖北武汉及江苏无锡等地的"梅花节"、洛阳的"牡丹花会"、上海和杭州等地的"桂花节"，还包括全国性的专类花卉节日，如"菊花节"、"郁金香节"等。

2）长期变化

长期变化是指园林生态系统经过较长时间后的结构变化：一方面表现为园林生态系统经过一定时间的自然演替变化或由于各种外界（如污染）干扰使园林生态系统所发生的自然变化；另一方面是通过园林的长期规划所形成的预定结构表现，这些都以长期规划和不断的人工抚育为基础。

**4. 营养结构**

园林生态系统的营养结构是指园林生态系统中各种生物以食物为纽带所形成的特殊营养关系，其主要表现为由各种食物链所形成的食物网。

园林生态系统的营养结构由于人为干扰严重而趋向简单，其标志是园林动物、微生物稀少，缺乏分解者。园林生态系统结构的简单化，使该系统不能自我进行正常的运转，系统内的生产、消费、分解等过程都依靠人类的参与，是人类消耗更多的能量在维持系统的正常运转。

城市生态系统中最多的是消费者——人类，最重要的也是人类本身，而对生态系统破坏最严重的仍旧是我们人类，要创造和谐完善的生态系统也只有人本身，所以，园林生态系统作为城市生态系统的一个重要组成部分，在设计中、应按生态学原理，增加园林植物的种类，构成群落的复杂性，为各种园林生物提供生存的空间和环境，这样，既可以减少管理投入，维持系统的正常运转，又可营造自然的氛围，为当今缺乏自然的人们，特别是城市居民提供享受自然的空间，为人类保持身心健康奠定基础。

### 10.3.2 园林植物群落类型

生态环境的多样性和植物种类的丰富性是群落多样性的基础，不同的植物群落具有不同的结构特点。物种的多样性提高了群落的观赏价值，增强了群落的抗逆性和韧性，有利于保持群落的稳定，避免有害生物的入侵。只有丰富的物种种类才能形成丰富多彩的群落景观，满足人们不同的审美要求；也只有多样性的物种种类，才能构建不同生态功能的植物群落，更好地发挥植物群落的景观效果和生态效果。城市绿化中可选择优良乡土树种为骨干树种，积极引入易于栽培的新品种，驯化观赏价值较高的野生物种，丰富园林植物品种，形成色彩丰富、多种多样的景观。

**1. 自然植物群落类型**

根据我国植被状况,将其中的自然、半自然植物分为五个大类型。

1)森林

森林是由树木为主体所组成的地表生物群落,它具有丰富的物种、复杂的结构、多种多样的功能。

按森林外貌通常可划分为针叶林、阔叶林和竹林。针叶林在我国分布广泛,但作为地带性的针叶林则只见于我国东北和西北两隅及西南、藏东南的亚高山针叶林,其余的则常为次生性针叶林,如各种次生松林,更多的则是人工营造而成,如杉木林等。这些针叶林不仅植物组成丰富,而且还栖息着大量的动物种类,成为众多特有物种的栖息地和避难所。

阔叶林是由阔叶树种所组成的各种森林群落的总称,包括落叶阔叶林、常绿落叶阔叶混交林、常绿阔叶林、季雨林、热带雨林等,它们广布于我国温带以南的地区。

竹林是由竹类植物组成的一类木本状多年生的植物群落,它由某些乔木状的竹类组成乔竹林,或由某些矮小灌丛状的竹类组成矮竹林。竹类植物具有独特的生活型,它有地下茎和地上茎之分。

2)灌丛

灌丛主要由丛生木本高位芽植物构成,高度一般 5 m 以下,有时也可超过 5 m。它与森林的区别不仅在于高度不同,更主要的是灌丛的优势种多为丛生灌木。它和灌木荒漠的区别在于灌丛较为郁闭。灌丛通常分为针叶灌丛、阔叶灌丛、刺灌丛、肉质灌丛及竹灌丛。

3)草本植被

草本植被是指以禾草、禾草型的草本植物及其他草本植物占优势,而木本植物存在极少(盖度不超过 30%)的植被类型。

4)荒漠及其他稀疏植被

荒漠及其他稀疏植被类型包括所有植被覆盖稀疏或十分低矮、紧贴地面生长的植被类型,它们多是在极端条件(干旱、寒冷、酷热或土壤贫瘠)下出现的植物群落。通常分为荒漠植被、冻原和高山垫状植被、流石滩稀疏植被等类型。

荒漠植被是极旱生的稀疏植被,其组成是一系列特别耐旱的极旱生植物。地区气候干旱、温差大、风沙多、土地贫瘠、质地粗、强度盐渍化、降水稀少(年降水量少于 250 mm)、蒸发强烈。因此,植物种类贫乏,植被稀疏,地表大面积裸露。

冻原和高山垫状植被是寒带的典型植被,是分布于树木线以外或高山树木线以上、适应于极端寒冷气候条件下的植被类型。植物组成种类贫乏,主要是苔藓、地衣和莎草科、禾本科、毛茛科、十字花科的多年生草本植物,并散生一些杨柳科、石楠科与桦木科的矮小灌木。它们多数紧贴地面生长,避免风寒。

流石滩稀疏植被是指分布在流石滩的碎石缝隙间生长发育而构成的稀疏的植被类型。这些植物地上部分矮小,根系却极为发达,通常地下部分长度为地上部分的 10 倍以上。

5)沼泽及水生植被

沼泽植被是指分布在地表过湿或有薄层常年(或季节性)积水,土壤水分几达饱和的环境条件下的喜湿性和喜水性沼生植物类型。由于水多,致使沼泽地土壤缺氧,在厌氧条件下,有机物分解缓慢,只呈半分解状态,故多有泥炭的形成和积累。又由于泥炭吸水性强,致使土壤更加缺氧,物质分解过程更缓慢,有效氧分也更少。因此,许多沼泽植物的地下部分

不发达,其根系常露出地表,以适应缺氧环境。沼生植物有发达的通气组织,有不定根和特殊的繁殖能力。沼泽植被主要由莎草科、禾本科及藓类和少数木本植物组成。沼泽地是纤维植物、药用植物、蜜源植物的天然宝库,是珍贵鸟类、鱼类栖息、繁殖和育肥的良好场所。沼泽具有湿润气候、净化环境的功能。

水生植被是生长在水域中,由水生植物组成的植被类型。水生植被中高等植物种类简单,低等植物繁多。因水质差异可分淡水和咸水两大类。水生植物因其水域条件的相近及水的流动性而有利于广泛的传播。水生植物从水中或水底淤泥中汲取营养,在水中或水上进行光合作用和呼吸作用,按其不同的生态特征可分为沉水、浮水和挺水三类:沉水植物着生于水底,植物体没入水面以下,有些仅在开花期将花露出水面,如狐尾藻属等;浮水植物的植物体部分浮于水面,如睡莲等;挺水植物的植物体大部分在水面以上,如水葱等。水生植物的自然分布与水的深度、透明度及水底基质状况密切相关。一般透明度大的浅水,水底多腐殖质的淤泥,水生植物群落组成种类丰富;水深或沙质水底的水域内,水生植物群落分布稀少。在较大的深水池塘或湖泊内从沿岸浅水向中心深处呈有规律的环带状分布,依次为挺水水生植被带、浮水水生植被带及沉水水生植被带。水生植物不但是优质的饲料,而且水生的浮游藻类是鱼类的饵料来源,并且有净化水体生态环境的重要作用。

**2. 园林植物群落类型及城市绿地的划分**

园林植物群落实际上是自然植物群落与人工植物群落相结合的植物群落,或完全是人工植物群落。它是人工营造和管理的各种具有一定外貌特征的植物群(或丛)。园林植物群落的类型有如下几种:类似森林的公园、植物园、各种防护林;类似草本植被的各种绿化带、草坪等;类似沼泽和水生植物的湿地等。

各类园林植物群落存在的地段,即所有的园林植物种植地块和园林种植占大部分的用地,称为园林绿地。园林绿地主要以城市(镇)为核心的城市(镇)园林绿地或城市绿地为主,城市(镇)绿地以外的其他各类景观绿地为辅。

原城市绿地的划分种类较多,没有统一的标准,各地城市的绿地分类差别较大,已严重影响了整体绿化的管理进程。为适应我国绿化建设、加强园林行业管理、提高绿地质量,建设部颁布了《城市绿地分类标准》(CJJ/T 85—2002),自 2002 年 9 月 1 日起实施。该标准将城市绿地划分为五大类,十三中类十一小类(见表 10-1)。

表 10-1 城市绿地分类

| 类别代码 | | | 类别名称 | 内容与范围 | 备注 |
|---|---|---|---|---|---|
| 大类 | 中类 | 小类 | | | |
| $G_1$ | | | 公园绿地 | 向公众开放,以游憩为主要功能,兼具生态、美化、防灾等作用的绿地 | |
| | $G_{11}$ | | 综合公园 | 内容丰富,有相应设施,适合于公众开展各类户外活动的规模较大的绿地 | |
| | | $G_{111}$ | 全市性公园 | 为全市民服务,活动内容丰富、设施完善的绿地 | |
| | | $G_{112}$ | 区域性公园 | 为市区内一定区域的居民服务,具有较丰富的活动内容和设施完善的绿地 | |

续表

| 类别代码 大类 | 类别代码 中类 | 类别代码 小类 | 类别名称 | 内容与范围 | 备注 |
|---|---|---|---|---|---|
| $G_1$ | $G_{12}$ | | 社区公园 | 为一定居住用地范围内的居民服务,具有一定活动内容和设施的集中绿地 | 不包括居住组团绿地 |
| | | $G_{121}$ | 居住区公园 | 服务于一个居住区的居民,具有一定活动内容和设施,为居住区配套建设的集中绿地 | 服务半径:0.5~1.0 km |
| | | $G_{122}$ | 小区游园 | 为一个居住小区的居民服务、配套建设的集中绿地 | 服务半径:0.3~0.5 km |
| | $G_{13}$ | | 专类公园 | 具有特定内容或形式,有一定游憩设施的绿地 | |
| | | $G_{131}$ | 儿童公园 | 单独设置,为少年儿童提供游戏及开展科普、文体活动,有安全、完善设施的绿地 | |
| | | $G_{132}$ | 动物园 | 在人工饲养条件下,移地保护野生动物,供观赏、普及科学知识,进行科学研究和动物繁育,并具有良好设施的绿地 | |
| | | $G_{133}$ | 植物园 | 进行植物科学研究和引种驯化,并供观赏、游憩及开展科普活动的绿地 | |
| | | $G_{134}$ | 历史名园 | 历史悠久,知名度高,体现传统造园艺术并被审定为文物保护单位的园林 | |
| | | $G_{135}$ | 风景名胜公园 | 位于城市建设用地范围内,以文物古迹、风景名胜点(区)为主形成的具有城市公园功能的绿地 | |
| | | $G_{136}$ | 游乐公园 | 具有大型游乐设施,单独设置,生态环境较好的绿地 | 绿化占地比例应大于等于65% |
| | | $G_{137}$ | 其他专类公园 | 除以上各种专类公园外具有特定主题内容的绿地。包括雕塑园、盆景园、体育公园、纪念性公园等 | 绿地占地比例应大于等于65% |
| | $G_{14}$ | | 带状公园 | 沿城市道路、城墙、水滨等,有一定游憩设施的狭长形绿地 | |
| | $G_{15}$ | | 街旁绿地 | 位于城市道路用地之外,相对独立成片的绿地,包括街道广场绿地、小型沿街绿化用地等 | 绿地占地比例应大于等于65% |
| $G_2$ | | | 生产绿地 | 为城市绿化提供苗木、花草、种子的苗圃、花圃、草圃等圃地 | |
| $G_3$ | | | 防护绿地 | 城市中具有卫生、隔离和安全防护功能的绿地。包括卫生隔离带、道路防护绿地、城市高压走廊绿带、防风林、城市组团隔离带等 | |

续表

| 类别代码 | | | 类别名称 | 内容与范围 | 备注 |
|---|---|---|---|---|---|
| 大类 | 中类 | 小类 | | | |
| G4 | | | 附属绿地 | 城市建设用地中绿地之外各类用地中的附属绿化用地。包括居住用地、公共设施用地、工业用地、仓储用地、对外交通用地、道路 广场用地、市政设施用地和特殊用地中的绿地 | |
| | $G_{41}$ | | 居住绿地 | 城市居住用地内社区公园以外的绿地，包括组团绿地、宅旁绿地、配套公建绿地、小区道路绿地等 | |
| | $G_{42}$ | | 公共设施绿地 | 公共设施用地内的绿地 | |
| | $G_{43}$ | | 工业绿地 | 工业用地内的绿地 | |
| | $G_{44}$ | | 仓储绿地 | 仓储用地内的绿地 | |
| | $G_{45}$ | | 对外交通绿地 | 对外交通用地内的绿地 | |
| | $G_{46}$ | | 道路绿地 | 道路广场用地内的绿地，包括行道树绿带、分车绿带、交通岛绿地、交通广场和停车场绿地等 | |
| | $G_{47}$ | | 市政设施绿地 | 市政公用设施用地内的绿地 | |
| | $G_{48}$ | | 特殊绿地 | 特殊用地内的绿地 | |
| $G_5$ | | | 其他绿地 | 对城市生态环境质量、居民休闲生活、城市景观和生物多样性保护有直接影响的绿地。包括风景名胜区、水源保护区、郊野公园、森林公园、自然保护区、风景林地、城市绿化隔离带、野生动植物园、湿地、垃圾填埋场恢复绿地等 | |

## 10.4 园林生态系统的功能

### 10.4.1 园林生态系统的基本功能

园林生态系统的基础功能既具有一般自然生态系统的特征，又具有其自身的独特特点。

**1. 能量流动**

1) 园林生态系统的能量来源

园林生态系统的能量来源一方面来自太阳辐射能，是园林生态系统的主要能量来源，另一方面来自各种辅助能。辅助能是指除太阳辐射能外进入园林生态系统的其他形式的能量。辅助能不能直接被园林生态系统中的生物转化为化学潜能，但能促进辐射能的转化，对园林生态系统中生物的生存、光合产物的形成、物质循环等具有很大的辅助作用。辅助能通常可分为自然辅助能和人工辅助能两种类型。自然辅助能是指在自然过程（如风、降水、蒸发等）中产生的太阳辐射能以外的其他形式的能量；人工辅助能是指人们在从事生产活动过程中有意识投入的各种形式的能量（如施肥、灌溉、育种），目的是为了改善生产条件，提高生产力。人工辅助能在园林生态系统中所占的比重相对较大,且有增多的趋势。

从生态学原理和园林生态系统的特点看,园林生态系统人工辅助能的加入是必不可少的,但在园林植物的配置中应尽量增加园林植物的种类和数量,使其结构趋于复杂,为各种园林动物与园林微生物提供生存空间,以充分发挥园林动物与园林微生物的作用,这样既可以减少园林管理者的能量投入,又可促进园林生态系统自身调控机制和自然属性的发挥,增加园林生态系统的自然气息和活力,使人类更接近自然和享受自然。

2) 园林生态系统能量流动的途径

能量是生态系统的基础,一切生命活动都存在着能量的流动和转化。没有能量的流动,就没有生命,就没有生态系统。园林生态系统的能量流动有以下一些途径。

(1) 草牧食物链,也称捕食性食物链,是由园林植物开始,到草食动物,再到肉食动物,即以植物为基础,后者捕食前者,以活的有机体为营养源的食物链。如草→蝗虫→百灵,草→兔子→狐狸。

(2) 腐生性食物链,是以死亡的有机体(植物或动物)及其排泄物为营养源,通过腐烂、分解,将有机物质还原为无机物质的食物链。如园林绿地中的小型动物尸体和枯枝落叶为微生物所利用而构成的食物链,如植物残体→蚯蚓→线虫类→节肢动物。

(3) 能量的暂时储存,将动植物以天然的或人为的方式进行储存的过程。如动植物标本、石油、煤炭等。

(4) 人工控制途径,能量的流动途径按人为的过程进行、最终仍以热能的形式散失掉。如植物的移植、动物的移种、人为的消除植物残体等。

3) 园林生态系统能量流动的特点

在能量的使用上,自然生态系统的能量流动类型主要集中于系统内各生物物种间所进行的动态过程,反映在生物的新陈代谢之中;园林生态系统的初级生产以太阳辐射能为主,以各种辅助能为辅,与自然生态系统较为相似,但次级生产与自然生态系统的差别在于园林动物数量较少,对园林植物的消耗也少;园林植物的枯枝落叶及修剪枝叶,小部分由园林微生物分解将营养物质还原给园林生态环境,大部分经人类辅助处理,能量消耗于系统外部。

园林生态系统的各种生物成分的作用与自然生态系统不同。园林植物的主要目的不是为消费者提供能量,而是以净化环境等各种生态效应及供人们观赏、休闲等社会效益等为最终目的;园林动物和园林微生物的作用相对削弱,特别在城市的中心区,它们的作用微乎其微,更多的是由人工控制来代替。

不管是自然的食物链(网),还是人工控制的各种途径,园林生态系统的能量流动和转化都是服从于热力学第一定律和第二定律的。

**2. 物质循环**

生态系统的物质循环又称为生物地球化学循环,是指地球上各种化学元素,从周围的环境到生物体,再从生物体回到周围环境的周期性循环。能量流动和物质循环是生态系统的两个基本过程,它们使生态系统各个营养级之间和各种组成部分之间组成为一个完整的功能单位。但是能量流动和物质循环的性质不同,能量流经生态系统最终以热能的形式消散,能量流动是单方向的,因此生态系统必须不断地从外界获得能量;而物质的流动是循环式的,各种物质都能以可被植物利用的形式重返环境。同时两者又是密切相关不可分割的。

园林生态系统的物质循环通常包含三个层次:园林植物个体内的养分再分配、园林生态系统内部的物质循环、园林生态系统间的物质循环。

1) 园林植物个体内的养分再分配

园林植物的生长发育除依靠根和叶片吸收养分外,为了减少养分的损耗或满足某一部位的需要,能将其体内储藏的养分在个体内进行再分配。如叶子脱落前,衰老叶中的有机养料和矿质大部分被运到植物仍然生长的部位或储藏器官。植物生长进入生殖生长阶段后,同化产物主要供应生殖器官发育所需,因此运输到根部同化产物的数量急剧下降,从而根的活力减弱,养分吸收功能衰退。这时植物体内养分总量往往增加不多,各器官中养分含量主要靠体内再分配进行调节。营养器官将养分不断地运往生殖器官,随着时间的延长,养分在营养器官和生殖器官中的比例不断发生变化,即营养器官中的养分所占比例逐渐减少。

园林植物通过养分在植物体内的再分配,是保证植物正常的生长发育和保存养分的重要途径。但植物体内养分的再分配只能在一定程度上缓解养分的不足,而不能从根本上解决养分的亏缺。因此,在园林生态系统中,要保证园林植物的正常生长发育,充分发挥园林植物的各种功能,当土壤养分不足时,必须采取人为的措施来补充营养物质。

2) 园林生态系统内部的物质循环

园林生态系统内部的物质循环是指在园林生态系统内,各种化学元素和化合物沿着特定的途径从环境到生物体,再从生物体到环境,不断进行的反复循环变化的过程。

园林生态系统内部的物质循环包括园林植物对养分的吸收、养分在园林植物体内的分配与存储、园林植物养分的损失,园林动物对营养的获取、营养在动物体内的分配与存储、园林动物养分的损失、园林微生物对动植物残体的分解后重新还原给园林生态环境的过程。

3) 园林生态系统与其他生态系统之间的物质循环

园林生态系统是一个开放的生态系统,不断地从其他生态系统获取营养物质,同时也不断地向系统外输送营养物质(见图10-7)。一方面表现在以气态的形式进行交换,也就是碳、氢、氧、氮、硫等以气态的形式输入或输出;另一方面是通过沉积循环的方式与外界生态系统进行物质交换。沉淀循环主要是通过岩石的风化、沉积物的分解、干湿沉降及各种动物的传输作用等,将系统外的各种物质转变为系统内生物可以利用的营养物质。磷、钙、钾、钠、镁、

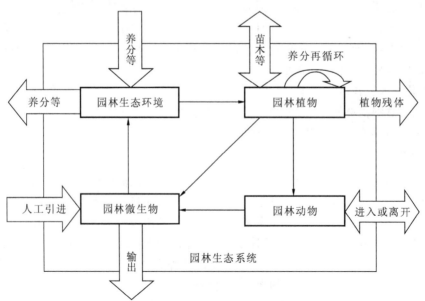

图10-7 园林生态系统的物质循环

铁、锰、碘、铜、硅等元素的循环都属于沉淀循环。同时，人工控制已成为园林生态系统物质循环的重要途径，包括各种营养物质的人工输入、苗木移植、动植物残体的人工处理、人为引进各种动物和微生物等。

**3. 信息传递**

生态系统中的各个组成部分相互联系成为一个统一体，它们之间的联系除了能量流动和物质交换之外，还有一种非常重要的联系，那就是信息传递。生物之间的信息交流是生态系统中的重要内容。园林生态系统中的园林植物、动物、微生物及人类相互之间不断地进行信息传递以相互协调，保持园林生态系统稳定发展的趋势。

在园林生态系统中，园林动物及微生物的数量相对较少，其核心部分是园林植物，下面着重介绍植物之间的信息传递。

1）光与植物间的信息传递

光对植物的重要作用主要表现在光合作用上，但光在一些情况下只作为一种信息激发受体而不是以光合条件的身份出现。作为信息的光与光合作用中的光是有本质区别的：一是表现在量上，作为信息的光比光合作用需要的量少得多；二是表现在质上，信息光波长为 0.28~0.8 nm，超出了可见光范围；三是在作用机理上，信息光仅启动植物发生和分化方式的转化。作为信息的光对植物的作用主要表现在以下几方面。

(1) 控制某些种子萌发。光对植物种子发芽的影响，因种类而异，但多数植物的种子在发芽时对光的反应不敏感。按照植物种子发芽对光的敏感程度，可将植物种子分为三类：第一类是需光种子，即种子发芽时需要一定的光，在黑暗条件下不能发芽或发芽不良，如烟草、苦苣苔、桷寄生、夜来香、一串红、无花果等；第二类是厌光种子，即种子要求在黑暗的条件下才能发芽，有光则发芽不良，如瓜类、万寿菊、孔雀草、蝴蝶花等；第三类种子发芽对光照的反应不敏感，即在有光或黑暗条件下均能正常发芽，如豆类等大多数种子属于此类。另外，不同波长的光对同一种子进行处理，其结果不一样，如对处于半休眠状态的莴苣种子进行照光处理，在 600~690 nm 红光区下，种子萌发处于高潮，而在 720~780 nm 的远红光区，种子发芽受阻。了解光对种子发芽的影响可在播种或催芽过程中采取相应的措施，以提高种子的发芽率和出苗率。

(2) 影响植物开花。在一些短日照植物中，暗期以红光和远红光的交互闪烁处理打破暗期，实验表明，短日照植物的开花取决于最后的光波信号。如果最后的光波信号是远红光，则开花；反之，则不开花。

(3) 消除黄化现象。给予有些在黑暗中生长而黄化的植物短时间的光照，可使其消除黄化现象。如在黑暗中生长的马铃薯或黄化的豌豆幼苗，在生长的过程中，每昼夜只需曝光 5~10 min，便可使幼苗的形态转为正常。

2）植物与植物间的信息传递

植物间的信息传递首先表现在化感作用上，德国学者 H. Molisch 于 1937 年提出了化感作用的概念。他认为植物的化感作用就是一种植物通过向体外分泌代谢过程中的化学物质，对其他植物产生直接或间接影响的作用。这个概念得到了大多数研究者的赞成。这种作用是种间关系的一部分，是生存竞争的一种特殊形式，种内关系也有此现象。在 Molisch 的著作发表后，人们对这个问题的认识有了长足的进展。

在自然界，植物一般均以群落的形式存在，植物群落的结构、演替、生物多样性等均与化感作用有关。有的植物在生长发育过程中能分泌一些化学物质，使周围的其他植物死亡而

自身独居,如蟛蜞菊、胜红蓟、豚草、莎草等常形成单一植物种群落;有的植物喜欢与其他植物共居,并且相互间有明显的促进作用,如玫瑰和百合,皂角和白蜡树,槭树和苹果、梨树,葡萄和紫罗兰等。

20世纪40年代以来,人们在植物化感作用的试验验证、克生物质的提取、分离和鉴定方面做了许多工作。经鉴定香桃木属、桉树属和臭椿属的叶均有分泌物,其成分主要是酚类物质,它们对亚麻的生长具有明显的抑制作用。

生物学家们早就发现,植物尤其是同类植物之间的信息传递还表现在"语言"的交流上。美国华盛顿大学的生态学家发现,在一片柳树林中,一旦某一棵树遭受虫害,其新叶中石炭碱的分泌量会大量增加,以降低新叶对害虫的适应性,从而保护自己,减少虫害。同时还能通过释放的乙烯给邻近的柳树发出危险及预防信号,使其各自采取防卫措施。

3) 植物与微生物之间的信息传递

植物的化感物质通过水淋溶、根分泌、残体分解进入土壤,土壤中大量的微生物将化感物质分解或活化,使植物的化感作用减弱或增强。同时,土壤微生物本身也能产生很多对植物有影响的物质,如抗生素、酚酸、脂肪酸、氨基酸等。

4) 植物与动物之间的信息

植物经常遭受昆虫和其他植食动物的侵袭和吞食,但植物并不是完全被动地受害,它们会采取形态上和生理生化上一些行之有效的措施来保护自己。

有些植物,在受到觅食者伤害时能够释放出一些特殊的化学信号——某种能够挥发到空气中的有机复合物,它们能够吸引觅食者的天敌。如当甜菜夜蛾的幼虫咀嚼玉米的叶片时,植物会释放出挥发性的复合物,这种复合物像一块磁铁一样吸引寄生性黄蜂的到来,并将卵产于此幼虫身上。

有些植物在进化过程中生长出各种棘刺和皮刺等机械防御手段。如蓟属植物的茎、叶上有许多刺,这些刺为植食动物提供了"不可食"的信息,使植食动物望而生畏。

有些植物表明覆盖着多种细毛,能分泌一些化学物质,是化学防御的一部分,如报春属植物叶片上的毛状腺分泌的刺激性化学物质能使来犯的植食动物感到发痒或疼痛,从而起到驱虫的作用。有些植物体表具带钩或倒刺毛状体能刺伤昆虫,起到自我保护作用。

植物的次生代谢物常具有一定的色、香、味等,这构成了植物—动物间生化交互作用的化学信号。如苦味是一个重要的信息,可以对一些种类的植食动物引起拒食作用,而对另一些种类的植食动物发出引诱的信号。

### 10.4.2 园林生态系统的服务功能

**1. 生态系统服务功能的概念与内涵**

近几个世纪以来,人们干预自然的能力不断增强,森林开发、湿地开发、生物资源的开发利用,以及土地利用方式的改变、自然生态系统面积减少,使得受人为控制的生态系统的面积迅速增加。全球生态系统格局的这种变化大大削弱了生态系统服务功能,从而导致了全球性的生态环境危机,使人类未来的发展受到威胁。因此,从这个角度理解,可持续发展的核心就是要通过维持和保护生态系统来保护人类的生存环境,保护地球生命支持系统,维持一个可持续的生物圈。研究景观格局动态情况下生态系统服务的变化能为可持续发展提供重要依据,具有重要意义。

自20世纪70年代以来,生态系统服务功能开始成为一个科学术语,并成为生态学与生态经济学研究的一个分支。springer-verlag 首次使用生态系统服务功能的"service"一词,并列出了自然生态系统对人类的"环境服务"功能,包括害虫控制、昆虫传粉、渔业、土壤形成、水土保持、气候调节、洪水控制、物质循环与大气组成等方面。稍后,1981年,著名生态学家 Holdren 与 Ehrilch 论述了生态系统在土壤肥力与基因库维持中的作用,并系统地讨论了生物多样性的丧失将会如何影响生态服务功能,以及能否用先进的科学技术替代自然生态系统的服务功能等问题。生态系统服务功能一词很快地为生态学家所接受。

生态系统服务功能是指生态系统与生态过程所形成及所维持的人类赖以生存的自然环境条件与效用,认为生态系统不仅为人类提供了食品、医药及其他生产生活资料,还创造与维持了地球生命支持系统,形成了人类生存所必需的环境条件。

生态系统服务功能的内涵可包括有机质的合成与生产、大气组成的调节、生物多样性的产生与维持、调节气候、营养物质储存与循环、水资源保持与调节、土壤肥力的更新与维持、环境净化与有害有毒物质的降解、植物花粉的传播与种子的扩散、有害生物的控制、减轻自然灾害、基因资源保持、文化娱乐等许多方面。

**2. 园林生态系统的服务功能**

园林生态系统的服务功能是指园林生态系统与生态过程为人类所提供的各种环境条件及效用。园林生态系统作为一种生态系统,既具有生态系统总体的服务功能,又具有其本身独特的服务功能,主要表现在净化空气(大气调节)、生物多样性的产生与维持、调节城市小气候、缓解各种自然灾害的影响、休闲娱乐功能和精神文化的源泉及教育功能等方面。

1) 净化环境

由于工业生产、交通和供暖所导致的空气污染是城市最主要的环境问题之一,尤其对那些位置低洼、污染物不易扩散、清洁生产技术不发达的城市来说。园林植被可以吸收大气污染物,具有明显的减轻大气污染、净化空气的作用。此外,园林生态系统对大气环境的净化作用还表现在维持碳氧平衡、滞尘效应、减菌效应、减噪效应、增加负离子效应等。园林生态系统对土壤环境的净化作用主要表现在园林植物的存在对土壤自然特性的维持,以保证土壤本身的自净能力及园林植物对土壤污染物的吸收。

2) 生物多样性的产生与维持

生物多样性通常包括遗传多样性、物种多样性、生态系统多样性和景观多样性四个组成部分。园林生态系统可以营建各种类型的绿地组合,不仅丰富了园林空间的类型,而且增加了生物多样性。园林生态系统中各种自然类型的引进或模拟,一方面可以增加系统类型的多样性,另一方面又可保存丰富的遗传信息,避免自然生态系统因环境变动,特别是人为的干扰而导致物种的灭绝,起到了类似迁地保护的作用。

3) 调节城市小气候

园林植物通过蒸腾作用,可以增加空气湿度,大面积的园林植物群落的共同作用,甚至可以增加降水,改善本地的水环境;园林植物的生命过程还可以起到平衡温度、减缓城市热岛效应的作用;园林植物群落可以降低风速,形成相对稳定的空气环境,或在无风的天气下,形成局部微风,缓解空气污染,改善空气质量,从而大大改善了小气候。

4) 缓解各种自然灾害的影响

建设良好、结构复杂的园林生态系统可以减轻各种自然灾害对环境的冲击及灾害的深度延伸。园林生态系统中的植被根系深入土壤,使土壤具有更强的渗透性,从而调节了地表径流,有效地防止或减少水土流失;由抗火植物组成的园林植物群落能阻止火灾的蔓延;可

为地震、台风等自然灾害区居民提供避难场所;能减轻放射性物质、电磁辐射对人类的危害。

5) 休闲娱乐功能

城市中,密集的人口环境、紧张的生活节奏使人们几乎没有时间和空间去休息和娱乐,人们觉得离自然越来越远。良好的园林生态系统可以满足人们锻炼身体、观赏美景、领略自然风光的需求。优雅的环境中,人们的头脑更为灵活,思维更为敏捷,压抑能够减轻,有利于心理、生理病态和创伤的愈合和康复,促进人们的身心健康。

6) 精神文化的源泉及教育功能

各地独特的动植物区系和自然生态环境在漫长的文化发展过程中,塑造了当地人们的特定行为习俗和性格特征,决定了当地的生产生活方式,孕育了各具特色的地方文化,一方土养一方人就是源于此。人们在园林环境中休闲娱乐的同时,还可以学习到各种文化,增加个人知识素养,并在自然环境中欣赏、观摩植物,可以对自然界的鬼斧神工、生物界的无奇不有而赞叹不已,更能增加人们对大自然的热爱,从而懂得珍爱生命。各种园林生物类型、特别是各种植物类型,具有教育的作用。如植物的进化过程、植物对环境的适应类型、植物的力量等,为人们提供了学习的教材。园林丰富的景观要素及物种多样性,为环境教育和公众教育提供机会和场所。

## 10.5 园林生态系统的建设与调控

城市生态园林是城市的基础设施和国土绿化的组成部分,惠及当代,荫及子孙,是一项庞大、世代相承的系统工程。园林生态系统的建设已成为衡量城市现代化水平和文明程度的标准。

### 10.5.1 园林生态系统的建设

20世纪60年代以来,为保护人类赖以生存的环境,欧美一些发达国家的学者将生态环境科学引入城市科学,从宏观上改变了人类环境,体现人与自然的最大和谐,园林生态学的理论应运而生。园林生态系统的建设是以生态学原理为指导,建设多层次、多结构、多功能的科学的植物群落。在这个系统中,乔木、灌木、草本、藤本植物构成的群落、种群间相互协调,有复合的层次和相宜的季相色彩,具有不同生态特性的植物能各得其所,能充分利用阳光、空气、土地、养分、水分等,构成一个和谐有序、稳定的群落,是人类物质和精神文明发展的必然结果。该系统利用绿色植物特有的生态功能和景观功能,创造出既能改善环境质量,又能满足人们生理和心理需要的近自然景观。

**1. 园林生态系统的建设原则**

园林生态系统是一个半自然生态系统和人工生态系统,在其营建的过程中必须从生态学的角度出发,遵循以下生态学原则,才能建立起满足人们需要的园林生态系统。

1) 保护生物多样性原则

根据生态学上"种类多样导致群落稳定性"原理,要使园林生态系统稳定、协调发展,维持城市的生态平衡,就必须增加生物的多样性。物种多样性是群落多样性的基础,它能提高群落的观赏价值,增强群落的抗逆性和韧性,有利于保持群落的稳定,避免有害生物的入侵。只有丰富的物种种类才能形成丰富多彩的群落景观,满足人们不同的审美要求;也只有多样性的物种种类,才能构建不同生态功能的植物群落,更好的发挥植物群落的景观效果和生态效果。城市绿化中可选择优良乡土树种为骨干树种,积极引入易于栽培的新品种,驯化观赏价值较高的野生物种,丰富园林植物品种,形成色彩丰富、多种多样的景观。当然,在引进物种时要避免盲目性,防止生物入侵对园林生态系统造成不利影响。

2) 应用生态学理论的原则

只有应用生态学原理创建的生态系统才可能稳定。在园林生态系统的创建过程中,要着眼于整个城市的生态环境,协调绿地系统与自然地形地貌的关系。要应用生态位原则,充分考虑物种的生态位特征,合理配置植物种类,避免种间直接竞争。形成结构合理、功能健全、种群稳定的复层群落结构。应用互惠共生原则,尽可能将共生植物栽植在一起,而将生化相克的树种分开种植;应用生态演替的理论,使群落的自然演替与人工控制相结合,在相对小的范围内形成多种多样的植物景观,既丰富群落类型,满足人们对不同景观的观赏需求,又能为各种园林动物、微生物提供栖息地,增加生物种类。

3) 适地适树原则

植物是生命体,每种植物都是历史发展的产物,是进化的结果,它在长期的系统发育中形成了各自适应一定环境范围的特性,这种特性是很难改变的,也就是说,任何一个植物种类或一个群落都有其特定的分布范围。同样,特定的区域往往有特定的植物种类或植物群落与之相适应。每一个气候带都有其独特的植物群落类型。园林生态系统的建设要尊重客观规律,以当地的主要植被类型为基础,以乡土植物为核心,在适地适树、因地制宜的前提下,合理选配植物种类,避免种间竞争,避免种植不适应本地气候和土壤条件的植物。这样才能使园林生态系统最大限度地适应当地的环境,保证园林植物群落的成功建设。

4) 森林群落优先建设的原则

在我国城市绿化用地十分有限的情况下,建立园林生态系统时,要达到以较少的城市绿化建设用地获得较高生态效益的目的,必须发挥乔木树种占有空间大、寿命长、生态效益高的优势。在允许的条件下,应适当优先发展森林群落,特别是乔木为主,按乔、灌、藤、草结合的多层结构的森林群落。因为森林能较好的协调各种植物之间的关系,最大限度的利用各种自然资源,是结构最为合理、功能健全、稳定性强的复层群落结构,是改善环境的主力军,还能大大提高城市的景观效益;同时,建设、维护森林群落的费用较低。因此,在园林生态系统的建设中,应遵循森林群落优先建设的原则。我国的高大乔木物种资源丰富,30~40 m的高大乔木树种很多,应该广泛加以利用。在高大乔木树种选择的过程中,除了重视一些长寿命的树种以外,还要重视一些速生树种的使用,特别是在我国城市森林还比较落后的现实情况下,通过发展速生树种可以尽快形成森林环境。

5) 统一规划,充分发挥整体性功能的原则

在园林生态系统的建设中,整体与局部的协调统一尤为重要。园林生态系统的建设必须以整体性为中心,发挥整体效应。各种园林小地块的作用相对较弱,只有将各种绿化点、线、面、片、带连成网络,才能发挥更大的生态效应。一个城市的园林生态系统要求建设在整个城市地域上,包括城区、郊区、近郊区、远郊区,形成一个以绿化植物为主体的生态系统,发挥生态环境的良性效益,向全体居民提供生产、生活需要的绿化使用价值。另外,将园林生态系统建设为一个统一的整体,才能保证其稳定性,增强园林生态系统对外界干扰的抵抗力,从而大大减少维护费用。

**2. 园林生态系统建设的一般步骤**

园林生态系统的建设一般可按照以下几个步骤进行。

1) 园林环境的生态调查

园林环境的生态调查是园林生态系统建设的重要内容之一,是关系园林生态系统建设成败的前提。园林生态系统主要建立在城市、乡镇和风景区,这些地点由于人为活动频繁,对环境的干扰较大,原来的地形、地貌改变很大,并表现出很多不利于植物生长的因素,往往限制了植物的生存。因此,科学地对规划建设的园林环境进行生态调查,对建立健康的园林生态系统具有重要的意义。

(1) 地形与土壤调查。地形条件的差异往往影响其他环境因子的改变,因此,充分了解园林环境的地形条件,如海拔、坡向、坡度、小地形等,对植物类型的设计、整体规划具有重要意义。土壤调查包括土壤层厚度、颜色、质地、结构、紧密度、孔隙度、土壤 pH 值、新生体、侵入体、植物根系和母质等,还要注意土壤挖方和填方的调查,并提出是否需要进行土壤改良及改良的措施。

(2) 小气候调查。城市由于人为活动和干扰,形成了各种各样的小气候环境,因此要对每一地段的温度、湿度、光照、风向、风速、空气污染程度等进行详细的调查,以选择适应的园林植物种类,并采取相应的措施保证园林植物成活、成林、成景。

(3) 人工设施的调查。在规划建设的园林环境范围内,要对已经建设的或将要建设的各种人工设施进行调查,了解其对园林生态系统造成的影响。如建筑物的高低;各种地上、地下管网系统的走向、类别、深度、安全距离;绿地的性质等。

2) 园林植物种类的选择与群落设计

(1) 园林植物种类的选择。园林植物的选择应根据当地的具体情况,因地制宜的选择园林植物种类,做到以乡土植物为主,展现当地植被特征,城市之间相互协调,避免雷同,使城市园林建设彰显个性。在此基础上适当增加引种驯化的植物类型,特别是已在本地经过长期种植,取得较好效果的植物类型。同时,还要考虑植物与植物、植物与动物及微生物之间的关系。

(2) 园林植物群落设计。园林植物群落的设计首先要强调群落的结构、功能与生态学特性相结合,保证园林植物群落的合理性和健康性。其次注意与当地环境特点和功能需求相结合,突出园林植物群落对各区域的服务功能,如体育运动场、儿童活动区周围不选带钩刺的植物,防止意外刺伤事故;在工厂周围的园林植物群落要以改善和净化环境为主,应选择耐粗放管理、抗污染的植物;在生产或使用精密仪器的工厂周围应少用或不用像杨树、柳树、悬铃木类种子细小或带有纤细绒毛的植物,这些细小的种子或绒毛在晴朗有风的天气可能飞入车间,影响仪器的精度;在居住区应根据其范围内建筑物密度高、绿化空间有限、自然条件受人为干扰大等特点,宜选易生长、耐旱、耐湿、耐瘠薄、易于管理、无毒的乡土植物构成群落。另外,在园林植物群落的设计中要考虑园林景观的需要,以形成春季繁花似锦,夏季绿树成荫,秋季叶色多变,冬季银装素裹,景观各异,近似自然的风光,使游人感到大自然的生机及其变化,有一种身临其境的感觉。

3) 种植与养护

园林植物的种植方法可简单分为三种:大树移植、苗木栽植、直接播种。大树移栽,即移栽大规格树木,是指为了满足某一园林建设目的而将胸径在 15 cm 以上的乔木从原生长地迁移他处种植。我国绝大多数城市的绿化美化过程中,都采用过移植大树方法,在一些综合性公园、小游园、城市公共绿地、专业性植物园、城市道路两旁的绿化、单位庭院,甚至是私人住宅都大量进行了大树移植。特别是在创建园林城市活动中,更是大批量移植大树,以便快速达到绿化美化之目的。但是大树移栽费用昂贵,技术较复杂,要求较高,移植成活率低,适应期长,易造成绿色资源的浪费,也可能对原生长地的生态造成破坏。苗木栽植是在园林绿化中应用最广的方法,栽植后苗木适应期短,抗性强,生长快,费用比大树移植低。直接播种是将种子直接播于待绿化的地面上,使其发芽生长达到绿化目的的一种方法。这种方法施工简单,费用低,植株对环境的适应能力强,能够形成完整而发育均衡的根系,但耗种量大,成活率低,形成景观慢,因此,园林绿化应用上不如苗木栽植广泛。

园林植物养护水平直接关系园林植物在园林绿化建设中各种效益的发挥。其内容及方法将在相关课程中介绍。

### 10.5.2 园林生态系统的调控

**1. 园林生态系统的平衡**

园林生态系统的平衡指园林生态系统在一定时空范围内,在其自然的发展过程中,或在人工控制下,系统内的各种组成部分的结构和功能均处于相互适应和协调的动态平衡。园林生态系统的平衡常表现为如下三种形式。

(1) 相对稳定状态。主要表现为各种园林植物和园林动物的比例及数量相对稳定,物质和能量的输入/输出接近相等,生态系统在较长时间内保持相对稳定。如各种植物园、风景区等结构较为复杂的植物群落。

(2) 动态稳定状态。系统内的生物量或个体数量,随环境的变化、消费者数量的增减或人为干扰过程会围绕环境容量上下波动,但变动的范围一般在生态系统阈值范围之内,能通过自我调节恢复到最初的稳定状态。当外来干扰超越生态系统的自我控制能力而不能恢复到原初状态时谓之生态失调或生态平衡的破坏,生态平衡是动态的。各种粗放管理的简单类型的园林绿地多属于该种类型。

(3) 非平衡的稳定状态。园林生态系统的不稳定是绝对的,平衡是相对的,特别是在组分单一,结构简单,自我调节能力差,功能较小的园林绿地类型,其物质和能量的输入/输出不仅不相等,甚至不围绕一个饱和量上下波动,必须不断地通过人为干扰才能维持其稳定状态。如各种草坪及各种具有特殊造型的园林绿地类型,必须进行适时修剪管理才能维持该种景观,否则,这种稳定性就会被打破。

**2. 园林生态失调**

园林生态系统是一个自我调控与人工调控相结合的生态系统,它不断地遭受各种自然因素的侵袭和人为因素的干扰,这种侵袭和干扰在生态系统的阈值范围内,园林生态系统可以保持自身的平衡。如果这种侵袭和干扰超过生态阈值和人工辅助的范围,就会导致园林生态系统本身自我调控能力下降甚至丧失,最后导致生态系统的退化或崩溃,即园林生态失调。

造成园林生态失调的因素很多,概括起来有自然因素和人为因素两个方面。自然因素如水灾、旱灾、地震、台风、山崩、海啸、泥石流、病虫害的爆发等,都会对园林植物生态平衡构成威胁,导致生态失调。人为因素造成园林生态平衡失调的主要原因有以下三个方面。

1) 人类的活动使园林环境因素发生改变

人类的生产和生活产生大量的废气、废水、垃圾等,不断排放到环境中;人类在城市建设中大面积占用园林用地,使园林用地资源日趋变少,造成整个园林植物群落支离破碎,使园

林生态系统的整体性不能很好地发挥,导致园林生态失调。

2）盲目引种

任意改变园林植物的种类,甚至盲目引进一些未经栽培试验的植物种类,为植物入侵提供了可能,往往也对园林生态系统带来潜在威胁。

3）人类活动对生物信息系统造成破坏

生物与生物之间彼此靠信息联系才能保持其集群性和正常的繁衍。人类的活动可能向环境中施放某种物质,干扰或破坏生物间的信息联系,有可能使园林生态平衡失调或遭到破坏。例如自然界中有许多雌性昆虫靠分泌释放性外激素引诱同种雄性成虫交尾,如果人们向大气中排放的污染物能与之发生化学反应,则雌虫的性外激素就失去了引诱雄虫的生理活性,结果势必影响昆虫交尾和繁殖,最后导致种群数量下降甚至消失。

**3. 园林生态系统的调控**

生态调控是生态系统研究的一个重要理论,主要研究以人为中心的社会—经济—自然复合的城市人工生态系统。自然生态系统的中心事物是生物群体,它与外部环境的关系是消极地适应环境,并在一定程度上改造环境,因而自然生态系统的动态演替,无论是生物种群的数量、密度的变化,还是生物对外部环境的相互作用、相互适应,均表现为通过自然选择的负反馈进行自我调节的特征。而在人工生态系统中,尤其是在城市生态系统中,是以人类为中心的,人类与其外部环境的关系是人类积极地、主动地适应环境和改造环境,其系统行为很大程度上取决于人类所做出的决策,因而它的调控机制主要是人为的而不是负反馈的调节。园林生态系统是城市生态系统的一个子系统,要使其具有合理的结构,最大限度地发挥其功能,达到良性循环的生态系统,就需要以生态调控原理作为指导,使整个系统实现循环再生、协调共生、持续自生。在园林生态系统中,由于人的社会性与能动性,使得它同自然生态系统间存在重大区别,它可以通过人类进行有限度的协调,使系统的生态效益最高,使各组成部分之间相互协调,使系统更加适应外部环境。

1）生物调控

园林生态系统的生物调控是指对生物个体,特别是对植物个体的生理及遗传特性进行调控,以增加其对环境的适应性,提高其对环境资源的转化效率。主要表现在新品种的选育上。我国植物资源丰富,通过选种可大大增加园林植物的种类,而且可获得具有各种不同优良性状的植物个体,同时,从外地引进各种优良植物资源,也是营建稳定健康的园林植物群落的物质基础,但在实际应用中要慎重,以防止生物入侵对园林生态系统的冲击。

2）环境调控

环境调控是指为了促进园林生物的生存和生产而采取的各种环境改良措施。具体表现在通过物理、化学、生物的方法改良土壤,通过各种自然或人工措施进行小气候调节,通过灌溉、排水等措施进行水分的调节。

3）合理的生态配置

在现代风景园林规划过程中,应充分考虑物种的生态学习性与生态环境条件,利用不同物种在空间、时间和营养生态位上的差异,合理地选配植物种类,避免种间或种内的直接竞争,形成结构合理、功能健全、种群稳定的复层群落结构,以利于种间互补,既充分利用光、温、水、气及养分等环境资源,又保证了群落和景观的稳定性。

4）大力宣传,增强人们的生态意识

维持园林生态平衡,首先要提高人们的生态意识。要围绕保护生态环境、发展生态经济、建设生态文明,开展丰富多彩、形式多样的宣传教育活动,着力培养人们热爱和保护环境的自觉意识。只有让人们认识到园林生态系统对保持人们生活质量、保护人类健康的重要性,才能使全民自觉保护园林生态环境,主动建设园林生态环境,真正维持园林生态系统的平衡。

## 10.6 园林生态规划

### 10.6.1 生态规划概述

随着全球性生态环境问题的加剧,协调发展与自然环境的关系,寻求社会经济持续发展,已成为当今科学界所关注的一个重要课题。生态规划是实现可持续发展的一个重要途径,越来越受到人们的重视。

**1. 生态规划的含义**

关于生态规划的定义,不同的国家、不同的学者有不同看法。日本学者将生态规划定义为生态学的土地利用规划;英、美、德等国家对生态规划定义更侧重于城市生态规划。一般认为,生态规划就是应用生态学原理,根据社会、经济、自然等方面的条件,从整体和综合的角度,对特定地域的整体发展战略或长期发展途径进行研究,提出资源合理开发、土地持续利用、生态环境建设和保护的途径和措施,从整体上保证人口、资源、环境和经济协调发展,为人类创造一个舒适和谐的可持续生存环境。

生态规划强调运用生态系统整体优化观点,对规划区域内城乡生态系统的人工生态因子(如土地利用状况、产业布局状况、环境污染状况、人口密度和分布及建筑、桥梁、道路、城市管线基础设施分布等)和自然生态因子(气候、水系、地形地貌、生物多样性、资源状况等)的动态变化过程和相互作用特征给予相当的重视,研究物质循环和能量流动的途径,进而提出资源合理开发利用、环境保护和生态建设的规划对策。其目的在于区域与城市生态系统的良性循环,保持人与自然、人与环境关系的持续共生、协调发展,追求社会的文明、经济的高效,以及生态环境的和谐。

从区域的角度看,区域生态规划就是根据区域可持续发展的要求,运用生态规划的方法,合理规划区域资源的开发与利用途径及社会经济的发展方式,寓自然系统环境保护于区域开发与经济发展之中,使之达到资源利用、环境保护与经济增长的良性循环,不断提高区域的可持续发展能力,实现人类的社会经济发展与自然过程的协同进化。

**2. 生态规划的原则**

要真正达到生态规划的目的,实现经济、社会与自然的相互协调,并保持生态系统的自我调控能力与抗干扰能力,生态规划应遵循如下原则。

1) 整体优化及功能高效原则

就是从生态系统的原理和方法出发,追求环境、社会、经济的整体最佳效益。

2) 协调共生原则

就是要保持组成系统的各子系统、各层次、各要素及周围环境之间相互关系的协调、有序和动态平衡,保证生态系统的结构协调和整体功能的发挥。

3) 生态平衡原则

生态规划遵循生态平衡的理论,重视水资源、土地资源、大气环境、人口容量、经济发展、园林生态系统等各要素的综合平衡,合理规划城市人口、资源和环境,合理安排产业结构和布局、城市园林生态系统的结构和布局,努力创造一个稳定的、可持续发展的人工复合生态系统。

4) 区域分异原则

就是在充分研究区域或城镇生态要素的功能现状、问题及发展趋势的基础上,综合考虑区域规划、城镇总体规划及城镇现状布局,搞好功能分区,以充分利用环境容量,实现社会、经济、环境效益的统一。

5) 趋适开拓原则

就是以环境容量、自然资源承载力和社会适应度为依据,积极创造新的生态工程,改善区域或城镇的生态环境质量,寻求最佳的区域或城镇生态位,不断开拓和占领空余生态位,以充分发挥系统的潜力,促进区域或城镇生态建设。

6) 保护生物多样性原则

避免对自然生态系统的破坏,尽量减少水泥、沥青封闭地面,保护城市中的动、植物区域,对一些特殊的生境加以保护。

7) 综合性原则

运用多学科知识,综合多种因素,满足生态、观赏、休闲、娱乐、物种保护等各方面的需求。

### 10.6.2 园林生态规划

**1. 园林生态规划的含义**

园林生态规划的含义包括广义和狭义两方面。从广义上讲,园林生态规划应从区域的整体性出发,在大范围内进行园林绿化,通过园林生态系统的整体建设,使区域生态系统的环境得到进一步改善,特别是人居环境的改善,促使整个区域生态系统向着总体生态平衡的方向转化,实现城乡一体化,大地园林化。从狭义上讲,园林生态规划主要是以城镇为中心的范围内,特别是在城镇用地范围内,根据各种不同功能用途,合理进行园林绿地布置,使园林生态系统改善城市生态环境,美化城市工作和生活环境,创造新的城市景观,提高城市规划的布局质量,保护风景名胜和历史文化遗产,保护生物多样性,吸引投资,促进旅游事业的发展。园林生态系统规划要与城市总体规划保持一致,在此基础上,通过园林生态规划使园林绿地与城市融合为一个有机的整体,并用艺术的手法,既保证园林绿地的结构协调和功能完善,又要具有高度的观赏性和艺术性。同时,园林生态规划也可为城市总体规划提供依据,保证城市总体规划的合理性。

**2. 园林生态规划的步骤**

制订一个城市或地区的园林生态规划,首先要对该城市或地区的园林绿化现状有一个充分的了解,并对园林生态系统的结构、布局和绿化指标做出定性和定量的评价,在此基础上,根据以下步骤进行园林生态规划。

(1) 确定规划的原则和规划目标。

(2) 选择和合理布局园林绿地,确定其位置、性质、范围和面积。

(3) 广泛收集规划区域的自然、经济与人文资料,根据该地区生产、生活水平及发展规模,研究园林绿地建设的发展速度与水平,拟定园林绿地各项定量指标。

济、建设生态文明,开展丰富多彩、形式多样的宣传教育活动,着力培养人们热爱和保护环境的自觉意识。只有让人们认识到园林生态系统对保持人们生活质量、保护人类健康的重要性,才能使全民自觉保护园林生态环境,主动建设园林生态环境,真正维持园林生态系统的平衡。

## 10.6 园林生态规划

### 10.6.1 生态规划概述

随着全球性生态环境问题的加剧,协调发展与自然环境的关系,寻求社会经济持续发展,已成为当今科学界所关注的一个重要课题。生态规划是实现可持续发展的一个重要途径,越来越受到人们的重视。

**1. 生态规划的含义**

关于生态规划的定义,不同的国家、不同的学者有不同看法。日本学者将生态规划定义为生态学的土地利用规划;英、美、德等国家对生态规划定义更侧重于城市生态规划。一般认为,生态规划就是应用生态学原理,根据社会、经济、自然等方面的条件,从整体和综合的角度,对特定地域的整体发展战略或长期发展途径进行研究,提出资源合理开发、土地持续利用、生态环境建设和保护的途径和措施,从整体上保证人口、资源、环境和经济协调发展,为人类创造一个舒适和谐的可持续生存环境。

生态规划强调运用生态系统整体优化观点,对规划区域内城乡生态系统的人工生态因子(如土地利用状况、产业布局状况、环境污染状况、人口密度和分布及建筑、桥梁、道路、城市管线基础设施分布等)和自然生态因子(气候、水系、地形地貌、生物多样性、资源状况等)的动态变化过程和相互作用特征给予相当的重视,研究物质循环和能量流动的途径,进而提出资源合理开发利用、环境保护和生态建设的规划对策。其目的在于区域与城市生态系统的良性循环,保持人与自然、人与环境关系的持续共生、协调发展,追求社会的文明、经济的高效,以及生态环境的和谐。

从区域的角度看,区域生态规划就是根据区域可持续发展的要求,运用生态规划的方法,合理规划区域资源的开发与利用途径及社会经济的发展方式,寓自然系统环境保护于区域开发与经济发展之中,使之达到资源利用、环境保护与经济增长的良性循环,不断提高区域的可持续发展能力,实现人类的社会经济发展与自然过程的协同进化。

**2. 生态规划的原则**

要真正达到生态规划的目的,实现经济、社会与自然的相互协调,并保持生态系统的自我调控能力与抗干扰能力,生态规划应遵循如下原则。

1) 整体优化及功能高效原则

就是从生态系统的原理和方法出发,追求环境、社会、经济的整体最佳效益。

2) 协调共生原则

就是要保持组成系统的各子系统、各层次、各要素及周围环境之间相互关系的协调、有序和动态平衡,保证生态系统的结构协调和整体功能的发挥。

3) 生态平衡原则

生态规划遵循生态平衡的理论,重视水资源、土地资源、大气环境、人口容量、经济发展、园林生态系统等各要素的综合平衡,合理规划城市人口、资源和环境,合理安排产业结构和布局、城市园林生态系统的结构和布局,努力创造一个稳定的、可持续发展的人工复合生态系统。

4) 区域分异原则

就是在充分研究区域或城镇生态要素的功能现状、问题及发展趋势的基础上,综合考虑区域规划、城镇总体规划及城镇现状布局,搞好功能分区,以充分利用环境容量,实现社会、经济、环境效益的统一。

5) 趋适开拓原则

就是以环境容量、自然资源承载力和社会适应度为依据,积极创造新的生态工程,改善区域或城镇的生态环境质量,寻求最佳的区域或城镇生态位,不断开拓和占领空余生态位,以充分发挥系统的潜力,促进区域或城镇生态建设。

6) 保护生物多样性原则

避免对自然生态系统的破坏,尽量减少水泥、沥青封闭地面,保护城市中的动、植物区域,对一些特殊的生境加以保护。

7) 综合性原则

运用多学科知识,综合多种因素,满足生态、观赏、休闲、娱乐、物种保护等各方面的需求。

### 10.6.2 园林生态规划

**1. 园林生态规划的含义**

园林生态规划的含义包括广义和狭义两方面。从广义上讲,园林生态规划应从区域的整体性出发,在大范围内进行园林绿化,通过园林生态系统的整体建设,使区域生态系统的环境得到进一步改善,特别是人居环境的改善,促使整个区域生态系统向着总体生态平衡的方向转化,实现城乡一体化,大地园林化。从狭义上讲,园林生态规划主要是以城镇为中心的范围内,特别是在城镇用地范围内,根据各种不同功能用途,合理进行园林绿地布置,使园林生态系统改善城市生态环境,美化城市工作和生活环境,创造新的城市景观,提高城市规划的布局质量,保护风景名胜和历史文化遗产,保护生物多样性,吸引投资,促进旅游事业的发展。园林生态系统规划要与城市总体规划保持一致,在此基础上,通过园林生态规划使园林绿地与城市融合为一个有机的整体,并用艺术的手法,既保证园林绿地的结构协调和功能完善,又要具有高度的观赏性和艺术性。同时,园林生态规划也可为城市总体规划提供依据,保证城市总体规划的合理性。

**2. 园林生态规划的步骤**

制订一个城市或地区的园林生态规划,首先要对该城市或地区的园林绿化现状有一个充分的了解,并对园林生态系统的结构、布局和绿化指标做出定性和定量的评价,在此基础上,根据以下步骤进行园林生态规划。

(1) 确定规划的原则和规划目标。

(2) 选择和合理布局园林绿地,确定其位置、性质、范围和面积。

(3) 广泛收集规划区域的自然、经济与人文资料,根据该地区生产、生活水平及发展规模,研究园林绿地建设的发展速度与水平,拟定园林绿地各项定量指标。

(4) 对过去的园林生态规划进行调整、充实、改造和提高,在此基础上,提出园林绿地分期建设及重要修建项目的实施计划,以及划出需要控制和保留的园林绿化用地。

(5) 编制园林生态规划文件。

(6) 提出重点园林绿化地规划的示意图和规划方案,根据实际需要,还需提出重点园林绿地的设计任务书,内容包括园林绿地的性质、位置、周边的环境、服务对象、估计游人量、布局形式、艺术风格、主要设施的内容规模、建设年限等,作为园林绿地详细规划的依据。

### 3. 园林生态规划的布局方式

城市园林绿地的布局主要有八种基本方式:块状(或点状)、带状、环状、放射状、网状、放射环状、指状和楔状(见图10-8)。

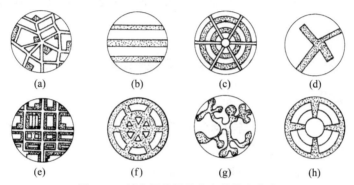

图 10-8 城市园林绿地分布的基本方式
(a) 块状;(b) 带状;(c) 环状;(d) 放射状;(e) 网状;(f) 放射环状;(g) 指状;(h) 楔状

根据我国自然环境条件,结合我国城市绿地系统的特点,目前我国城市园林绿地的布局方式主要有以下四种。

1) 块状绿地布局

块状绿地布局方式可以做到均匀分布,接近居民,但对构成城市整体艺术面貌作用不大,对改善城市环境质量和调节小气候作用也不显著,多出现在旧城改建中,如上海、天津、武汉、大连、青岛等应用较多。

2) 带状绿地布局

带状绿地布局方式多利用河湖水系、城市道路、旧城墙等因素,形成纵横向绿带、放射状绿带与环状绿带交织的绿地网。带状绿地布局有利于组织城市通风走廊,表现城市的艺术面貌,如南京、西安、苏州、哈尔滨等应用较多。

3) 楔状绿地布局

城市中由郊区伸入市中心的由宽到窄的绿地称为楔状绿地,如合肥市。楔状绿地布局方式一般是利用起伏地形、河流、放射干道等结合市郊农田、防护林等布置而形成。楔形绿地布局方式对于改善城市环境质量和小气候的作用显著,也有利于城市艺术面貌的表现。

4) 混合式绿地布局

混合式绿地布局方式是前三种方式的综合运用。可以做到城市绿地点、带、网、片相结合形成的完整系统。可以使生活居住区获得最大的绿地接触面,方便居民游息,有利于小气候和城市环境卫生条件的改善,也有助于丰富的城市总体与部分的艺术面貌。混合式绿地布局方式是较理想的绿地布局方式。由于我国目前大多数城市的绿地定额少,绿化覆盖率低,真正做到绿地组成"有机系统"的还很少,这是我们今后需要努力的。

## 实验实训九 某综合性公园分区规划

### 一、目的

(1) 通过实训,使学生了解园林生态系统布局的方法和内容及其特征。
(2) 掌握综合性公园的分区规划。
(3) 以生态学理论为指导,掌握各分区的特点,使各分区分布合理、功能齐全。

### 二、材料与工具

图纸、针管笔、橡皮、图板、三角板、丁字尺、圆规等绘图工具。

### 三、方法与步骤

(1) 有关原始资料的收集:包括园林的地质条件,环境条件,污染物种类、方向、程度,自然条件(地形、土壤、水体、植被)等。
(2) 实地考察测量,绘制园林规划的现状图。
(3) 正式设计、绘制分区规划设计图。
① 科学普及文化娱乐区。
② 体育活动区。
③ 游览区。
④ 公园管理区。
(4) 列出各分区名称、用地比例、主要活动项目等内容,并填入表10-2。

表 10-2 公园功能分区、占地比例及主要活动内容表

| 分 区 名 称 | 占总用地的比例/(%) | 主 要 内 容 |
| --- | --- | --- |
| 科普及文化活动区 | | |
| 体育活动区 | | |
| 游览区 | | |
| 公园管理区 | | |

(5) 写出设计说明书。

### 四、实训报告

根据要求,每人完成一份设计图及设计说明书。

## 复习思考题

1. 城市生态系统的基本特征有哪些?
2. 何谓园林生态系统的结构?它包括哪些内容?

3. 简述园林生态系统的能量来源途径。
4. 什么是园林生态系统的服务功能？它主要表现在哪些方面？
5. 简述园林生态系统建设的方法。
6. 何谓生态规划？生态规划应遵循哪些原则？

# 第 11 单元　园林生态实践

理解园林植物生态配置的理论基础；掌握户外和室内园林植物生态配置的方法。

## 11.1　园林植物生态配置基础

园林植物生态配置是指利用乔木、灌木、地被、攀缘、岩生、水生等植物通过艺术的手法充分展示其自然美，创造出优美的景观效果；通过科学手法使植物与植物、植物与环境适应协调，发挥最大生态效应，从而使生态、经济、社会效益并举。

### 11.1.1　园林植物与环境的生态适应

植物和环境之间存在着极为密切的关系，一方面，植物必须依赖环境而生存，继而产生景观效应；另一方面，对于特定环境应选择相应的园林植物。

植物所生活的空间称为"环境"。植物的环境主要包括有气候因子（温度、水分、光照、空气）、土壤因子、地形地势因子、生物因子及人类的活动等方面。环境中所包含的各种因子中，有少数因子对植物没有影响或在一定阶段中没有影响，而大多数的因子均对植物有影响，这些对植物有直接或间接影响的因子称为"生态因子"。

由于植物原生环境受纬度和海拔的分布限制，因而温度和水分的差异决定了气候是植物生境特征的重要因素。气候成为正常生长发育的首要条件。区域性气候是由地理与地形位置作用的结果，而局部小气候则是大气候背景下局部区域或小范围内所表现出来的气候变化，如在植物群落内部、建筑物附近及小型水体附近等的气候。园林植物首先要适应于气候的变化，在不同的光照、热量、水分等环境条件下，植物的群落结构、形态特征、生理过程和地理分布等方面有很大的差异性。如热带植物椰子、橡胶、槟榔等要求日平均温度在 18 ℃才能生长；暖温带植物如桃、紫叶李、槐等在 10 ℃，甚至有的不到 10 ℃就能生长；而长白山自然保护区白头山顶的牛皮杜鹃、苞叶杜鹃、毛毡杜鹃等能在雪地里开花。

环境因子对园林植物的适应影响还包括土壤因素、地形因素、生物因素及人为因素。如土壤的质地、结构、通透性、保水保肥性能、酸碱度、土壤中的有机质含量及土壤中的微生物活动状况等都会影响园林植物的生长发育。不同地形条件对植物生长和土壤水分的影响也影响园林植物的生长发育。

城市环境特点包括城市气候如城市"热岛"、城市"雨岛"、城市"风"、城市"土壤"、城市"水文"、城市环境污染、城市建筑方位和组合，也共同影响植物的生长发育。园林植物要尽可能地使用产地在当地或起源于当地的乡土植物，适当选用经过栽培试验证明适应本地环境、且生态安全的外来种。

环境对植物有选择作用。自然地理分布使植物生长的环境因子发生变化，植物的分布也发生相应变化。适宜的热带、亚热带，植物种类繁多，而在寒冷干燥的北方，植物种类骤减。如温度较高的热带和亚热带有椰子、槟榔、鱼尾葵、散尾葵、糖棕、假槟榔等,而在寒冷的北方则有落叶松、云杉、冷杉、桦木类;阳光充足的环境常看见桃、梅、马尾松、木棉等植物,而在蔽荫的生长环境则有铁杉、金粟兰、阴绣球、虎刺、紫金牛、六月雪等;在酸性土壤中有杜鹃、山茶、栀子花、白兰、芒萁等,而在盐碱土上则常生长着柽柳、碱蓬等;在干旱的荒漠上有沙枣、沙棘、柠条、梭梭树、光棍树、龙血树、胡杨等,而在湖泊、池塘中则常见莲、睡莲、菱、蓬草等。

园林植物与环境适应也是相互的,环境控制和塑造了植物的生理过程,形态特征和地理分布;植物则在适应环境的同时,改造和影响着环境,又通过自身的生命活动影响和改造周围环境,促进环境的演化,形成了一种相互影响、互相制约、共同发展的关系。

### 11.1.2 园林植物间的相互协调

园林植物群落中种间的协调性是关系植物群落能否健康旺盛生长和是否发挥生态效益的关键。园林植物间的相互协调存在正关联和负关联的问题。正关联是指不同植物对环境条件的适应和反应具有相似性,能相互协调,相互促进,并能达到较好的景观效果。某些植物与其他一些植物有相互促进作用,如豆科和禾本科植物、松与蕨类种植在一起可促进生长;核桃与山楂间种可以互相促进;牡丹与芍药间种能明显促进牡丹生长等。而负关联则是指在同一生境不利于一方或双方的相互作用,产生相互干扰、竞争、互斥的关系,难以达到预期的配置效果。如松和云杉之间具有对抗性;梨、苹果与圆柏、侧柏混种易得梨桧锈病;洋槐能抑制多种杂草的生长;榆树可使栎树发育不良;栎树、白桦可排挤松树;松树、苹果及许多草本植物不能生长在黑胡桃树荫下;薄荷属和艾属植物分泌的挥发油阻碍豆科植物的生长等。由此可以看出,园林植物配置需要充分考虑各自对环境的需求及相互之间的协调性,才能实现植物间相互促进、相互适应的生态配置。

### 11.1.3 园林植物视觉效应和意境表达

植物造景必须兼顾科学与艺术性,满足植物与环境在生态适应性上的统一,体现适地适植的种植原则。在配置上应符合艺术构图原理,综合运用植物在形、色、香、质和神韵等方面具有的观赏特性。遵循绘画艺术和造园艺术的基本原则,即统一与变化、对比与调和、均衡与稳定及韵律与节奏法则。

**1. 园林植物的视觉效应**

植物是美的物质基础,是大自然生态环境的主体。园林植物视觉效应既包含园林植物本身美,也包含园林植物与周围环境的协调美。

1) 园林植物形态美

园林植物形态各异,植物的姿态、茎干、叶、花、果实等的形状、颜色、质感常各具风姿。

园林植物具有不同的姿态。如落羽杉、木麻黄、钻天杨等为柱形;云杉、冷杉、雪松等为圆锥形;合欢、龙爪槐等为伞形;海桐、大叶黄杨等为圆球形;铺地柏为匍匐形;垂柳为垂枝形;迎春为拱枝形等。不同姿态的树种给人以不同的感觉:高耸入云或波涛起伏,平和悠然或苍虬飞舞。

园林树木主干、枝条形状、树皮结构也是千姿百态,各具特色。如有的主干直立,有的弯曲;有的树枝挺拔,有的细软,倒挂;有的树皮纹理粗糙、斑驳脱落,有的则纹理细腻、紧密贴体;有的树皮色深呈黑褐色,有的色浅呈现粉绿或灰白色。合理的利用树木形态,可以配置出各具情调的优美景观。

园林植物的树枝有为波状、蛇形、错落有致、仰俯各异，分枝角度也各异趣。白杨、柳树、柏树与主干角度很小；松树枝横展几成直角。很多落叶树种，冬季落叶后，枝条所形成的画面，在园林中也是非常美好的构图。如枝条纤细下垂，冠顶呈现半圆形，下缘起伏的龙爪柳；树冠起伏于地面，树干、树枝卷曲下垂。体形多样的匍地柏、迎春等。

树叶是植物不可缺少的重要器官之一。树叶色彩形态各异，色彩变化非常丰富。叶色随季节变化而变化，趣味无穷。在植物的配置中可以利用叶片光泽、叶型、色彩等特性，构成园林美景。如灰绿色的胡颓子、桂香柳；红绿色的红叶桃；黄绿色的金边大叶黄杨；银白色的银叶菊；红色的红叶酢浆草；紫色的紫锦草等。

花有鲜明颜色及芳香气味。但是在植物的配置中，往往要考虑各种树木的花形状和颜色、开花时间等特点组合不同植物配置。花有以形大取胜的大丽菊、绣球花、荷花、广玉兰等；有以形怪取胜的荷包花、吊钟海棠、吊兰；有条状连续花序的连翘、紫薇、丝兰；有整株全面开花的梅、桃；其观赏效果各不一样。也有先花后长叶的，如白玉兰、檫木，在种植配置中就应考虑利用常绿树作背景，借以衬托。

园林植物的果实除食用药用和作香料外，还可以供作观形赏色。秋季果实累累，色彩鲜艳，还能散发芳香，为园林增添景色。如成丛、成片、成林栽植，效果更为显著。如火棘、木瓜、佛手、朝天椒、金甜桔等。

园林植物的质感是其形态美的重要形式之一。有的植物叶片光滑细腻，有的纤细柔软，有的则坚硬如石。

园林植物形态美的多样化为植物造景提供丰富的物质素材，为生态园林和人类审美需求的实现创造了条件。

2）园林植物配置的艺术原则

园林植物配置的艺术原则有统一与变化、对比与调和、稳定与均衡和节奏与韵律四大原则。

（1）统一与变化。植物配置时，树形、色彩、线条、质地及比例既要有差异，显示多样性，又要有相似性。这样既生动活泼，又和谐统一，重复中求得植物景观的统一。如城市街道绿带中行道树主导品种数量大，以求统一作用；而陪衬树种种类多，相对数量少，五彩缤纷，以求变化。

（2）对比与调和。用差异和变化可产生对比的效果，具有强烈的刺激感，形成兴奋、热烈和奔放的感受。在植物景观设计中常用对比的手法来突出主题或引人注目。植物景观设计时要注意相互联系与配合，体现调和的原则，使之具有柔和、平静、舒适和愉悦的美感。具有近似性和一致性的植物配置在一起才能产生协调感。

（3）稳定与均衡。将体量、质地各异的植物种类按稳定均衡的原则配置，景观就显得稳定协调。根据周围环境，在配置时有对称式均衡和不对称式均衡。对称式均衡常用于规则式园林，而不对称式均衡则是中国自然山水园林中运用最多的，表现心理上的平衡感。如盆景艺术造型，全部构图的平衡都是用不对称式均衡。对称多为均衡，但均衡并不一定对称。

（4）韵律与节奏。节奏是相似体的规律与秩序性重复，而植物配置中有规律的变化，会产生韵律感。如城市公路分车带上，每相隔 50 m 或 100 m 就配置一棵高大乔木，因为有韵律感的变化，驾驶者不会感到单调而产生疲劳。

**2. 园林植物的意境表达**

意境是中国美学对世界美学思想独特而卓越的贡献。园林植物意境美是我国园林植物景观独具特色的风格。中华民族历史悠久，文化灿烂，很多古代诗词及民众习俗中赋予植物人格化。人们在欣赏植物形态美的同时，将精神情感、人生理想等寓意于植物，使植物的形态美升华到思想的意境美。

意境是植物自然美的升华。在中国古典园林植物造景中，利用植物的风韵美创造园林意境是常用的传统手法。如松、竹、梅谓之"岁寒三友"；梅、兰、竹、菊谓之"四君子"。兰花被认为最高雅，"清香而色不艳"，明朝诗人张羽称其"能白更兼黄，无人亦自芳，寸心原不大，容得许多香"，清朝诗人郑燮曰"兰草已成行，山中意味长。坚贞还自抱，何事斗群芳？"迎春、梅花、山茶、水仙谓之"雪中四友"，"合欢蠲忿，萱草忘忧"。堂前对植桂花谓之"两桂（贵）当庭"。又如白皮松树皮斑斓如白龙，多植于皇家园林和寺院中，"叶坠银钗细，花飞香粉干；寺门烟雨里，混作白龙看"。《诗经·大雅》云"凤凰鸣矣，于彼高岗；梧桐生矣，于彼朝阳"，晋朝郭璞《梧桐赞》有"桐实嘉木，凤凰所栖"，因而梧桐被看做庭院吉祥树木，江南私家园林中普遍栽植。其他如荷花的"出污泥而不染，濯清莲而不妖"、"香远益清，亭亭净植"，松柏的苍劲常青，翠竹的潇洒有节，海棠的娇艳、芭蕉的洒脱、兰花的幽雅等。

园林中植物是传递和交流思想感情的媒介。园林植物的意境美只有通过园林意境的整体表达，通过化繁为简，适度夸张，艺术表现强调典型性，巧妙构图，方能意趣万千。情以物兴，情以物迁，一切景语皆情语，只有做到情与景相统一，在情景交融的一刻，才能产生深远的园林意境（见图 11-1）。

图 11-1 利用植物的叶形、质感、色彩组合表达意境

## 11.2 户外园林植物的生态配置

### 11.2.1 居住区园林植物的生态配置

**1. 居住区植物配置的功能**

居住区绿地是直接为居民提供享受与大自然和谐的一种生态环境，在城市园林绿地系统中应用最多，是城市生态系统中重要的一环。它最接近居民，与居民日常生活关系最为密

切,对提高居民生活环境质量,增进居民的身心健康至关重要。居住区绿地是构成居住区景观的主题,它不仅能起到净化空气、改善小气候、遮阳、隔音防尘、杀菌、满足居住功能等作用,而且还能起到美化环境、丰富生活空间、满足人们游憩、赋予生活情趣等作用。同时,其绿化水平是体现城市现代化的一个重要标志。

1) 植物生态效应

(1) 以人为本,充分考虑居民享用绿地的需求,进行良好的生态配置,建设有益的生态植物群落。保证良好居住区空气质量,保证空气中污染物的含量低于某一水平,并且要保证充足的氧气和低含量的二氧化碳,保持良好的通风条件,减少空气中的有害菌含量,保持充足的氧气。

良好生态配置的生态植物群落还可改善居住区温度、湿度环境和小气候环境,创造安静祥和的声光环境。居住区绿化可以利用树木生长季节性的特点,为改善居住区环境服务,行道树宜选择枝长叶大的树种,在它们的覆盖下,夏天行走会比较凉爽。在东西向建筑的西侧,种植成排的高大乔木可使居民减少西晒之苦。当绿化覆盖率达 30% 时,气温可下降 8%;覆盖率达 40% 时,气温可下降 10%。

(2) 贯彻适地适树的原则,充分考虑当地的气候特征和土壤特征来选择树种。选择适于居住区生长的耐瘠薄、耐干旱、寿命长、病虫害少,同时具有防风、防晒、防噪声、调节小气候及能监测和吸附大气污染的植物。

(3) 充分考虑植物与人之间、植物与植物之间、植物与环境之间的相互关系,以维护和保持城市的生态平衡为原则。根据植物共生、循环、生态位、竞争等生态学原理,使居住区绿化发挥更好的生态效益。

此外,充分运用植物覆盖所有可以覆盖的土壤,努力提高单位面积的绿地率和绿视率,努力提高居住区绿地单位面积的叶面积系数(见图 11-2)。

图 11-2　新加坡某小区优美园林配置

2) 注重社会效应

(1) 突出园林美学的原则。利用点、线、面进行空间组合配置,突出植物配置的点、线、面的变化;通过植物层次变化,突出空间异质性和丰富的空间层次;采用颜色和植物外部形态变化,突出配置的季相变化;通过艺术创造,突出美的意境。良好的植物配置更能为居民提供丰富的休闲娱乐空间,使人们在尽情享受大自然风光的同时,调节心理、陶冶情操,增加生活情趣。

(2) 适当考虑植物的经济价值。许多植物不仅是优良的观赏植物，而且还是优良的经济植物，具有观赏、药用、果品、油脂、材用等多种用途。因此，在居住区绿化中可适当考虑植物的生产功能，使园林植物既有观赏等生态价值，又可增加经济收入。

**2. 居住区植物配置及管护**

1) 居住区植物种类的选择

确保人类健康是居住区植物配置的首要原则。适当选择落果少、少飞絮、无刺、无味、无毒、无污染物的植物；选择有益消除疲劳的香花植物群落，如栀子花丛、月季灌丛、松竹梅三友林、银杏-桂花丛林，以及有益招引鸟类的鸟语林植物群落，如海棠林、火棘林、松柏林等。利用植物群落生态系统的循环和再生功能，维护小区生态平衡。

具有各种防护作用的植物种类应适当采用，特别是具有多功能的植物应加大选用比例。居住区植物对环境要有防护作用，如防火植物银杏，榕树等；强滞尘植物榆、木槿等；强降噪植物梧桐、垂柳等，如表11-1所示。

表11-1 部分防风、防火、防湿、防烟的树种

| 作用 | 树种选择要求 | 主要树种 |
| --- | --- | --- |
| 防风 | 树群内部的风速根据树冠的密度而变化，树木越密，减速效果越明显。针叶常绿树木密度大，在阻止空气流动方面非常有效，但由于枝叶过密，易遭风害，故不适于作防风树 | 1. 最强：圆柏、银杏、木瓜、柽柳、楝<br>2. 强：侧柏、桃叶珊瑚、黄爪龙树、棕榈、梧桐、无花果、榆树、木槿、榉、合欢、竹、槐、厚皮香、杨梅、枇杷、榕树、鹅掌楸<br>3. 稍强：龙柏、黑松、夹竹桃、珊瑚树、海桐、核桃、樱桃、菩提树、女贞 |
| 防火 | 常绿、少蜡、表面质厚、叶富水分的树木，除观赏外，兼有防火的能力，还可以降低风速。一旦发生火灾，可以阻止火势蔓延。针叶树的防火效果一般比阔叶树低 | 1. 常绿树：珊瑚树、厚皮香、山茶、罗汉松、蚊母、海桐、冬青、女贞、黄爪龙树、构树、棕榈<br>2. 落叶树：银杏、麻栎、臭椿、金钱松、槐、刺槐、泡桐、柳树、白杨 |
| 防湿 | 湿气较大的居住区很容易发生疾病，为防湿气，所选树种具有的条件：适合于水湿地中生长；叶面蒸腾作用较显著；叶面大的落叶植物；④水分吸收作用较显著 | 桉树、垂柳、赤杨、桦树、白杨、樟、泡桐、水青冈、水松、水杉、楝、枫香、梧桐、木棉、水曲柳、白蜡、三角枫、七叶树 |
| 防烟 | 树木净化大气的能力主要是由于树叶的性质，并因树种、树叶质量、树叶年龄、环境条件等不同而不同。常绿树木四季常青，对煤烟抵抗力较落叶树强 | 1. 常绿树：青冈栎、榧树、樟树、黄爪龙树、黄杨、冬青、女贞、珊瑚树、桃叶珊瑚、广玉兰、厚皮香、夹竹桃<br>2. 落叶树：银杏、悬铃木、刺槐、皂荚、榉木、榆树、梧桐、麻栎、臭椿 |

另外，要注重生物的多样性，乔木、灌木、藤本、草本植物，常绿与落叶、速生和慢生植物有机结合相互配置在一个群落中，使之具有层次、厚度、色彩，并使具有不同生物特性的植物各得其所，从而充分利用阳光、空气、土地、肥力，实行集约经营，构成一个和谐、有序、稳定、壮观而能长期共存的复层混交立体植物群落，使居住区绿化植物群落的观赏效果和生态功能并举。

2) 居住区植物的空间配置

(1) 绿篱以行列式密植植物为主，分为整形绿篱和自然绿篱。整形绿篱常用生长缓慢、分枝点低、枝叶结构紧密的低矮类型灌、乔木，如金叶女贞、雀舌黄杨、红花继木、小蜡等都是

较好的种类。自然绿篱选用的植物体量要求相对较高大,如法国冬青。

(2)宅旁绿地贴近居民,特别应具有通达性和实用观赏性。如近窗不宜种高大灌木,以免影响采光;而在建筑物的西面,需要种植高大阔叶乔木,对夏季降温有明显的效果,在冬季则可以享受温暖的阳光。

(3)居住区道路两侧应栽种乔木、灌木和草本植物。这些植物可以减少交通造成的尘土、噪声及有害气体,有利于沿街住宅室内保持安静和卫生,起到遮阳降温作用。

(4)公共建筑与住宅之间应设置隔离绿地。多用乔木和灌木构成浓密的绿色屏障,以保持居住区的安静,可用灌木或乔木隐蔽居住区内的垃圾站等欠美观地区。

3)生态管护

居住区内良好的植物景观离不开精细的生态管护。绿化养护工作包含土地、植被的日常管理,使其得到合理的配置和维护,并能持续地发挥其效益。因此应该加强提高存活率、浇水、施肥、除草松土、病虫害防治、修剪及其他管理工作,保证居住区内植物有良好的生长条件。

### 11.2.2 单位附属绿地植物配置

**1. 单位附属绿地植物配置的功能**

单位附属绿地是指各企、事业单位机关大院内部的绿地,如工厂、矿区、仓库、公用事业单位、学校、医院等单位内部的附属绿地。单位附属绿地的植物配置结合具体单位的性质和需求,既要体现本单位特色,又要适于员工工作,同时单位院落的绿化能直接反映出一个单位的精神风貌和整体形象。

1)生态效应

营造单位附属绿地健康的环境,进行良好的生态配置,建设有益的生态植物群落以改善空气环境。通过配置一些吸收和抗大气污染的植物进行空气净化,以保证良好的空气质量。洁净的空气环境,能为单位员工和生活者提供良好、舒适的工作空间。并且要保持良好的通风条件,减少空气中的有害菌含量,保证充足的氧气和低含量的二氧化碳。

工作场所必须保持安静以提高工作效率。良好植物配置,尤其是对常绿阔叶林进行合理的配置,可大大减弱噪声强度,保持工作区的安静。

面积较大的单位附属绿地通过合理的植物配置,可以使单位在小范围内保持一个适宜的小气候,使植物群落接近或达到原始植物群落的性质和功能,形成合理的植物成层结构,提高动植物栖息地的质量,为物种创造适宜的多样性生境结构,保护物种多样性。

2)社会效应

城市绿化代表着城市的文明程度,而单位院落的绿化是城市绿化的一部分。同时单位院落的绿化能直接反映出一个单位的精神风貌和整体形象,体现了单位与所处城市的融洽程度。不同单位应配置合理的植物,以体现单位文化和精神面貌,增加员工的自信心和荣誉感,增强单位的凝聚力。合理的植物配置可以改善员工的心理、生理和精神状态,保证员工的工作活力,提高注意力,减少意外事故的发生。

**2. 植物种类的选择**

不同性质的单位对植物种类的选择有一定的差异。

医院要侧重选择一些杀菌能力较强的树种,如樟树、侧柏等。轻工业工厂尤其是纺织厂、高温车间等应选择蒸腾作用强的阔叶树种,如槐树、杨树、柳树等。学校、幼儿园可多选用一些观赏性强的树种,如观干、观叶、观花、观果树种及一些彩色植物,以培养儿童们的观察力和想象力。科研单位宜种植干净、卫生、病虫害少的树种,如银杏、椿树、白蜡、核桃、桦树等树种,不宜种植花絮多、增加空气混浊度的树种,如杨树、柳树等。而在一些政府或企事业单位的办公区,则通常配置一些比较庄重整洁的植物,同时反映该单位的文化特色,如雪松、华盛顿棕榈、雀舌黄杨等。单位附属绿地也可适当考虑植物的生产功能,使园林植物既有生态价值,美学价值,同时具有经济价值。

**3. 生态管护**

单位附属绿地的生态管护要求较高,保持树木生长旺盛,侧枝分布均匀,整齐美观;绿篱生长旺盛;草坪叶色嫩绿,坪面平整;控制树木花草病虫危害率。

### 11.2.3 道路附属绿地

古今中外道路绿化都备受重视。2 000多年前中国就已用松树作行道树。随着社会发展,道路绿化类型、功能不断增多。欧洲各国结合本国国情,重视并发展行道树栽植等。美国开创自然保护和城市公共园林的先驱者之一F.L.阿姆斯特德,在纽约中央公园的设计中,将道路作为全园功能分区和组织交通的链接手段,其景观和生态意义深化。随着城市化进程的推进,道路绿化的类型增多,功能拓宽,逐渐发展为特殊的景观,与整个大环境绿化融为一体,在改善园林环境,发挥生态效益方面表现得越来越突出。

**1. 道路景观的作用**

优美的道路景观有助于组织交通和提高安全、美化环境、方便生活,生态和谐。

1)道路景观能保证道路畅通、交通安全

道路景观在确保道路交通安全方面有积极的作用。首先,它可以沿着车道引导视觉。在车行道之间、人行道与车行道之间、广场及停车场等处进行绿化,可起到引导、控制人流和车流、组织交通的作用;其次在交通岛、中心岛、导向岛、立体交叉绿岛等处常用树木作为诱导视线的标志,帮助司机准确判断对面车辆行驶的速度和距离;最后设置优美的绿化景观,可以减轻疲劳和厌倦情绪,保证行车速度、提高行车安全等作用(见图11-3)。

图11-3 马来西亚吉隆坡城市道路植物配置景观

#### 2) 道路景观的美学效应

城市道路绿化是城市景观的重要组成部分,生态绿色的道路景观能很好地缓解高楼林立、车行如梭、烟尘弥漫带来的都市压抑与疲劳感,更适合人们的视觉享受,从而丰富道路景观的观赏性和生命力。优美的城市道路绿化景观不仅能体现出一个城市的现代化水平,还能反映出一个城市的文化内涵和历史积淀。

由植物的外部形态、色彩等随时间而变化产生道路景观的季相美,使人们观赏各种丰富植物景观的同时,还可以将各种不雅物品进行遮盖,避免人们受到各种视觉污染。

美好的道路景观提升市容风貌,有利于吸引人才和资金,有利于经济、文化和科技事业的发展。

#### 3) 道路景观的生态效应

道路绿化可以形成遮阴效应,降低气温,调节湿度,对改善小气候有积极的作用。园林植物可以减弱风力、减弱噪声强度、阻滞灰尘等,对周围的环境起到了良好的保护作用。如绿化的街道上距地面 1.5 m 处的空气含尘量比没有绿化的街道低 56.7%,铺草地的运动场比裸露的运动场尘土少 2/3 以上。园林植物能较好的净化空气,吸收各种污染物质,如汽车尾气等。

### 2. 道路绿化植物的生态配置

#### 1) 植物种类的选择

选择的植物要适合道路环境、服从交通安全的需要,充分利用不同植物类型和功能特性有效地协助组织物流、人流的集散,同时也起到改善城市生态环境及美化的作用。一般来说,道路树种应具备冠大荫浓、主干挺直、树体洁净、落叶整齐的特点。道路绿化植物要求具有无飞絮、无毒毛、无臭味、耐践踏、耐瘠薄土壤、耐旱、抗污染、生长快、寿命长等特点。

根据适地适树原则,分别选择适合当地立地条件的树种,如重庆为山城,岩石多,土壤瘠薄干旱,高温,雾重,污染严重,可选择黄葛树、小叶榕、川楝、构、臭椿、泡桐等。天津地下水位高,碱性土,可选择白蜡、绒毛白蜡、槐、旱柳、垂柳、侧柏、杜梨、刺槐、臭椿等。如选用具有地方特色的市树或市花,则更具有特殊意义。如武汉提倡街头绿化中更多地栽植市树(水杉)和市花(梅花),以此突出武汉特色。

树种选择应以乡土树种为主,从当地自然植被中选择优良的树种,但不排斥经过长期驯化考验的外来树种。如华中、华东地区可选择香樟、广玉兰、泡桐、枫杨、悬铃木、无患子、银杏、女贞、刺槐、合欢、榆、榉、薄壳山核桃、柳属、枇杷、鹅掌楸等。华南地区可考虑香樟、榕属、桉属、木棉、台湾相思、红花羊蹄甲、洋紫荆、凤凰木、木麻黄、悬铃木、银桦、马尾松、大王椰子、蒲葵、椰子、木菠萝、扁桃、芒果、人面子、蝴蝶果、白干层、石栗、盆架子、白兰、大花紫薇、榕树等。华北、西北及东北地区可用杨属、柳属、榆属、槐、臭椿、栾树、白蜡属、复叶槭、元宝枫、油松、华山松、白皮松、红松、樟子松、云杉属、桦木属、落叶松属、刺槐、银杏、合欢等。

在不影响交通的前提下应尽量配置成复层植物群落。在土肥较好区域可选择经济树种,同时具有生态效应和经济效应。

#### 2) 道路植物景观的时空配置

在配置道路植物景观时,既要考虑空间的配置,也要考虑季节景观变化效应。对不同道路特点和交通结构、安全因素、美化景观和生态效应的不同要求,植物的空间配置应具有不同特点,必须科学配置。同时也要利用植物种类多样性、植物季节变化多样性进行多层次配置,实现观赏景观的动态变化。选择合适的植物,形成良好的配置,一方面可以减少管理的投入,另一方面还可以保持景观的持续性和生态效应的累积性。

(1) 高速公路及立交桥植物景观的时空配置。高速公路是快速通道之一,高速公路的空间配置尤为重要。在保证交通安全的前提下,公路线路的平面设计应曲折流畅,植物配置要以减轻驾驶员的疲劳、使乘客感到旅途轻松愉快为前提。

中央分隔带可种植低矮的花灌木、宿根花卉,可有效遮挡夜间行车的强烈灯光,不宜栽种冠幅较大的树种,以免影响交通。

在有条件的情况下,公路两边应配置宽 20 m 以上乔、灌、草复层混交的绿化带,这一方面美化环境,另一方面可以成为当地野生动植物最好的生境。树种视土壤条件而定,在酸性土上常用女贞、冬青、枇杷、桂花、桉树、棕榈、九里香、小叶女贞、元宝枫、杜仲、黄葛榕、花楸、荚蒾等种类,其次也可以将单纯的乔木种植在大片草地上,管理容易,费用不大。公路两边坡度较大处,大片草地易遭雨水冲刷,可栽种一些固土能力强的树种,如紫穗槐或一些攀缘植物,可有效减少雨水的冲刷力度,也可改植大片爬山虎,匍匐地面,一到秋季,红叶构成大片火红的色块,非常壮观。有效搭配植物可以遮挡路旁的不雅景色;长距离的直线类型可通过栽植不等距离的树木以增强速度感,避免由于超速而导致的交通事故;在高速公路及一般公路立体交叉处的弯道外常植数行乔木,以利引导行车方向;在两条道交汇处,种植低矮的灌木及草坪,便于驾驶员看清周围行车,减少交通事故,立体交叉部分有较大面积的,可按街心花园的要求进行植物配置;在遇涵洞时,可适当考虑路旁植物的多层次,使驾驶员降低车速,安全通行。

高速公路通过居民区时,可配置多行的乔灌木,形成对噪声和污染等的隔离带,减轻对居民生活的影响。

高架路桥拐弯弯度较大的路段,成行的高大乔木具有指示交通的功能;在分支道路汇合的顺行交叉处,不易种植遮挡视线的树木,而应以种植与高架路桥差不多高的小乔木或灌木为主;在高架道路与普通道路的交汇处,不应种植大灌木和乔木,应以草坪为主,再点缀少量花灌木。

(2) 街道绿地的空间配置。街道绿地按照功能可分为分车带绿地和人行道绿地。

机动车道之间的景观绿化主要以隔离绿化带的形式出现,首先应满足交通安全的要求。选择隔离绿化带植物要以不妨碍司机的视线为原则,所以一般仅种高度在 80 cm 左右的低矮灌木,如金叶女贞等。另外,这类道路的绿化还应具有一定的景观功能,因而在绿化带的景观造型设计上要多种多样,层次感强。植被的选择不应过于艳丽,应以绿色植被为主。

机动车与非机动车道间的绿化带种植小型乔木、灌木和各种花卉,以增强景观观赏功能。非机动车与人行道间主要以行道树绿化带的形式出现,其主要功能是为非机动车驾驶者和行人庇荫,同时起到减弱噪声强度、减尘、防风等作用。在植被的配植中,主要选择常绿与落叶、速生与慢长的高大乔灌木为主,适当点缀花草,构成多层次的植被配植结构(见图 11-4)。

人行道与边坡的设计既要为行人提供一个舒适、休闲的步行环境,又要对道路边的建筑物起隔离作用,降低噪声、污染等进入。当然,靠近建筑物的区域植物不应太高或太致密,防止阻挡阳光进入或阻碍空气的流通等。要注重景观环境本身的一些要素,如在造型上的多样性,植被色彩的丰富性,植被配植高低错落的多层次性等;同时还具有一定的社会、文化、地域性景观特色。如南京、武汉、重庆三大火炉城市都喜欢用冠大荫浓的悬铃木等;吐鲁番市某些地段在人行道上搭起了葡萄棚;青海西宁用落叶松及宿根花卉植被,呈现温带、高山

**图 11-4　街道分车带绿地和人行道绿地**

景观。

　　植物的配置方式多种多样，但都需处理好交通与植物景观的关系，在交通要塞如道路尽头、车辆拐弯处等都不宜配置妨碍视线的乔灌木，只能种植草坪、花卉及低矮灌木（见图11-5）。

**图 11-5　韩国国宾馆入口道路植物配置**

　　随着对环境生态效应要求的提高，行道树的配置已逐渐向乔、灌、草复层形式发展，并取得了良好效果。

　　建筑基础绿地常用地锦等藤本植物作墙面垂直绿化，用直立的桧柏、珊瑚树或女贞等植于墙前作为分隔，如绿带较宽，则以此绿色屏障作为背景，前面配置花灌木、宿根花卉及草坪，但在外缘常用绿篱分隔，以防行人践踏破坏。

　　（3）园路的空间配置。风景区、公园、植物园中的道路除了集散、组织交通外，主要还起到导游作用，又是构成公园景区的骨架，所以园路要从属游览的要求，除特殊需要外，要以"莫妙于迂"为准则，使其具有延长游览路线，增加游览程序，扩大景观空间效果，创造不同园林空间艺术气氛等方面的重要作用。

① 主要园路。主要园路是沟通各活动区的主要道路,包括各主要广场、建筑、景点、次要入口及管理区的环形道路。一般路面平坦,宽度可达5~8 m,其中规则式主路应进行乔木列植,而自然式园路则可自然配置乔灌木,使之有疏密、高低变化。主路两侧的树木最好选用单个树种或两个树种相间的配置以形成特色景观。如自然式主园路较长,也可选用多种树木配置,但必须以一个树种为主,以防止杂乱无章。

② 次要园路。次要园路是连接景区内多个景点的园路,为主要园路的辅助性园路,其宽度为2~4 m,地势可有起伏。路两侧常采用乔木或乔灌木树丛的形式配置,选树姿优美、体形较高的树种,乔木树丛以3~4种为宜。

③ 游憩小路。游憩小路是景区内供游人散步、游览的小路,路面宽度为1~2 m。次路和小路两旁的种植可灵活多样,充满丰富的设计空间。植物配置则根据景区性质,可以在路两侧自然配置乔木成为浓阴覆盖的封闭式,也可为一侧栽植树木的半封闭式,还可为路两侧栽植低矮灌木的开敞式,不同的配置形式会收到不同的景观效果。

3) 道路植物景观的生态管护

要保持道路植物配置的美学景观、生态效应的长期性,以及不影响交通及行走,就必须进行连续的生态管护。城市道路用植物的人工管理十分重要。例如浇水,防治病虫害等,在植物生长过程中,还要采取修枝、修剪等措施,保持植物的外部形态美,并加强越冬防护管理,保持植物的旺盛生命力。在人流量大的特殊地段,采取阻拦等防护措施,防止行人进入绿地踩踏苗木,管护已有绿化成果。组建更适合的植物景观,充分发挥生态效应、景观效应和社会效应。同时注意道路绿化管理作业中的安全问题。

### 11.2.4 公园绿地

公园绿地是城市中向公众开放的、以游憩为主要功能,有一定的游憩设施和服务设施,同时兼有健全生态、美化景观、防灾减灾等综合作用的绿化用地。主要包括各种类型的公园、动物园、植物园、纪念性园林等,以及沿道路、沿江、沿湖、沿城墙绿地和城市交叉路口的小游园等。公园绿地被人们称为"城市的肺脏",它不仅绿化、美化城市环境,改善城市生态条件,为群众提供文化休闲娱乐,同时也是普及科学知识、培养精神文明的园地,还是抵御地震等灾害的庇护所。

**1. 公园绿地植物配置的作用**

1) 生态效应

(1) 改善城市空气环境。公园绿地是园林生态系统的重要成分。作为"城市的肺脏",对于改善城市的空气环境具有重要的作用。每公顷绿地每日产生600 kg氧气,吸收900 kg二氧化碳。绿化率达到30%的地段,在春、夏、秋植物生长期内,可使空气中总悬浮颗粒物下降60%,二氧化硫下降90%以上。大面积绿化林地能阻挡风沙,特别是草地和灌木,吸附尘埃效果显著。每亩树林每年可吸尘20~60 t。树木生长过程中挥发大量植物杀菌素,可抵挡一些有害细菌侵袭,减少空气中微生物含量。如每公顷松柏林一昼夜能分泌60 kg杀菌素。绿化地带比非绿化地带每立方米空气中含菌量少85%以上。一些植物在受到低浓度、微量污染的情况下,就会发生受害症状反应,起到报警作用。如雪松受到浓度为0.3%~0.5%二氧化硫污染时,叶子就会呈现暗褐色伤斑;在受到氟化氢污染时,叶子就会呈浅褐色或红色明显条横。

(2) 改善声环境。在相对繁华的地段附近,也是噪声的发源地,此处配置良好的公园绿地特别是配置较复杂的植物群落,可阻挡噪声的传播,减弱噪声的强度,营造相对安静的声音空间,被称为"绿色消音器"。一般情况下,绿化可减弱噪声强度20%,两行树的街道对街旁建筑的噪声可减少3.2 dB,9 m宽的乔灌木混合绿带可减少噪声9 dB。

(3) 营造小气候。公园绿地,特别是面积较大的公园或植物园,形成相对复杂的植物群落,可以明显在其内部形成相对稳定的小气候,并会向周边区域延伸,形成相对大范围的稳定小气候。研究表明,树木能遮住太阳辐射的80%~90%;绿化地区的太阳总辐射量只有空地的16%。在一般情况下,夏季树荫下的空气温度比露天的空气温度低3~4 ℃。草地上的空气温度比沥青上的空气温度低2~3 ℃。冬季绿化地区树木吸收太阳热量,防止散发,平均气温比非绿化地高出0.5~1 ℃。相对湿度高10%~20%。这种小气候特征对于城市或其他人类较为集中区域的环境改善具有促进作用。

(4) 改良土壤环境和水环境。公园绿地,特别是面积较大、配置相对复杂的植物形成的植物群落可吸收土壤中的有害物质,净化土壤,从而改善土壤质量,提高土壤蓄水和净水功能,能较好的净化废水或生活污水,保持水体的相对洁净,改善周围水质,减少污染的进一步蔓延,促进整个大环境的改善。

2) 社会效应

(1) 美化环境。良好的植物配置可提高城市的景观效应,与气势恢宏的高楼大厦相互融合,高低错落,刚柔相济,形成城市独特的景观,为城市注入新的活力和魅力。公园绿地是城市的名片,是城市自我宣传和城市形象的表达。良好植物配置的公园绿地可增加城市的知名度。在这一方面,青岛,杭州,厦门等城市很好体现了园林城市的风貌。

(2) 休闲胜地,又是塑造和弘扬城市文化的窗口。公园绿地不仅为人们的休闲、娱乐、游戏、学习等提供条件,使人们参加各种活动,满足人们的感情生活,还能展示和发掘地方文化,传递城市历史传统信息,提高公众知识层次、人文素质,道德修养,彰显城市特色。

(3) 防灾避难,提高环境安全度。各种绿地可以阻止灾害的蔓延,减弱灾害的破坏和杀伤能力。绿地空间还可作为城市救灾的备用地。

**2. 公园绿地植物配置**

1) 公园绿化树种选择

适应栽植地段立地条件的适生种类应考虑:林下植物应具有耐阴性,其根系发展不得影响乔木根系的生长;垂直绿化的攀缘植物依照墙体附着情况确定;具有相应抗性的种类;适应栽植地养护管理条件等。因此,选择乡土植物种和具有特殊意义的种类,并能形成鲜明特色,且省时省力,效果显著;尽可能增加植物种类,促进生物多样性,形成多种景观效果;在改善栽植地条件后可以正常生长且时效长久,尽可能保持四季景观的可视性和观赏效果。

要避免选择对人体容易造成伤害的种类,如有毒、有刺、有异味、易引起人过敏或对人具有刺激作用的植物。

2) 公园绿地植物配置

公园绿地的植物配置要结合当地的自然地理条件、当地的文化和传统等方面进行合理的配置,尽可能使乔、灌、草、花卉等合理搭配,进行艺术景观的营造,以满足游人的需求,既以不同的功能要求来配置植物,又使其发挥良好的生态效应。

(1) 综合性公园。

① 出入口的植物配置。公园的出入口大都面向城镇主干道,绿化时应注意与大门的建

筑相协调；大门前的停车场四周可用乔灌木相结合，但要选择吸收汽车尾气能力比较强的树种，同时夏季时起到遮阴及隔离周围环境的作用，如榕树、大叶黄杨、珊瑚树等；大门内部种植植物的树种应具当地文化特色，但不可阻挡视线和不利于游客的疏散。

② 园路的植物配植。公园中道路除了集散、组织交通外，主要起到导游作用。园路的曲线自然流畅，两旁的植物配植及小品也宜自然多变，不拘一格，使其具有步移景异的效果。平坦笔直的主路两旁常用规则式配置。最好植以观花乔木，并以花灌木作下木，丰富园内色彩。蜿蜒曲折的园路，不宜成排成行，而应以自然式配置为宜，沿路的植物景观在视觉上应有挡有敞，有疏有密，有高有低。路旁若有微地形变化或园路本身高低起伏，最宜进行自然式配置。如配置复层混交的人工群落，最得自然之趣。次路和小路两旁的种植可更灵活多样，由于路窄，有的只需在路的一旁种植乔、灌木，就可达到既遮阴又赏花的目的。

（2）广场园林植物配置。广场园林植物配置要根据不同的使用类型进行设计，实现景观、功能和生态的统一。根据广场的特性、要求，同时根据植物的生长习性，选择理想的园林植物。可以从不同的艺术角度进行配置，体现出植物个体和群体的形式美。如纪念性广场和文化广场，绿化要求严整、雄伟，多为对称式布局；公共建筑前的广场绿化，主要是起着陪衬、隔离、遮挡等作用；道路交通广场绿化主要应能疏导车辆和行人有序通行，保证交通安全。

（3）儿童公园植物配置。儿童公园植物配置根据不同的景区、不同的功能需求和生境，选择不同植物材料。采取乔、灌、花草相结合的复层结构种植方式，讲求拟人化、趣味化、情感化的意境美，最大限度地增加绿量，发挥生态作用。在儿童玩耍区域，要根据儿童的心理，以满足其好奇心为目的营造各种植物。休闲区应以无毒、无刺的乡土树种为主，以丛植、群植、点植相结合，并注重季相变化。

（4）植物园植物配置。植物园是调查、采集、鉴定、引种、驯化、保存和推广利用植物的科研单位，它也是普及植物科学知识，并供群众游憩的园地。植物园在植物配置应以生态学原理为指导，系统性考虑地带性植被特点，以自然式为主，建立乔、灌、草结合的较为稳定的生态系统（见图 11-6）。

图 11-6　泰国芭堤雅多浆植物园区一角

(5) 街头小游园。街头小游园可以进行简单明了的植物配置,既美观大方,又能满足基本的休闲需求。而对于较大的类型要就其功能和特点进行细致的配置。

(6) 纪念性园林。纪念性园林通常要营造一种庄严、稳重氛围。常用松、柏来象征革命先烈高风亮节的品格和永垂不朽的精神,也以此表达人民对先烈的怀念和敬仰。配置方式一般采用对称等规则式,也可根据具体内容灵活配置。

(7) 动物园。动物园应考虑各种动物的生存习性和原产地的地理景观来配置适合动物生存的景观,或可增加某种气氛进行配置,在此基础上再考虑普通公园所应具备的植物配置方式。

### 11.2.5　风景名胜区植物配置

风景名胜区是指具有观赏、文化和科学价值,自然景物、人文景物比较集中,环境优美,一定规模和范围的地区,可供人们游览、休息或进行科学、文化活动。风景名胜区植物配置与其他区域有所不同,应该在严格保护、永续利用的原则上进行科学规划。

**1. 风景名胜区植物配置的功能**

人类目前面临的十大生态问题(温室效应、臭氧威胁、生物多样性危机、水土流失、荒漠化、土地退化、水资源短缺、大气污染、酸沉降、热带雨林危机)大多与森林面积的萎缩和功能下降有关。森林,特别是风景名胜区森林对涵养水源的作用特别突出。设计多种复层的人工植物群落、模拟自然群落,对提高降水入渗,减少水土流失,保持原有的森林资源,起着重大作用。

解决空气环境与旅游过度开发的矛盾,要通过合理的植物配置,维持原有的良好空气环境,提高植被覆盖,同时配置具有杀菌能力的植物。特别是植被覆盖较少的区域,还要侧重配置杀菌能力较强的植物,以减少空气中的含菌量。设置防护林防风固沙。同时,也可通过合理的配置来削弱噪声,营造安静的氛围。

为野生动植物栖息、生长、繁衍等提供条件。对山体林地、水体湿地、疏林草地等进行有效保护,建立景观生态廊道,加强物种扩散、基因交流,增加人工生态系统与自然生态系统间的生态联系,使天然林植物种类、种群数量和植被类型有明显增加,物种多样性、遗传多样性和生态系统多样性进入良性循环。

合理的植物配置还可极大地提高风景名胜区社会景观效应。通过植物配置既丰富了风景区的景观效应,也促进了风景区社会效应的发挥。推广、提高地方特色植物配植的传统方式,游览路线配置体现地理风光的风景林带,使风景名胜区绿化达到功能上的综合性、生态上的稳定性、经济上的合理性、风格上的民族性、景观上的地理性,可大大促进风景区社会景观效应的发挥。

**2. 风景名胜区植物配置**

1) 风景名胜区植物种类选择

在生态学的理论基础方面,应以地理分布区域和演替规律作为基础,注意理解不同风景名胜区内天然群落类型的组成结构。在规划设计上,充分利用多种多样的天然群落模式,并从其丰富的天然植物资源中,筛选出具有各种植物景观规划建设要求的新的园林植物。建设具有浓厚的地带性特色的园林,以期形成一个具有多功能的生态系统,从而维护风景名胜区的生态平衡。

2）风景名胜区植物配置

以近自然绿化的生态手段为主。植物配置时要维持原有景观的完整性，不削弱其历史文化价值，保护现有风景林带；修整、改良及重点区域的绿化设计要坚持"生态优先"、"文化为重"的原则。风景名胜区的植物配置必须按照具体地段和性质进行，植物的配置合理，应该以保持原生态风貌、人文景观为基本出发点。在树种的搭配上，突出植物的造景功能和地方性特色。

遵循植被地带性分布规律。要选择适当的植被进行绿化美化，以现有森林为基础，逐步形成多树种、多层次、乔灌草相结合的森林植被群落，提高森林植被的观赏价值。

增加森林覆盖率，以达到涵养和净化水源、保持水土、防风固沙等要求，保持风景名胜的自然价值。完善植物群落类型，有效地提高植物的自我免疫能力和自我调控能力，减少病虫害的侵袭，保证风景名胜的观赏价值不被破坏。

在风景名胜区的道路及各功能区域可按照同类型的绿地进行配置，在保证风景名胜区本身的观赏和历史文化价值的基础上，丰富风景区本身的景观。服务区则以美化为主，增加点状绿化，在空旷地或闲置区域，可根据风景区自身的特色配置植物，引起游人的兴致。

在确保环境效益和景观不受影响的前提下，积极营造风景经济林，以促进旅游区内经济效益的提高。

3）风景名胜区生态管护

生态管护应重点保护原有的风景林，保护珍稀濒危动植物、古树名木等重点保护对象，加强保护林木植被和野生动植物物种繁殖、生长、栖息环境。保持其原有的自然风貌，维持风景名胜的特色，协调植物与文物的关系，做到既保护文物，又绿化和美化空间。风景名胜区游人众多，破坏因素随之增多，对生态管护的要求更高。做好生态保护地的自然资源本底调查，并建立动态监测网络，做到严格管护、永续利用，逐步恢复和完善这些地区的自然生态系统。

### 11.2.6 特殊区域植物配置

在园林绿化过程中，往往会有一些不太引人注意，但对环境产生重要影响的区域，在该类区域进行合理的植物配置，能够提升整个园林空间的生态功能和观赏价值。

**1. 水体及周边环境植物配置**

1）水体及周边环境植物配置及其原则

水景是环境美学的重要部分。园林水体给人以明净、清澈、近人、开怀的感受，良好的植物配置可以净化水体，维持水体的洁净，能大幅度提升环境质量，促进身心健康。

（1）水体植物配置的适应性。植物与环境的适应是正常存活的基础。选择植物应该考虑水体的位置及具体的环境条件，同时结合景观美学的要求。配置植物应具备一定耐水湿的能力。

（2）植物除污净化能力强。考虑不同水体污染程度，从除污能力和抗污能力两个方面选择植物品种。在污染的水体内种植水生维管束植物，能够提高水体对有机污染物和氮、磷等无机营养物的去除效果。在淤泥中种植香蒲、荷花、梅花藻等抗污能力强的植物。种植凤眼莲、荇菜、龙须眼子菜、竹叶眼子菜、穗状狐尾藻、金鱼藻等抗富养能力强的植物，能有效净化污染，又具有观赏效果。

（3）选择涵养水源、防止水土流失的植物。在自然水体周围，配置一些根系发达，固土能力强的植物,可以较好的改善水土流失状况。

(4) 植物配置的多样性。选择与整体环境相适应、相协调的植物类型,注重中国园林文化的亲水情节。品种多样化以模拟原生态环境,水体中、水旁园林植物的姿态、色彩、种植布局应多样化,使园林植物与山水融成一体,对水面空间的景观起着主导的作用,同时可起到美化和净化环境的作用。

2) 水体植物的配置

(1) 湖滨植物配置,沿湖景点突出季节景观,如苏堤春晓、平湖秋月等。春季,桃红柳绿;秋色更是绚丽多彩。湖边植物配植引人入胜(见图11-7)。

**图11-7 泰国芭堤雅湖滨复合层次植物景观**

(2) 水池植物配置,植物配植常突出个体姿态或利用植物分割水面空间,增加层次,获得"小中见大"的效果,同时也可创造活泼和恬静的景观。如苏州网师园,水面集中,池边植以柳、碧桃、玉兰、黑松、侧柏、白皮松等,疏密有致,既不挡视线,又增加了植物层次。

(3) 河滨植物配置,注重植物的姿态、色彩,多样性合理配置,以表达意境和获得生态效益。如圆明园后的苏州河河道沿岸,通过丰富的植物组合和河道变化的开合,创造优美的滨河景观。

(4) 小岛植物配置,岛的类型众多,可游的半岛及湖中岛植物配植时还要考虑导游路线,不能有碍交通。如北京北海公园琼华岛。仅供远眺、观赏的湖中岛,其植物配植密度较大,景观丰富。

3) 生态管护

水体及水岸生态管护目的是,既要保证植物的成活,还要调节水体与周围环境的关系,保持水体中植物适度,水体洁净,及时清理水体中的杂物和多余的水草等,适时修剪、补植以维持其原有的外部景观和生态功能。

**2. 墙壁植物配置**

1) 墙壁植物配置的作用

墙壁是一个重要的植物配置场合,墙壁绿化除具有生态和美化作用外,还具有一定经济价值。

墙壁植物在夏季可降低墙内环境温度,在冬季可保持墙内热量,因此可节约墙内环境的空调使用费。墙壁植物可明显减少光污染,有助于减弱或降低交通事故发生率。

2)墙壁植物配置

(1)墙壁植物的选择。墙壁绿化多为一些藤本植物,或者经过整形修剪及绑扎的观花、观果灌木和极少数乔木,辅以各种球根、宿根花卉作基础栽植,常用种类有紫藤、木香、蔓性月季、地锦、五叶地锦、猕猴桃、葡萄、铁线莲属、美国凌霄、凌霄、金银花、盘叶忍冬、华中五味子、五味子、素方花、钻地风、鸡血藤、绿萝、崖角藤、西番莲、炮仗花、迎春、火棘等。

(2)墙壁植物配置类型。墙壁植物配置很灵活,通常表现为攀缘型、悬垂型和随意型三种类型。

① 攀缘型。从墙体的下面种植攀缘植物,如爬山虎、紫藤、常春藤、凌霄、扶芳藤、炮仗花、葡萄、薜荔、藤本月季、金银花、牵牛花,三角梅等。建筑墙面应采用混凝土墙、砖墙等较为粗糙的墙面,使植物容易攀附。运用一些乔灌木树墙造型,将其枝条固定在墙面上以形成各种景观。常用的植物有紫杉、无花果、迎春花、山茶、火棘、紫荆、贴梗海棠、四照花、连翘等(见图11-8)。

**图11-8 攀缘型植物配置**

② 悬垂型。在墙体上方设置容器,使植物茎叶由上往下自然下垂,这种方式也具有较高的使用频率。可在墙外设置一些供植物攀附的设施,以防植物摇动(见图11-9)。

③ 随意型。在墙体的各位置设置容器进行墙面绿化。通过各种花盆固定在墙体的某个位置,按照一定的配置方式进行摆放,也会取得良好的效果(见图11-10)。

3)生态管护

墙壁植物的管护以修剪和牵引为主,需要精心及时的浇水、整形,维持墙壁植物稳定。成型后仍需进行细心管理,充分发挥植物的生态效应和社会景观效应。

**3. 屋顶植物配置**

1)屋顶植物配置的作用

作为对园林绿化面积的相对缺乏的补充,屋顶花园建设是必要的。屋顶花园有较大的生态效应,对于缓解城市"热岛"效应、净化空气、吸滞尘埃、维持碳氧平衡、改善环境质量具有巨大的推动作用。

屋顶花园可以丰富建筑物的美感,同时为居民提供更多的休闲娱乐场所,增加人们对大

图 11-9 悬垂型墙壁植物配置

图 11-10 利用植物特殊造型装饰墙体

自然的热爱,保持身心健康。

2) 屋顶植物配置

(1) 屋顶植物的选择。配置屋顶花园的植物应根据不同气候条件选择耐旱、耐寒的矮灌木;选择阳性耐瘠薄的浅根植物;选择抗风且不易倒伏、耐积水的植物种类;选择常绿且冬季能露地越冬的植物种类。以地方乡土树种为主,选择生长慢、耐修剪、移栽成活率高、较低养护成本、抗大气污染的植物种类。

(2) 屋顶植物配置注意事项。景观形式视其使用要求而定。景观中虽然含有假山、水池、雕塑、棚架,但在屋顶有限的空间面积内,植物应该占70%以上。屋顶生态因子与地面不同,随高度增加而变化。屋顶风力大、土层薄,选用根系太浅的植物容易被风吹倒,加厚土层会增加重量,而且乔木或根系发达植物的根系会影响防水层而造成渗漏。因此植物配置前要充分考虑对建筑的影响,要在保证建筑物安全、正常使用的前提下进行屋顶花园建设和植物配置。

在配置植物层次上,要适当的少一些,应选择喜光性植物种类,防止过强的阳光对植物造成伤害,影响植物生长。

常用灌木和小乔木:鸡爪槭、红枫、南天竹、紫薇、木槿、贴梗海棠、月季、海棠、红瑞木、山茶、茶梅、八角金盘、金钟花、连翘、栀子、迎春、金丝桃、紫叶李、绣球、枸杞、石榴、六月雪、福建茶、变叶木、龙爪槐、龙舌兰、桃花、樱花、小叶女贞、合欢、黄杨、雀舌黄杨、紫竹、孝顺竹等。

草本花卉和地被植物:菊花、石竹、金盏菊、一串红、郁金香、凤仙花、鸡冠花、大丽花、金鱼草、雏菊、羽衣甘蓝、美女樱、太阳花、千日红、虞美人、美人蕉、萱草、鸢尾、芍药、早熟禾、酢浆草、土麦冬、吊竹梅、吉祥草、荷花、睡莲、菱角、凤眼莲等。

攀缘植物:爬山虎、紫藤、常春藤、凌霄、扶芳藤、炮仗花、葡萄、薜荔、藤本月季、金银花、牵牛花、西番莲等。

3) 生态管护

屋顶由于地点特殊,气候较差,屋顶植物生态管护尤为重要。浇水既不能多,也不能少,本着少浇勤浇原则。施肥应根据不同植物的不同阶段进行。由于基质自然流失及老化,需要及时补充。使用无公害,低残留药剂防止病虫害。防日灼、防寒、防风,还要注意装置的稳固性,既要安全第一,又不遮挡景观。对给排水及渗漏情况要及时维修。

**4. 庇荫地植物配置**

庇荫地是指光照被全部或部分遮盖的区域。一般分为自然庇荫地和人工庇荫地两类。前者如植物群落内或大树下等,后者如房屋、高架桥下、建筑物的背光面等。

1) 植物配置要注意的问题

(1) 考虑太阳照射状况。取决于庇荫地所能接受的太阳辐射强度和太阳照射时间。在自然庇荫地上配置植物时,调节好植物群落上下层之间的光照状况,充分利用各种耐阴植物,合理配置,可使庇荫地植物较好的生长。在人工庇荫地,太阳照射状况较好时,可以采用灵活的配置方式,而在太阳照射状况较差时,需要慎重选择植物。同时,可采取一些人工措施来补充该区域光照不足的状况。

(2) 考虑水分状况。庇荫地不但光照少,而且较干旱,因此,在选择耐阴植物的同时,还要选择较为耐旱的植物。如石蒜、苔草等。

(3) 考虑土壤状况。一般在人工庇荫地上,土壤较瘠薄,应选择耐瘠薄的植物。

(4) 考虑大气污染状况。在人工庇荫地,交通频繁,污染物多,应选择抗污染及净化能力强的植物。

2) 生态管护

适时浇灌、及时施肥、除草和松土可保证植物的旺盛生长;对出现死亡的植物进行及时补植,对一些小乔木和灌木,要适时修剪,以防影响交通等。

## 11.3 室内园林植物的生态配置

早在古埃及王朝和古代苏美尔时代(公元前 2000 年的幼发拉底河地区)就已出现在室内用植物进行装饰。在 18—19 世纪,室内植物装饰在欧洲已变得十分普遍。到了 20 世纪

80年代,美国的家庭绿化和室内绿化急剧增长,约有3/4的家庭住宅中栽培植物。现代化的发展,科学技术的飞跃,使环境问题成为世界各国最关注的问题。崇尚自然、热爱自然、与自然融合,是居住在高楼林立、工作压力繁重的城市人内心的热望。而今,世界各国之间的交往越来越广泛、频繁,各国的文化不断地交流,东西方室内绿化装饰艺术也在不断地融合与发展。

室内绿化装饰是指按照室内环境的特点,利用以室内观叶植物为主的观赏材料,结合人们的生活需要,对使用的器物和场所进行的美化装饰。这种美化装饰是根据人们的物质生活与精神生活的需要出发,配合整个室内环境进行设计、装饰和布置的,使室内室外融为一体,体现动和静的结合,达到人、室内环境与大自然的和谐统一。它是传统的建筑装饰的重要突破。室内绿化装饰可以大大改善室内环境质量,促进身心健康,改善人们身体状况和心理状况,产生明显的生态效应、社会效应和显著的经济效应。

室内绿化装饰的意义和作用之一是装饰美化。根据室内环境状况进行绿化布置,不仅仅是针对单独的物品和空间的某一部分,而是对整个环境要素进行安排,将个别的、局部的装饰组织起来,以取得总体的美化效果。经过艺术处理,室内绿化装饰在形象、色彩等方面使被装饰的对象更为妩媚。如室内建筑结构出现的线条刻板、呆滞的形体,经过枝叶花朵的点缀而显得富有生机与活力、动感与魅力。植物同现代家具的材质相对比,必然产生各自不同的肌理效果并互相衬托照应,产生一种回归自然的独特意境。室内或窗外环境中的不悦目部分可利用布置的植物将其遮蔽。二是改善室内生活环境。人们的生活、工作、学习和休息等都离不开环境,环境的质量对人们心理、生理状况起着重要的作用。室内布置装饰除必要的生活用品及装饰品摆设装饰外,不可缺少生命气息和情趣,使人享受到大自然的美感,感到舒适。植物枝叶的漫反射,可以降低室内噪声,以保持室内安静的氛围。此外,室内观叶植物枝叶有滞留尘埃、吸收生活废气、释放和补充对人体有益的氧气、降低噪声等作用。现代建筑装饰多采用各种对人们有害的涂料,而室内观叶植物具有较强的吸收和吸附这种有害物质的能力,可减轻人为造成的环境污染。三是改善室内空间的结构。在室内环境美化中,绿化装饰对空间的构造也可发挥一定作用。如根据人们生活活动需要运用成排的植物可将室内空间分为不同区域;攀缘上格架的藤本植物可以成为分隔空间的绿色屏风,同时又将不同的空间有机地联系起来。此外,室内房间如有难以利用的角隅(即死角),可以选择适宜的室内观叶植物来填充,以弥补房间的空虚感,还能起到装饰作用。运用植物本身的大小、高矮可以调整空间的比例感,充分提高室内有限空间的利用率。四是增加经济效益。通过室内园林建设,可以改善环境,为人们提供一个更加安全、舒适、健康的空间,一方面可以减少通过人工手段改善环境所需的费用,另一方面,可以提高人们的创造力和积极性,增加生产收益。对于经营单位来讲,环境的改善,可以增加吸引力,招徕顾客,提升营业额。

### 11.3.1 室内环境生态条件及其调节

封闭的室内生态环境条件具有特殊性,如光线较弱且为散射或人工光照,空气湿度低,二氧化碳浓度略高,通风透气差,室温较恒定。要求选择植物种类首先必须能在这些条件下生存,服从室内空间与这些不利于植物生长的环境。其次,为保证植物生长条件,人工改善室内光照、温度、空气湿度、通风等,以满足植物生长发育所需的环境生态条件。同时加以构思、设计,使美学与生态学相得益彰。

### 1. 考虑室内的光照条件

室内限制植物生长的主要生态因子是光,如果光照强度达不到光补偿点以上,将导致植物生长衰弱,甚至死亡;如果光照时间过长或过短也不利于植物的生长。室内光照主要来自自然光照和人工光照。自然光照主要来自窗、屋顶或天井等,但这些自然光会受到方位、季节及楼层高度等多方面的影响,光照状况极不均匀。一般来讲,屋顶、天井及顶窗采光效果最好,光强及光面积均大,光照分布均匀,能保证植物生长。侧面窗窗体附近光照条件较好,能基本满足植物的生长,但由于其采光不均匀,会对植物生长产生不利影响。

选择配置室内植物时,南窗、东窗、西窗都有直射光线,而以南窗直射光线最多、时间最长,所以在南窗附近可配置需光量大的植物种类,如变叶木、花叶榕、朱蕉、荷兰铁、美洲铁、苏铁、花叶鹅掌柴、金叶垂榕、一品红、紫鹅绒、仙人掌、蟹爪兰、杜鹃花等。

东窗、西窗除有时间较短的直射光线外,大部分为漫射光线,仅为直射光的20%~25%的光强。东窗配置些橡皮树、龟背竹、变叶木、苏铁、散尾葵、文竹、豆瓣绿、冷水花等;西窗夕照阳光强,可配置仙人掌类等多浆植物。

北窗附近,或距强光窗户较远处,其光强仅为直射光的10%左右,可配置些蕨类植物、冷水花、万年青、一叶兰、白鹤芋、绿巨人、龟背竹、麒麟尾、夏威夷椰子、黄金葛等种类。

室内四个墙角及离光源墙边,光线微弱,仅为直射光的3%~5%,可配置耐阴的棕竹、常春藤、八角金盘、喜林芋等。

因此,要保证室内植物的良好光照条件,可采取措施增加自然光照入室,也可用人工光照来弥补室内的光照不足。增加光照的办法是用灯光。白炽光具有长波的红光,增加日照长度要用白炽灯。1 400 W的电灯在距离植物2 m处产生的照度与日光相同,近年制成的植物生物灯更适于给植物补加光照。有些环境在冬季可补充室内光照,但夏季还应适当遮挡。有些植物虽然对光量需求不大,但由于生长环境长期光线太低,生长不良,需要适时将它们重新放回到高光照下去复壮,见表11-2。

表11-2 部分常见室内观叶植物适宜的光照强度

| 植物名称 | 光照强度/lx | 植物名称 | 光照强度/lx |
| --- | --- | --- | --- |
| 变叶木 | 7 000~8 000 | 竹芋 | 1 500~2 500 |
| 橡皮树 | 6 000~8 000 | 花叶芋 | 1 500~2 500 |
| 散尾葵 | 3 500~5 000 | 蕨类 | 1 000~2 500 |
| 朱蕉 | 3 500~5 000 | 绿巨人 | 1 000~2 500 |
| 凤梨 | 3 500~5 000 | 春羽 | 1 500~2 500 |
| 龙血树 | 3 000~4 000 | 龟背竹 | 1 000~2 500 |
| 椒草 | 2 500~4 000 | 一叶兰 | 1 000~2 500 |
| 黄金葛 | 2 500~4 000 | 夏威夷椰子 | 1 000~2 000 |
| 花叶万年青 | 2 500~3 000 | 常春藤 | 500~2 000 |

### 2. 考虑室内的温湿度条件

一般来说,室内的温湿度要求保持在一定的范围内。植物有效的生长温度以18~24 ℃为好,夜晚也以高于10 ℃为好,温度过高或过低都会影响植物生长。室内温度可以为观叶植物提供良好的温度条件,利于该类植物生长。因此,对温度环境要求苛刻的植物,或环境温度变化较大时,可通过人工措施调节温度。温度过低时,可以通过暖风机等设备增温,温度高时,可以通过开窗降温,或用冷风机降温。

室内湿度状况也会对植物产生较大影响。室内湿度在40%～60%对人、植物均有利,但与家居要求不符,因此保持湿度难度较大。要经常保持湿润的环境,可利用增湿器。如大型室内空间湿度较低,需要设置如水池、跌水瀑布、喷泉、喷雾等人工设备设施,以增加室内湿度。

**3. 考虑室内土壤和水分状况**

室内不能接受自然降水以补充植物所需求的水分,因此,必须进行人工灌溉,以维持植物的水分平衡。室内土壤管理不便,加上浇水过多、排水不良等,引起的根腐现象常有发生。为解决以上问题,可采用人工土壤代替自然土壤,用营养液代替土壤,可节省灌水过程,还不会弄脏室内,但要用离子交换树脂(根腐、水腐防止剂)防治因水停滞而引发的根腐。

**4. 考虑室内通风状况**

大气中各种气体不断流动,使其成分保持常数,人工则难以控制。室内少与外界发生气体交换,就有可能使某种气体积累或缺乏。良好的通风能搅匀大气,使气温、二氧化碳浓度均匀,促进蒸发散热(蒸发与蒸腾),降低植物与地面的温度,提高养分与水分的吸收效率,减少病虫害的发生等。因此通风换气是温室管理的一项措施,保持新鲜空气,用以维持光合作用的进行。

### 11.3.2 室内园林植物的选择

用作室内造景的植物大多原产在热带和亚热带。室内植物主要以观叶种类为主,间有少量赏花、赏果种类。

**1. 攀缘及垂吊植物**

主要植物种类有常春藤类、绿萝、薜荔、玉景天、吊金钱、吊兰、银边吊兰、吊竹梅、鸭跖草、紫鹅绒、球兰、贝拉球兰、心叶喜林芋、小叶喜林芋、琴叶喜林芋、长柄合果芋、南极白粉藤、白粉藤、紫青葛、菱叶白粉藤、麒麟尾、龟背竹、垂盆草等。

**2. 观叶植物**

主要植物种类有海芋、旱伞草、一叶兰、虎尾兰、金边虎尾兰、桂叶虎尾兰、短叶虎尾兰、广叶虎尾兰、鸭跖草、冷水花、花叶荨麻、透茎冷水花、透明草、文竹、鸡绒芝、天门冬、佛甲草、虎耳草、紫背竹芋、斑纹竹芋、大叶竹芋、花叶竹芋、孔雀竹芋、斑叶竹芋、竹芋、豹纹竹芋、皱纹竹芋、构叶、花烛、观叶花烛、深裂花烛、观音莲、网纹草、白花紫露草、含羞草、大叶井口边草、鹿角蕨、巢蕨、铁角藤、铁线蕨、波士顿蕨、肾藤、圣诞耳藤、麦冬类、剑叶朱蕉、朱蕉、长叶千年木、紫叶朱蕉、细紫叶朱蕉、龙血树、巴西铁、花叶龙血树、白边铁树、星点木、马尾铁树、富贵竹、凤梨、水塔花、狭叶水塔花、花叶万年青、广东万年青、红背桂、孔雀木、八角金盘、鸭脚木、南洋杉、苏铁、橡皮树、榕树、变叶木、袖珍椰子、茸茸椰子、三药槟榔、散尾葵、软叶刺葵、燕尾棕、棕竹、短穗鱼尾葵、花叶芋、酒瓶兰、皱叶椒草、银叶椒草、卵叶椒草、豆瓣绿、秋海棠类、香茶菜、一品红、肉桂、马拉巴栗、鹅掌柴、白鹤芋、非洲茉莉、仙人掌、仙人球等。

**3. 芳香、赏花、观果植物**

应用较多的主要有:栀子花、桂花、大岩桐、春兰、铃兰、蝴蝶兰、大花蕙兰、莪兰、蜘蛛兰、金橘、佛手、含笑、米兰、夜合花、玉簪、水仙、金粟兰、九里香、君子兰、火鹤花、报春花、羊蹄甲、非洲紫罗兰、杜鹃属、山茶、八仙花、龙吐珠、黄蝉、黄脉爵床、球兰、四季海棠、朱砂根、紫金牛、枸骨、南天竺、凤仙花、蒲包花、仙客来、牡丹等。

### 11.3.3 室内园林植物的配置

室内相对来说是一个较封闭的空间,在这个空间里造就一个人工小气候环境,其生态条件有其特殊性。这就要求在室内植物配置选择时首先要满足这些条件,还要服从室内空间的性质、用途,并加以构思与设计,以达到改善环境、组织空间和渲染空间气氛的目的,同时要兼顾植物材料的观赏性和生态习性,使美学和生态学得到统一。

**1. 室内开敞空间的植物配置**

大、中型公共场所植物景观应具有简洁鲜明的欢迎气氛,可选用较大型、姿态挺拔、叶片直上、不阻挡人们出入视线的盆栽植物,如棕榈、椰子、棕竹、苏铁、南洋杉等,也可用色彩艳丽、明快的盆花,盆器宜厚重、朴实,与入口体量相称,并在突出的门廊上可沿柱种植木香、凌霄等藤本观花植物。室内各入口一般光线较暗、场地较窄,宜选用修长耐阴的植物,如棕竹、旱伞草等,给人以线条活泼和明朗的感觉。并用相应的灌木或地被植物进行配置,辅以山石、水池、瀑布、小桥、曲径,形成大型的综合景观(见图 11-11、图 11-12)。

图 11-11 北京中银大厦内景植物配置

图 11-12　北京中银大厦内景山石、水池丛竹景观

建筑物通道的某些区域有较好的自然光照射,可与大厅的植物配置相似,用部分高大乔木配以地被植物,形成既美观大方,又不影响行走的环境特征。有些光线较弱地段,需要配置耐阴强的植物,必要时辅以各种人工光源,以保证植物的成活(见图 11-13)。

图 11-13　上海四季大酒店大堂植物配置

建筑物的中庭是室内绿化的重要场所,一方面,该区域一般有较好的光照条件,选择植物受光线限制较小;另一方面,由于该区域面积相对较大,没有特别的需求。因此,可以自由设置,形成不同的园林景观,并注重艺术特色和以人为本的理念。

**2. 限制空间的植物配置**

在空间相对狭小,不能进行大型室内园林装饰的区域,如住宅、小型办公室等,可根据不同需求和变化空间灵活进行植物配置,形成各种风格的小特色园林。如客厅植物配植时应力求朴素、美观大方,不宜复杂。在客厅的角落及沙发旁,放置大型的观叶植物,如南洋杉、垂叶榕、龟背竹、棕榈科植物等,也可利用花架来布置盆花和垂吊植物,如蝴蝶兰、绿萝、吊兰、四季海棠等,使客厅一角多姿多态,生机勃勃(见图11-14)。

**图 11-14 客厅内简洁的植物配置**

卧室的植物配置对于喜欢宁静者,只需少许观叶植物,体态宜轻盈、纤细,如吊兰、文竹、波士顿蕨等。

书房布置宜简洁大方,用棕榈科等观叶植物较好。书架上可置垂蔓植物,案头上放置小型观叶植物,外套竹制容器,倍增书房雅致气氛。

此外,要注意植物的安全性。儿童玩耍的地方不宜种仙人球、仙人掌、凤尾兰、荷兰铁、苏铁、龙舌兰、蔷薇等植物;天竺葵的异味会使人过敏;郁金香接触过多也会使人毛发脱落;玫瑰(月季)、百合花粉也会使有些人过敏;夜来香香味太浓会使人感到头昏。

### 11.3.4 室内园林植物的生态管护

**1. 浇灌**

浇灌用水最好是微酸或中性的。可供饮用的地下水、湖水、河水,均可作盆花浇水。城市自来水中氯含量较高,水温也偏低,不宜直接用来浇灌植物,应先储存数日,使氯挥发,水温与气温接近时再浇灌比较好,水温和气温的差距不要超过5 ℃。

浇灌时要遵循一个基本原则:不干不浇,干透浇透。浇水过程中,按照"初宜细、中宜大、终宜畅"的原则来完成,以免表土冲刷。

可采用喷灌、结合液体施肥滴灌、人工灌水、盆底吸水等方式。

**2. 施肥**

室内园林植物要想维持长期的正常生长,必须进行适时施肥。除补充氮、磷、钾的不足外,还要注意补充微量元素,如钙、镁、铁、锰等。根据花卉种类、年龄、生长发育阶段的不同及季节变化,其对肥料的要求有所差别,应调整施肥方式和施肥量。生长发育阶段、营养生长阶段,需要氮素肥多些,孕蕾开花阶段需要增加磷肥。生长盛期多施肥,半休眠或休眠期则停止施肥。由于室内植物生长相对缓慢,施肥时要少量多次;室内园林植物多是人工土壤,为防止土壤盐分蓄积,应施偏酸性肥料;要使用无臭味、无怪味肥料。

### 3. 整形和修剪

整形和修剪是室内园林植物管理的一项重要措施。由于室内空间相对狭小,特别是受限制性空间,更要及时修剪、整形,以保持植物的优美姿态和艺术造型等。整形是保持植物优美姿态的基础,修剪应根据花卉植物的习性和栽培目的进行。通过修剪还可以调整植物的生长状况,促进植物的生长、开花和结实,防止病虫害等。

### 4. 其他管护措施

室内园林植物的正常生长发育及美好景观的维持必须建立在良好的管理之上,如根据不同植物特性,调节温度、补光或遮光、调节空气和空气湿度等。同时还要防治植物遭受病虫害,应及时进行松土和除草,以及盆栽植物的换盆,甚至有些植物叶片的除尘等。

## 实验实训十　园林植物的生态配置

### 一、目的

(1) 通过实训,了解园林植物生态配置的基础,理解园林植物视觉效应和意境效应;
(2) 掌握居住区园林植物在造景中的生态、艺术和社会功能;
(3) 掌握居住区乔木、灌木和地被植物植物配置要求及配置方法。

### 二、材料与工具

皮尺、图纸、橡皮、图板、绘图工具,统计表。

### 三、方法与步骤

**1. 调查某居住区植物配置相关信息**

(1) 自然条件(地形、土壤、水体、植被)、环境条件。
(2) 配置的植物种类,数量、乔灌草藤本植物的配置比例。

**2. 完成调查的植物配置品种、性状、生境特征、数量及比例表(见表 11-3)**

表 11-3　植物配置品种、性状、生境特征、数量及比例表

| 编号 | 植物名 | 植物性状 | 科名 | 适应生境 | 配置数量 | 配置比例 | 备注 |
|---|---|---|---|---|---|---|---|
| 1 | 樟树 | 常绿乔木 | 樟科 | 阳性树,喜温暖气候和湿润肥沃土壤 | | | |
| | | | | | | | |
| | | | | | | | |
| | | | | | | | |

**四、实训报告**

填写所调查植物配置的表格;根据植物的生态配置要求,从艺术和社会功能的角度分析该小区的植物配置长处及不足。

## 复习思考题

1. 简述园林植物与环境的适应关系。
2. 如何进行道路绿化植物的生态配置?
3. 简述居住区植物种类的选择原则和空间配置要求。
4. 简述单位附属绿地植物种类的选择原则和空间配置要求。
5. 简述公园绿地植物种类的选择原则和空间配置要求。
6. 简述风景名胜区植物种类的选择原则和空间配置要求。
7. 简述室内开敞空间如何进行植物配置?

# 附录 抗大气污染植物简表

| 编号 | 植物名 | 植物性状 | 科名 | 分布区 | 适宜生境 | 一般高/m | 根系分布 | 生长速度 | 萌生能力 | 主要繁殖方法 | SO₂ | Cl₂ | HF | Hg | NH₃ | O₃ | 粉尘 | 绿化用途 | 其他用途 |
|---|---|---|---|---|---|---|---|---|---|---|---|---|---|---|---|---|---|---|---|
| 1 | 杉松 | 常绿乔木 | 松科 | 东北牡丹江、长白山及辽河东部山区 | 喜光，但耐阴，喜肥沃湿润土壤 | 30 | 浅根 | 10年后生长快 | 弱 | 播种 | | 中 | | | | | 中 | 四旁绿化优良树种 | 用材 |
| 2 | 大叶相思 | 常绿乔木 | 含羞草科 | 广东、广西、福建、云南有栽培 | 喜光、耐酸、耐瘠薄、耐干旱 | 10～15 | 浅根 | 快 | 强 | 播种 | 强 | 强 | 中 | | | | | 污染区绿化树种 | 薪炭、南方黄山造林树种 |
| 3 | 樟叶槭 | 常绿小乔木 | 槭树科 | 湖南、福建、广东、广西、浙江、台湾 | 喜生于向阳地、耐寒 | 10 | | 慢 | 中 | 播种 | 强 | 强 | | | | | | 污染区绿化树种 | 树皮作栲胶，优良树材 |
| 4 | 茶条槭 | 落叶小乔木 | 槭树科 | 东北、华北 | 喜光、能适应干燥土壤、耐寒 | 2～6 | | 中 | 中 | 播种 | 中 | 中 | 中 | | | | | 中等污染区绿化树种 | 用材 |
| 5 | 五角枫 | 落叶乔木 | 槭树科 | 华中、华北 | 稍耐阴，对土壤酸碱度要求不严格 | 20 | | 中 | 中 | 播种 | 强 | 强 | | | | 强 | | 污染区绿化树种 | 用材 |
| 6 | 糖槭 | 落叶乔木 | 槭树科 | 东北 | 喜光、适应性强、耐寒、耐旱、耐土壤干燥 | 20 | | 快 | 强 | 播种 | 中 | 中 | 中 | | | | | 污染区绿化树种 | 树液含糖 |

附录 抗大气污染植物简表

续表

| 编号 | 植物名 | 植物性状 | 科名 | 分布区 | 适宜生境 | 一般高/m | 根系分布 | 生长速度 | 萌生能力 | 主要繁殖方法 | 对大气污染的抗性 SO$_2$ | Cl$_2$ | HF | Hg | NH$_3$ | O$_3$ | 粉尘 | 绿化用途 | 其他用途 |
|---|---|---|---|---|---|---|---|---|---|---|---|---|---|---|---|---|---|---|---|
| 7 | 臭椿 | 落叶乔木 | 苦木科 | 东北、华北、华南、西北 | 喜光,耐干旱瘠薄、耐盐碱,微酸性、中性、碱性土均能适应 | 20 | 深根,主根庞大,侧根发达 | 快 | 强 | 播种 | 中 | 强 | 强 | | 中 | | 强 | 污染区及城市行道树 | 用材 |
| 8 | 合欢 | 乔木 | 含羞草科 | 东北、华东、华南、西南 | 喜光,宜肥沃平原,水湿条件较好的环境,但也耐干旱瘠 | 10 | 深根 | 快 | 中 | 播种 | 中~强 | | | | | | | 城市庭园绿化 | 用材 |
| 9 | 石栗 | 常绿乔木 | 大戟科 | 南方多有栽培 | 喜温暖湿润土壤 | 15 | 深根 | 快 | 中 | 播种、扦插 | 强~弱 | 强~中 | 中 | | | | 中 | 工矿区及城市行道绿化树种 | 油脂植物 |
| 10 | 盆架子 | 常绿乔木 | 夹竹桃科 | 云南、广东、广西、台湾 | 喜温暖湿润土壤 | 10 | 深根 | 快 | 强 | 扦插、播种 | 中 | 中 | 中 | | | | 强 | 城市及中等污染区绿化树种 | |
| 11 | 假槟榔 | 常绿乔木 | 棕榈科 | 广东、广西有栽培 | 喜光,宜湿润土壤 | 20 | 侧根发达 | 中 | 弱 | 播种 | 强 | 强 | 强 | | | | | 庭园绿化 | |
| 12 | 树菠萝 | 常绿乔木 | 桑科 | 广东、广西、云南、福建、台湾 | 喜光,宜湿润深层的土壤 | 10~15 | 深根 | 中 | 强 | 播种 | 强~弱 | 中 | 中 | | 中 | | | 防污庭园及道路绿化 | 水果,淀粉,用材 |
| 13 | 桂木 | 常绿乔木 | 桑科 | 广东、广西 | 喜光,宜沃土,适应性强 | 15 | 根系发达 | 中 | 强 | 播种、扦插 | 强 | 中 | 中 | | | 强 | | 城市及工矿区绿化 | 水果 |
| 14 | 侧柏 | 常绿乔木 | 柏科 | 各地 | 喜生干温暖、静环境,耐干旱瘠薄,对土壤酸性、碱性适应性广 | 20 | 浅根,侧根发达 | 中 | 弱 | 播种 | 中~强 | 中~强 | 中 | | 中 | | 中 | 庭园绿化 | 种子药用 |

续表

| 编号 | 植物名 | 植物性状 | 科名 | 分布区 | 适宜生境 | 一般高/m | 根系分布 | 生长速度 | 萌生能力 | 主要繁殖方法 | 对大气污染的抗性 | | | | | | | 绿化用途 | 其他用途 |
|---|---|---|---|---|---|---|---|---|---|---|---|---|---|---|---|---|---|---|---|
| | | | | | | | | | | | $SO_2$ | $Cl_2$ | HF | Hg | $NH_3$ | $O_3$ | 粉尘 | | |
| 15 | 构树 | 落叶小乔木 | 桑科 | 华南、西南、华东、华中 | 多见于低山山坡、沟边、常有栽培 | 16 | 深根 | 快 | 强 | 播种 | 中~强 | 中~强 | 中 | | | | | 大气污染区绿化树种 | 木材、树皮含鞣质、可制栲胶 |
| 16 | 蚬木 | 常绿至半落叶乔木 | 椴树科 | 云南、广西 | 喜光、宜生石灰岩肥沃的钙质土 | 20~30 | 深根 | 中 | 中 | 播种 | 强 | 强 | 中 | | | | | 石灰岩地区绿化树种 | 珍贵木材 |
| 17 | 鱼尾葵 | 常绿乔木 | 棕榈科 | 广东、广西、福建、台湾有栽培 | 喜光、不耐寒、喜肥沃湿润土壤 | 20 | 浅根 | 快 | 弱 | 播种 | 强 | 强 | 中 | | | | | 城市公园及庭园绿化 | 果食用、用材 |
| 18 | 板栗 | 落叶乔木 | 壳斗科 | 各地、以华北及长江流域栽培最集中 | 喜光、耐干旱、宜微酸性土壤 | 15~20 | 深根 | 中 | 中 | 播种 | 强 | 强 | 中 | | | | 强 | 工矿区绿化 | |
| 19 | 木麻黄 | 常绿乔木 | 木麻黄科 | 南方沿海及海南岛普遍栽培 | 喜光、耐干旱瘠薄、耐盐碱 | 10~20 | 深根系发达 | 快 | 中 | 播种 | 强 | 强 | 中 | | | | | 污染区绿化的先锋树种 | 沿海抗风固沙 |
| 20 | 黄果朴 | 常绿乔木 | 榆科 | 河北、河南、山西、湖北、陕西 | 喜光、喜湿润、适应性强 | 25 | 深根系发达 | 中 | 中 | 播种 | 强 | 强 | 中 | | | | | 污染区绿化树种 | 树皮富含纤维、可榨油 |
| 21 | 朴树 | 落叶乔木 | 榆科 | 淮河流域、秦岭以南和长江中下游 | 常见于庭园及村落旁 | 10~20 | 深根 | 快 | 强 | 播种 | 中 | 中 | 中 | | | | 强 | 中等污染区绿化 | 树皮富含纤维、果核可榨油 |
| 22 | 油松 | 常绿乔木 | 松科 | 中国北部 | 喜光、耐寒、耐干旱瘠薄、要求土壤通气性好 | 8~15 | 深根系发达 | 中 | 弱 | 播种 | 弱 | 弱 | 弱 | | | | 弱 | 庭园"四旁"绿化 | 木材富含松脂、耐腐 |

续表

| 编号 | 植物名 | 植物性状 | 科名 | 分布区 | 适宜生境 | 一般高/m | 根系分布 | 生长速度 | 萌生能力 | 主要繁殖方法 | 对大气污染的抗性 SO$_2$ | Cl$_2$ | HF | Hg | NH$_3$ | O$_3$ | 粉尘 | 绿化用途 | 其他用途 |
|---|---|---|---|---|---|---|---|---|---|---|---|---|---|---|---|---|---|---|---|
| 23 | 雪松 | 常绿乔木 | 松科 | 各地有栽培 | 喜光、喜温凉气候，较耐寒，不耐水湿 | 20～30 | 浅根 | 较快 | 中 | 播种、扦插、嫁接 | 弱 | 弱 | | | | | 弱 | 庭园观赏树、行道树 | 木材致密、耐腐 |
| 24 | 华山松 | 常绿乔木 | 松科 | 华北、西北、西南 | 喜光、喜温和湿润气候、耐寒、不耐炎热、耐干碱、喜排水良好土壤 | 7～15 | 浅根，主根不明显 | 中 | 弱 | 播种 | 中 | 弱 | 中 | | | | 中 | 庭园绿化、行道树 | 用材 |
| 25 | 元宝枫 | 落叶小乔木 | 槭树科 | 黄河中下游各省 | 喜光、耐半阴喜温凉气候，不耐涝、耐寒，较耐旱 | 5～10 | 深根 | 中 | 中 | 播种、扦插 | 中 | 弱 | 中 | | | | 中 | 庭园和行道树、"四旁"树种、风景林的旁生树种 | 木材坚硬，纹理好 |
| 26 | 白玉兰 | 落叶乔木 | 木兰科 | 中国中部各地有栽培 | 喜光、耐寒，较耐寒，不耐水湿 | 10 | 中 | 慢 | 中 | 播种、扦插、嫁接 | 强 | 强 | | | | | | 观赏树 | |
| 27 | 栾树 | 落叶乔木 | 无患子科 | 中国北部及中部 | 喜光、耐半阴、耐寒、耐干旱、耐瘠薄、盐渍，喜生石灰质土壤 | 10 | 深根 | 中 | 强 | 播种、扦插、分蘖 | 中 | 弱 | 强 | | | | 强 | 庭园树、行道树、工矿区绿化、防护林、荒山绿化 | 用材、叶可制栲胶、种子可榨油 |
| 28 | 垂柳 | 常绿乔木 | 杨柳科 | 长江流域及以南平原地区、华北、东北有栽培 | 喜光、喜温暖湿润气候，较耐寒，特耐水湿、耐旱、耐盐碱 | 10 | 根系发达、较浅 | 快 | 强 | 扦插、播种 | 强 | 中 | 强 | | | | 弱 | 庭园观赏树、工矿绿化、"四旁"树种 | 用材 |

续表

| 编号 | 植物名 | 植物性状 | 科名 | 分布区 | 适宜生境 | 一般高/m | 根系分布 | 生长速度 | 萌生能力 | 主要繁殖方法 | 对大气污染的抗性 SO₂ | Cl₂ | HF | Hg | NH₃ | O₃ | 粉尘 | 绿化用途 | 其他用途 |
|---|---|---|---|---|---|---|---|---|---|---|---|---|---|---|---|---|---|---|---|
| 29 | 木芙蓉 | 落叶灌木小乔木 | 锦葵科 | 黄河流域至华南有栽培 | 喜光、喜温暖气候、不耐寒、喜肥沃、湿润、沙质土壤 | 2～5 | 浅根 | 中 | 强 | 扦插、压条 | 强 | 中 | 中 | | | | | 庭园观赏树、花篱 | 花、叶、根皮可入药 |
| 30 | 梓树 | 落叶乔木 | 紫葳科 | 东北、华北、华南北部 | 喜光、耐寒、不耐干旱瘠薄、耐轻盐碱土、喜肥沃土壤 | 10～20 | 深根 | 中 | 中 | 播种、扦插 | 强 | 强 | 强 | 弱 | | | 中 | 行道树、大气污染区绿化树 | |
| 31 | 榆叶梅 | 落叶灌木 | 蔷薇科 | 中国北部 | 喜光、耐旱、不耐水涝、较耐贫瘠、轻碱土壤 | 3～5 | 浅根 | 中 | 较弱 | 嫁接、播种 | 弱 | 中 | 弱 | | | | 弱 | 庭园绿化、荒地绿化 | |
| 32 | 滇朴 | 落叶乔木 | 榆科 | 云南 | 喜光、稍耐阴、宜湿润土 | 12 | | 快 | 中 | 播种 | 强 | 强 | 强 | | | | 弱 | 污染区绿化树种 | 树皮含纤维、果核可榨油 |
| 33 | 海杧果 | 常绿乔木 | 夹竹桃科 | 广东、台湾 | 喜光、适生于滨海沙滩 | 6 | 深根 | 快 | 强 | 播种 | 强 | 弱 | 中 | | | | | 污染区绿化树种 | 果有剧毒 |
| 34 | 散尾葵 | 丛生灌木至小乔木 | 棕榈科 | 广东、广西有栽培 | 喜湿润沃土 | 3～8 | 侧根发达 | 中 | 弱 | 播种 | 弱 | 强 | 强 | 中 | | 强 | | 庭园绿化 | |
| 35 | 阴香 | 常绿乔木 | 樟科 | 华南、西南 | 喜光、宜酸性、湿润沃土 | 20～25 | 深根 | 中 | 强 | 播种 | 强 | 强 | 强 | | 强 | | 强 | 工矿区防污染绿化树种 | 优良木材 |
| 36 | 樟树 | 常绿乔木 | 樟科 | 长江流域至台湾 | 喜光、喜温暖气候和湿润沃土 | 20～30 | 深根系发达 | 中 | 强 | 播种 | 强 | 强 | 强 | | | | 强 | 工矿区及城市行道树 | 木材优良、籽可提炼樟油 |

附录 抗大气污染植物简表

续表

| 编号 | 植物名 | 植物性状 | 科名 | 分布区 | 适宜生境 | 一般高/m | 根系分布 | 生长速度 | 萌生能力 | 主要繁殖方法 | 对大气污染的抗性 SO₂ | Cl₂ | HF | Hg | NH₃ | O₃ | 粉尘 | 绿化用途 | 其他用途 |
|---|---|---|---|---|---|---|---|---|---|---|---|---|---|---|---|---|---|---|---|
| 37 | 油樟 | 常绿乔木 | 樟科 | 四川西南部 | 喜温暖气候和湿润环境 | 20~30 | 深根 | 中 | 中 | 播种 | 中 | | 弱 | | | | 强 | 风景观赏树 | 木材优良、芳香 |
| 38 | 柚 | 常绿乔木 | 芸香科 | 广西、广东、福建、浙江等地 | 喜光树种，宜湿润沃土 | 5~8 | 深根 | 中 | 强 | 播种、接木 | 强~中 | 强~中 | 中 | | | | | 中等污染区绿化树种 | 果树 |
| 39 | 黄皮 | 常绿小乔木 | 芸香科 | 华南 | 喜光、喜肥沃土 | 5~7 | 深根 | 中 | 中 | 播种 | 强 | 强 | 中 | | | | | 庭园绿化 | 果树 |
| 40 | 蝴蝶果 | 常绿乔木 | 大戟科 | 广西、贵州、云南 | 喜光及温暖气候，酸性土及钙质土均适 | 25~30 | 深根 | 快 | 中 | 播种 | 强 | 强 | 中 | | 中 | | | 大气污染区的行道树 | 淀粉、用材 |
| 41 | 山楂 | 落叶小乔木 | 蔷薇科 | 东北、华北 | 能生长于沙土或石坡上，耐旱 | 6 | 深根 | 中 | 强 | 接木 | 强 | | 中 | 强 | | | 强 | 污染区绿化树种 | 果树 |
| 42 | 枇杷 | 常绿小乔木 | 蔷薇科 | 长江流域以南 | 喜温暖湿润、排水良好的环境 | 3~5 | 深根 | 中 | 强 | 播种、接木 | 中 | 中 | 中~强 | | 强 | | 中 | 中等污染区及庭园绿化树种 | 水果 |
| 43 | 丝棉木 | 小乔木 | 卫矛科 | 华北、华东、西北、西南 | 喜光、适应性较强，耐旱瘠 | 10以上 | 深根根系发达 | 中 | 强 | 扦插 | 中 | 中 | 弱 | | | | | 庭园绿化 | 用材、油脂 |
| 44 | 龙眼 | 常绿乔木 | 无患子科 | 中南 | 喜光、宜温暖湿润气候 | | 深广 | 中 | 强 | 嫁接 | 强 | 强 | | | | | | 污染区优良的绿化树种 | 果树 |
| 45 | 高山榕 | 常绿乔木 | 桑科 | 西南、华南 | 喜光、宜温暖气候和湿润土壤 | 20~30 | 深广 | 快 | 强 | 扦插 | 强 | 强 | 强 | | 强 | | | 污染区优良的绿化树种 | 庭园绿化 |
| 46 | 环纹榕 | 常绿乔木 | 桑科 | 云南、广西、广东 | 喜光、宜肥沃土壤 | 15~20 | 深广 | 快 | 强 | 扦插 | 强 | 中 | | | | | | 污染区优良的绿化树种 | 庭园绿化 |

续表

| 编号 | 植物名 | 科名 | 植物性状 | 分布区 | 适宜生境 | 一般高/m | 根系分布 | 生长速度 | 萌生能力 | 主要繁殖方法 | 对大气污染的抗性 SO₂ | Cl₂ | HF | Hg | NH₃ | O₃ | 粉尘 | 绿化用途 | 其他用途 |
|---|---|---|---|---|---|---|---|---|---|---|---|---|---|---|---|---|---|---|---|
| 47 | 美丽枕果榕 | 桑科 | 常绿乔木 | 广东 | 喜光，宜湿润沃土 | 10~15 | 深广 | 快 | 强 | 扦插 | 强 | 中 | | | | | 强 | 污染区绿化的优良树种 | 庭园绿化 |
| 48 | 印度胶榕 | 桑科 | 常绿乔木 | 南方有栽培 | 喜光，宜湿润沃土 | 10~20 | 深广 | 快 | 强 | 扦插 | 强 | 强 | 强 | | | | 强 | 污染区绿化的优良树种 | 庭园绿化 |
| 49 | 榕树 | 桑科 | 常绿乔木 | 南方 | 喜光，村庄旁及低平地均可生长 | 15~25 | 深根 | 中 | 强 | 扦插、播种 | 强 | 强 | 强 | | 强 | | 强 | 污染区绿化良好树种 | 公园及行道树 |
| 50 | 菩提榕 | 桑科 | 常绿乔木 | 南方有栽培 | 喜光，喜温暖潮湿沃土 | 10~20 | 深根 | 快 | 强 | 扦插 | 中 | 中 | 中 | | 中 | | 强 | 庭园绿化 | 公园及行道树 |
| 51 | 黄葛榕 | 桑科 | 常绿乔木 | 南方 | 喜光，宜湿润沃土 | 15~25 | 深根 | 快 | 强 | 扦插 | 中 | 弱 | 中 | | 中 | | 强 | 中等污染区城市绿化树种 | 公园及行道树用材 |
| 52 | 梧桐 | 梧桐科 | 落叶乔木 | 长江流域以南 | 喜光，喜钙，极不耐湿 | 10 | | 快 | 强 | 播种、扦插 | 强~中 | 中 | 中 | | 中 | | | 中等污染区绿化树种 | 油脂植物 |
| 53 | 白蜡 | 木犀科 | 落叶乔木 | 华东、华北、西南、华南 | 喜光，宜温暖湿润气候，对土壤要求不严 | 20 | 深根 | 快 | 强 | 播种、扦插 | 强 | 强 | 强 | | | 强 | 强 | 污染区行道树 | 白蜡虫的饲料 |
| 54 | 银杏 | 银杏科 | 落叶乔木 | 华北、东北、华东、华南 | 喜光，宜湿润、深厚沃土，对土壤酸碱适应性强 | 30 | 深根 | 慢 | 弱 | 播种 | 中 | 中 | 弱 | | | 强 | 强 | 污染区行道树及庭园绿化 | 种子可食，木材优良 |
| 55 | 皂角 | 苏木科 | 落叶乔木 | 东北、华北、华东、华南、西南 | 喜光，耐旱，适土层深厚、土壤 | 15 | 深根 | 中 | 强 | 播种 | 强 | 弱 | 弱 | | | | 强 | 中等污染区绿化 | 用材，药用 |

续表

| 编号 | 植物名 | 植物性状 | 科名 | 分布区 | 适宜生境 | 一般高/m | 根系分布 | 生长速度 | 萌生能力 | 主要繁殖方法 | 对大气污染的抗性 SO$_2$ | Cl$_2$ | HF | Hg | NH$_3$ | O$_3$ | 粉尘 | 绿化用途 | 其他用途 |
|---|---|---|---|---|---|---|---|---|---|---|---|---|---|---|---|---|---|---|---|
| 56 | 银桦 | 常绿乔木 | 山龙眼科 | 华南、西南 | 喜光，宜肥沃、湿润土壤，可耐旱、耐轻霜 | 20 | 深根 | 中 | 中 | 播种 | 强 | 中 | 中 | | | | | 中等污染区及城市行道树 | 用材 |
| 57 | 黄槿 | 常绿乔木 | 锦葵科 | 华南沿海 | 喜光，热带海岸和潮湿环境 | 4~7 | 浅、广 | 快 | 强 | 扦插 | 强 | 强 | 好 | | 强 | | | 污染区及城市行道树、防护林 | 防风、固沙 |
| 58 | 核桃 | 常绿乔木 | 胡桃科 | 华北、华中、华东、西北、西南，以黄河中下游栽培较多 | 喜光，宜温暖凉爽气候，宜润沃土，较耐旱、耐酸 | 30 | 深根 | 中 | 中 | 扦插、接木 | 强 | 中 | 中 | | | | 弱 | 中等绿化树种、庭荫树 | 果可食，木本油料 |
| 59 | 杜松 | 小或中等乔木 | 松科 | 东北、华北、西北 | 喜光，耐寒、耐酸、耐瘠 | 10~15 | 深根、侧根发达 | 中 | 弱 | 播种、扦插 | 强 | 强 | 强 | | | | | 污染区造林绿化树种 | 用材 |
| 60 | 女贞 | 常绿灌木或小乔木 | 木犀科 | 长江流域以南 | 耐旱，怕涝 | 7~10 | | 快 | 强 | 播种 | 强 | 中 | 中 | | | | | 工矿区绿化树种 | 果实作药用 |
| 61 | 蒲葵 | 乔木 | 棕榈科 | 广东、广西、福建、台湾 | 喜光，宜高温多湿润气候 | 15~20 | 无主根，侧根明显 | 快 | 弱 | 播种 | 强 | 强 | 强 | | | | 强 | 工矿污染区、城市公园及庭园绿化 | 编织原料 |
| 62 | 荷花玉兰 | 常绿乔木 | 木兰科 | 华中、华东、华南 | 喜光，肥沃土壤 | 20~25 | 深根 | 慢 | 弱 | 接木 | 强 | 中 | 中 | | 弱 | | 强 | 工矿污染区、城市庭园绿化树种 | 用材 |
| 63 | 杧果 | 常绿乔木 | 椒树科 | 华南 | 喜光，适于土层较深的沃土 | 15~20 | 深根 | 慢 | 弱 | 播种、接木 | 强 | 强 | 强 | | 强 | | | 中等污染区及城市行道树 | 水果 |

续表

| 编号 | 植物名 | 植物性状 | 科名 | 分布区 | 适宜生境 | 一般高度/m | 根系分布 | 生长速度 | 萌生能力 | 主要繁殖方法 | 对大气污染的抗性 SO$_2$ | Cl$_2$ | HF | Hg | NH$_3$ | O$_3$ | 粉尘 | 绿化用途 | 其他用途 |
|---|---|---|---|---|---|---|---|---|---|---|---|---|---|---|---|---|---|---|---|
| 64 | 扁桃 | 常绿乔木 | 橄榄科 | 云南、广东、广西、台湾 | 成年树喜光、温热河湿润环境 | 25~30 | 深根 | 中 | 中 | 播种、接木 | 强 | 强 | 强 | | 中 | | 强 | 工矿区及城市行道树 | 水果 |
| 65 | 人心果 | 常绿乔木 | 山榄科 | 广东、广西南部 | 喜光、适肥沃土壤 | 5~10 | 深根 | 中 | 强 | 播种、圈技 | 强 | 强 | | | | | | 庭园绿化 | 水果、饮料 |
| 66 | 苦楝 | 落叶乔木 | 楝科 | 长江以南 | 喜光、喜温暖、耐寒、宜肥沃土 | 5~8 | 深根 | 中 | 强 | 播种 | 强 | 中 | 中 | | | | | 绿化树种 | 用材、叶作土农药 |
| 67 | 牛乳树 | 常绿乔木 | 山榄科 | 广东 | 喜光、喜温暖湿润气候 | 10~25 | 深根 | 中 | 中 | 播种 | 强 | 强 | 中 | | 中 | | 强 | 工矿区绿化及庭园观赏 | 油料 |
| 68 | 桑树 | 落叶乔木 | 桑科 | 华南、华东、西南、东北 | 喜光、喜湿润土壤，气候、宜湿润土，耐瘠薄 | 10~15 | 深根 | 快 | 强 | 扦插 | 中~强 | 中 | 强 | | | | 强 | 污染去绿化树种 | 叶为家蚕饲料，果可食用 |
| 69 | 杨梅 | 落叶乔木 | 杨梅科 | 长江以南 | 喜光、喜湿润土，喜酸性土 | 7~10 | 深根 | 快 | 强 | 播种 | 强 | 中 | 弱 | | | | | 污染去绿化、水源林、防火林、四旁绿化 | 用材、水果、根、皮作药用 |
| 70 | 海南红豆 | 落叶乔木 | 蝶形花科 | 广东、广西、云南、福建 | 喜光、喜湿润环境 | 5~15 | 深根 | 中 | 中 | 播种 | 强 | 强 | 中 | | | | | 防污绿化、庭园绿化 | 用材 |
| 71 | 云杉 | 常绿乔木 | 柏科 | 陕西、甘肃、南部、青海东部 | 耐干冷，适生于土层深厚，排水良好的酸性棕色森林土壤 | 45 | 浅根 | 慢 | 弱 | 播种 | 中~强 | 中 | 中 | | | | 强 | 园林绿化 | 优良木材 |
| 72 | 红皮云杉 | 常绿乔木 | 松科 | 东北、内蒙古 | 喜光、喜生于湿润土壤 | 25~30 | 浅根、侧根发达 | 快 | 弱 | 播种 | 中 | 中 | 中 | | | | | 四旁绿化优良树种 | 用材 |

续表

| 编号 | 植物名 | 植物性状 | 科名 | 分布区 | 适宜生境 | 一般高/m | 根系分布 | 生长速度 | 萌生能力 | 主要繁殖方法 | SO₂ | Cl₂ | HF | Hg | NH₃ | O₃ | 粉尘 | 绿化用途 | 其他用途 |
|---|---|---|---|---|---|---|---|---|---|---|---|---|---|---|---|---|---|---|---|
| 73 | 白皮松 | 常绿乔木 | 松科 | 河北、河南、山东、山西、湖北 | 喜光，宜湿润的环境 | 20 | 深根 | 快 | 弱 | 播种 | 中 | 中 | 强 | | | | | 污染去除，行道树或防护林 | 用材 |
| 74 | 悬玲木 | 落叶乔木 | 悬玲木科 | 黄河流域以南 | 喜光，宜深厚、湿润土壤，较耐寒，适应性较强 | 25 | | 快 | 强 | 播种、扦插 | 弱 | 中 | | | 强 | 强 | 行道树 | 庭园观赏，花作饮料 | |
| 75 | 鸡蛋花 | 落叶乔木 | 夹竹桃科 | 广东、广西、云南、福建 | 适于湿润肥沃土壤 | 3~7 | 浅根 | 中 | 中 | 扦插 | 强 | 中 | 强 | 强 | | | 强 | 中等污染区绿化树种 | 用材 |
| 76 | 罗汉松 | 常绿乔木 | 罗汉松科 | 长江流域以南岭以北多 | 喜光，宜深厚湿润土壤 | 5~10 | | 慢 | 弱 | 播种、压条 | 强~中 | 强 | | | | | | 庭园绿化 | |
| 77 | 加杨 | 落叶乔木 | 杨柳科 | 东北、西北、四川、西藏 | 喜温宜凉湿润环境，较耐寒，对土壤条件要求不严，但不耐涝 | 20 | 深根 | 快 | 强 | 扦插、压条 | 强 | 中 | 弱 | | | 强 | | 防污染绿化树种 | 优良纤维、用材 |
| 78 | 青杨 | 落叶乔木 | 杨柳科 | 东北、西北、四川、西藏 | 喜温宜凉湿润环境，较耐寒，对土壤条件要求不严，但不耐涝 | 30 | 深根 | 快 | 强 | 扦插、播种 | 中 | 中 | 中 | | | | | 行道树及防护林树种 | 优良纤维、用材 |
| 79 | 钻天杨 | 落叶乔木 | 杨柳科 | 西北、华北 | 喜光和湿润土壤 | 30 | 深根 | 快 | 强 | 扦插、播种 | 中 | 中 | 中 | | | | | 行道树及防护林树种 | 优良纤维、用材 |
| 80 | 毛白杨 | 落叶乔木 | 杨柳科 | 黄河流域 | 喜光，宜凉爽湿润气候，耐旱，对土壤要求不严 | 30 | 深根 | 快 | 强 | 扦插、压条 | 强 | 中 | 强 | | | | 强 | 防污堤防护林及行道树 | 用材 |

续表

| 编号 | 植物名 | 植物性状 | 科名 | 分布区 | 适宜生境 | 一般高/m | 根系分布 | 生长速度 | 萌生能力 | 主要繁殖方法 | 对大气污染的抗性 SO₂ | Cl₂ | HF | Hg | NH₃ | O₃ | 粉尘 | 绿化用途 | 其他用途 |
|---|---|---|---|---|---|---|---|---|---|---|---|---|---|---|---|---|---|---|---|
| 81 | 红叶李 | 落叶乔木 | 杨柳科 | 北方 | 喜光和肥沃土壤 | 2~4 | 深根 | 中 | 强 | | | | | | | | | 园林绿化 | 果树 |
| 82 | 山桃 | 落叶乔木 | 蔷薇科 | 东北、黄河流域 | 喜光、耐盐碱土、耐干旱 | 10 | 深根 | 快 | 强 | 播种、接木 | 中 | 中 | | | | 强 | | 污染区绿化树种 | 水果 |
| 83 | 麻栎 | 落叶乔木 | 壳斗科 | 东北、华中、华南 | 喜光、耐寒、耐瘠薄、适中至酸性土壤 | 20 | 深根 | 中 | 强 | 播种 | 中 | | 中 | | | | | 工矿区绿化 | 淀粉、用材 |
| 84 | 辽东栎 | 落叶乔木 | 壳斗科 | 东北、黄河流域 | 喜光、耐干旱 | 10 | 深根 | 中 | 强 | 播种 | 中 | | 中 | | | | | 工矿区绿化 | 淀粉、木材、培育木耳 |
| 85 | 栓皮栎 | 落叶乔木 | 壳斗科 | 辽宁、河北、山西、甘肃 | 喜光、耐旱瘠 | 15~25 | 深根根系发达 | 中 | 强 | 播种 | 强 | 强 | 强 | | | | | 中等污染区绿化树种 | 淀粉、木材、培育木耳 |
| 86 | 刺槐 | 落叶乔木 | 蝶形花科 | 华北、长江流域 | 喜光、宜深厚肥沃沙质土，但适应性强 | 20 | 浅根根系发达 | 快 | 强 | 播种、扦插 | 中 | 中 | 中 | 强 | | 强 | 强 | 防污染绿化、行道树及防护林 | 用材 |
| 87 | 圆柏 | 常绿乔木 | 柏科 | 东北、华东、西北 | | | | | | | | | | | | | | | |
| 88 | 龙柏 | 常绿乔木 | 柏科 | 华北、长江流域 | 肥沃、深厚和排水良好的土壤 | 10 | 深根 | 慢 | 弱 | 播种、接木 | 强 | 强 | 强 | | 强 | | 中 | 大气污染区绿化树种和庭园绿化 | 用材 |
| 89 | 旱柳 | 落叶乔木 | 杨柳科 | 华北、东北、西北、华东 | 喜光、耐寒、耐旱，适应性强 | 20 | 深根 | 快 | 强 | 扦插 | 中 | 中 | 中 | | | | | 中等污染区绿化树种 | 蜜源植物 |

附录 抗大气污染植物简表 续表

| 编号 | 植物名 | 植物性状 | 科名 | 分布区 | 适宜生境 | 一般高/m | 根系分布 | 生长速度 | 萌生能力 | 主要繁殖方法 | 对大气污染的抗性 SO₂ | Cl₂ | HF | Hg | NH₃ | O₃ | 粉尘 | 绿化用途 | 其他用途 |
|---|---|---|---|---|---|---|---|---|---|---|---|---|---|---|---|---|---|---|---|
| 90 | 乌桕 | 落叶乔木 | 木犀科 | 长江流域以南，陕西、甘肃、河南、山东 | 喜光，多种植于村边及平原区 | 15 | 深根 | 快 | 强 | 播种 | 强 | | 中 | | | | 强 | 中等污染区绿化树种 | 油料、用材 |
| 91 | 槐树 | 落叶乔木 | 蝶形花科 | 华北、华东、西南 | 喜光，宜肥沃湿润土壤 | 25 | 深根 | 中 | 中 | 播种、扦插、嫁接 | 强 | 中 | 中 | | | 强 | | 防污绿化树种 | 蜜源植物，叶、花、皮、籽可做药用 |
| 92 | 海南蒲桃 | 常绿乔木 | 桃金娘科 | 广东、广西、福建、云南 | 喜光，宜湿润的红壤、砖红土壤 | 6~15 | 深根 | 强 | 强 | 播种 | 强 | 强 | 强 | | 强 | | | 防污绿化树种 | 用材、药用、水果 |
| 93 | 北京丁香 | 常绿小乔木或灌木 | 木犀科 | 华北、东北 | 喜光，耐瘠薄 | 5~7 | | 快 | 中 | 播种 | 强 | 强 | 强 | 中 | | | | 防污绿化树种 | |
| 94 | 蒲桃 | 常绿乔木 | 桃金娘科 | 广东、广西 | 喜生于河岸、溪润旁栽植 | 10 | 根系发达 | 中 | 强 | 播种 | 强 | 中 | 强 | | | | 中 | 庭园及污染区绿化树种 | 果树 |
| 95 | 橄榄 | 落叶乔木 | 橄榄科 | 东北、华北 | 喜温暖、肥沃、排水良好的环境 | 20 | 深根 | 快 | 弱 | 播种 | 强 | 强 | 强 | | | | 中 | 污染区绿化树种 | 蜜源植物 |
| 96 | 棕榈 | 常绿乔木 | 棕榈科 | 长江中下游 | 喜光，适应性强，猪、盐碱 | 18 | 浅根 | 慢 | 强 | 播种 | 强 | 强 | 强 | | | | | 污染区绿化树种 | 编织原料 |
| 97 | 家榆 | 落叶乔木 | 榆科 | 东北、西北、华北、华中、华东 | 喜光、耐寒、耐旱、猪、盐碱 | 20 | 根系发达 | 快 | 中 | 接木、播种 | 中 | 中 | 中 | 中 | | | 强 | 中等污染区绿化树种 | 叶可食种子可榨油 |
| 98 | 枣 | 落叶小乔木或灌木 | 鼠李科 | 各地 | 喜光、耐旱、耐涝、耐热、耐寒 | 10 | 深根 | 中 | 中 | 接木、播种 | 强 | 中 | 强 | 强 | | | 强 | 污染区绿化树种 | 蜜源植物，果品 |

续表

| 编号 | 植物名 | 植物性状 | 科名 | 分布区 | 适宜生境 | 一般高/m | 根系分布 | 生长速度 | 萌生能力 | 主要繁殖方法 | 对大气污染的抗性 SO₂ | Cl₂ | HF | Hg | NH₃ | O₃ | 粉尘 | 绿化用途 | 其他用途 |
|---|---|---|---|---|---|---|---|---|---|---|---|---|---|---|---|---|---|---|---|
| 99 | 米兰 | 常绿灌木或小乔木 | 楝科 | 华南 | 喜光及温暖、湿润气候 | 2~6 | 浅根 | 中 | 强 | 圈枝、插条 | 强 | 强 | | | | | | 庭园观赏 | 香料、观赏 |
| 100 | 鹰爪 | 常绿攀缘灌木 | 番荔枝科 | 南方 | 常栽种于庭园中，适肥沃土壤 | 4 | | 强 | 强 | 播种、扦插 | 中 | 中 | | | | | | 庭园绿化及污染区绿化 | |
| 101 | 紫穗槐 | 落叶灌木 | 蝶形花科 | 东北、华北、西北、华东 | 耐旱、耐碱、耐瘠薄、适应性广 | 1~4 | 深根 | 快 | 强 | 扦插 | 强 | 中 | 强 | | | 强 | | 污染区绿化 | 枝叶作绿肥，籽可榨油 |
| 102 | 钻熟黄杨 | 常绿小乔木 | 黄杨科 | 黄河流域以南 | 多生于山地、宜潮润土壤 | 5~10 | | 中 | 强 | 扦插 | 强 | 强 | 强 | | | | | 污染区做绿篱或林木下层配置 | |
| 103 | 黄杨 | 常绿灌木或小乔木 | 黄杨科 | 东北、华北、华中、西南 | 多生山谷、林下、山地、庭园栽培 | 1~3 | 深根 | 中 | 强 | 播种 | 强 | 强 | 强 | | | | | 庭园绿化及污染区绿化 | |
| 104 | 油茶 | 常绿灌木 | 山茶科 | 长江流域以南 | 喜光及温暖湿润气候、耐瘠薄、宜酸性土 | 2~3 | 深根 | 慢 | 中 | 播种 | 强 | 强 | 强 | | 强 | | | 污染区绿化树种 | 油料观赏 |
| 105 | 山茶 | 常绿灌木 | 山茶科 | 长江流域以南 | 宜温暖、湿润排水良好土壤 | 1~3 | 深根 | 慢 | 中 | 圈枝 | 强 | 强 | 强 | | | | | 庭园绿化及盆景 | 观赏 |
| 106 | 蜡梅 | 落叶灌木 | 蜡梅科 | 江苏、浙江、湖北、四川 | 喜温暖湿润环境 | 3 | | 慢 | 中 | 播种 | 中 | | | | | | 中 | 轻度污染区绿化，庭园观赏 | 花可提取香油，根茎 |

续表

| 编号 | 植物名 | 植物性状 | 科名 | 分布区 | 适宜生境 | 一般高/m | 根系分布 | 生长速度 | 萌生能力 | 主要繁殖方法 | 对大气污染的抗性 SO$_2$ | Cl$_2$ | HF | Hg | NH$_3$ | O$_3$ | 粉尘 | 绿化用途 | 其他用途 |
|---|---|---|---|---|---|---|---|---|---|---|---|---|---|---|---|---|---|---|---|
| 107 | 柑橘 | 常绿小乔木或灌木 | 芸香科 | 长江流域以南 | 喜光及温暖湿润环境 | 2~4 | 侧根发达 | 中 | 强 | 播种、接木、压条 | 强 | 强 | | | | | | 大气污染区绿化 | 果树 |
| 108 | 蚊母 | 常绿小乔木 | 金缕梅科 | 华南、华东 | 喜光及温暖湿润环境 | 5~7 | 深根 | 中 | 强 | 播种、扦插 | 强 | 强 | | | | | | 大气污染区绿化及观赏 | 用材 |
| 109 | 沙枣 | 落叶小乔木或灌木 | 胡颓子科 | 西北、华北、东北 | 喜光及温暖湿润，耐旱瘠、盐碱 | 15 | 浅根 | 根幅广 | 快 | 播种、扦插 | 强 | 强 | | | | | | 防风固沙、保持水土 | 用材、果品、蜜源 |
| 110 | 胡颓子 | 落叶乔木 | 胡颓子科 | 华北、华中、华南、华东 | 喜光及温暖湿润环境 | 3 | | 中 | 中 | 播种、扦插 | 强 | 强 | | | | | | 大气污染区绿化及供观赏 | 果品 |
| 111 | 红果仔 | 常绿灌木或小乔木 | 桃金娘科 | 广东、广西 | 喜生于河岸、溪谷湿润环境、耐旱瘠 | 6 | 侧根发达 | 中 | 中 | 播种、扦插 | 中 | 中 | 弱 | | | | | 大气污染工矿区绿化 | |
| 112 | 华北卫矛 | 落叶灌木或小乔木 | 卫矛科 | 东北、华北 | 喜生于河岸、溪谷湿润环境、耐干、瘦 | 1~3 | | 中 | 中 | 播种 | 中 | 中 | 中 | | | | | 大气污染工矿区绿化 | |
| 113 | 翅茎卫矛 | 落叶灌木 | 卫矛科 | 河南、陕西、甘肃、四川 | 喜光，但耐阴，宜湿润突出较厚的环境 | 5 | | 中 | 中 | 播种 | 中 | 中 | 中 | | | | 强 | 大气污染工矿区绿化 | |
| 114 | 大叶黄杨 | 常绿灌木或小乔木 | 卫矛科 | 黄河以南 | 喜光，喜温暖湿润环境 | 5~6 | | 中 | 强 | 扦插 | 强 | 强 | 强 | | | | 中 | 大气污染区作绿篱 | |

续表

| 编号 | 植物名 | 植物性状 | 科名 | 分布区 | 适宜生境 | 一般高/m | 根系分布 | 生长速度 | 萌生能力 | 主要繁殖方法 | 对大气污染的抗性 SO$_2$ | Cl$_2$ | HF | Hg | NH$_3$ | O$_3$ | 粉尘 | 绿化用途 | 其他用途 |
|---|---|---|---|---|---|---|---|---|---|---|---|---|---|---|---|---|---|---|---|
| 115 | 栀子 | 常绿灌木 | 茜草科 | 华中、华南 | 水湿条件良好的环境 | 0.5~2 | 深根 | 中 | 强 | 扦插 | 中 | 中 | | | | | | 庭园绿化、盆景 | 果做药用及染料 |
| 116 | 接骨草 | 灌木 | 爵床科 | 华南 | 耐阴，适应性强，但以湿润土壤为宜 | 0.4~0.7 | 浅根系发达 | 快 | 强 | 扦插 | 强 | 强 | 强 | | 中 | | | 污染区绿篱 | 药用 |
| 117 | 木槿 | 落叶灌木 | 锦葵科 | 各地 | 喜光，宜肥沃润土 | 3~4 | 浅根 | 中 | 强 | 扦插 | 中 | 中 | 中 | | | | 强 | 庭园绿化 | 果作药用及染料 |
| 118 | 枸骨 | 常绿小乔木或冬青科 | 冬青科 | 长江中、下游 | 喜光，宜湿润沃土和温暖气候 | 3~4 | | 中 | 强 | 播种、扦插 | 强 | 强 | 强 | | | | | 工矿区绿化树种 | 油料药用植物 |
| 119 | 茉莉 | 常绿灌木 | 木犀科 | 南方 | 喜光，宜湿润沃土 | 0.4~0.8 | 侧根发达 | 中 | 强 | 扦插 | 中 | 中 | 中 | | | | | 庭园绿化及绿篱花坛 | 花作香料及茉莉花茶 |
| 120 | 紫薇 | 落叶灌木或小乔木 | 千屈菜科 | 华东、华北、华中、西南 | 喜光，宜湿润沃土，但耐瘠薄 | 6~7 | 深根 | 中 | 强 | 播种、接木 | 强 | 强 | 强 | | | | 强 | 污染区及城市行道树 | |
| 121 | 小叶女贞 | 常绿或半常绿灌木 | 木犀科 | 江苏、陕西、河南、湖北、湖南、四川、贵州、云南 | 喜光，宜湿润沃土 | 2~3 | 浅根 | 中 | 强 | 扦插 | 中 | 中 | 中 | | 弱 | | | 庭园绿化 | 蜜源植物 |
| 122 | 夜合花 | 常绿灌木 | 木兰科 | 南方 | 喜光，宜湿润沃土 | 2~4 | 浅根 | 中 | 强 | 圈枝、压条 | 中 | 中 | 中 | | | | | 庭园绿化树种 | 花有浓郁芳香 |
| 123 | 含笑 | 常绿灌木 | 木兰科 | 南方 | 喜光，宜湿润沃土 | 2~4 | 浅根 | 中 | 强 | 圈枝、压条 | 中 | 中 | 中 | | | | | 工厂、庭园绿化树种 | 花芳香 |

续表

| 编号 | 植物名 | 植物性状 | 科名 | 分布区 | 适宜生境 | 一般高/m | 根系分布 | 生长速度 | 萌生能力 | 主要繁殖方法 | 对大气污染的抗性 $SO_2$ | $Cl_2$ | HF | Hg | $NH_3$ | $O_3$ | 粉尘 | 绿化用途 | 其他用途 |
|---|---|---|---|---|---|---|---|---|---|---|---|---|---|---|---|---|---|---|---|
| 124 | 九里香 | 常绿灌木至小乔木 | 芸香科 | 广东、广西、湖南、贵州、云南 | 喜光,宜肥沃润土 | 3~8 | | 中 | 中 | 扦插、播种 | 强 | 强 | | | | | | 工厂区、庭园绿化植物 | 木材坚硬,盆景 |
| 125 | 夹竹桃 | 常绿灌木至小乔木 | 夹竹桃科 | 长江以南 | 喜光、喜温暖,宜湿润土 | 1.5~3 | 根系发达 | 快 | 强 | 扦插 | 强 | 强 | 强 | | | | | 污染区行道树及庭园绿化 | |
| 126 | 桂花 | 常绿灌木木至小乔木 | 木犀科 | 黄河流域以南 | 喜温暖、耐阴,宜肥沃润土 | 3~6 | 深根 | 慢 | 弱 | 圈枝、压条 | 强 | 中 | 中~强 | | | | | 污染区行道树及庭园绿化种 | 花作香料及入药 |
| 127 | 石楠 | 常绿灌木木至小乔木 | 蔷薇科 | 华东、华中、华南、西南 | 喜温暖,耐阴,对土壤要求不严格 | 4~6 | | 慢 | 强 | 播种、接木 | 中 | 中 | 中 | | 强 | | | 中等污染区及庭园绿化 | |
| 128 | 海桐 | 常绿灌木至小乔木 | 海桐花科 | 华东、华中、华南、西南 | 喜光,宜肥沃土壤 | 2~6 | 深根 | 中 | 强 | 播种、扦插 | 强 | 强 | 强 | | | 强 | 中 | 工矿区花坛、花带 | 木材坚硬 |
| 129 | 枳橙 | 常绿灌木木至小乔木 | 芸香科 | 长江流域 | 喜光,宜肥沃土 | 2~4 | | 中 | 中 | 嫁接 | 强 | 强 | 强 | | | | | 庭园观赏植物 | 庭园绿化 |
| 130 | 接骨木 | 落叶灌木 | 忍冬科 | 华北、华东、东北 | 适应性广,耐旱瘠 | 2~3 | | 中 | 中 | 播种 | 中 | 中 | 强 | | | | | 污染区及园林绿化 | 药用 |
| 131 | 柽柳 | 落叶小乔木或灌木 | 柽柳科 | 山东至广东、云南 | 喜温及温凉气候,耐盐碱、干旱,且耐涝 | 5 | 深根 | 快 | 强 | 扦插、播种 | 强 | 强 | 强 | | | | | 污染区绿化 | 固沙、观赏 |

续表

| 编号 | 植物名 | 植物性状 | 科名 | 分布区 | 适宜生境 | 一般高/m | 根系分布 | 生长速度 | 萌生能力 | 主要繁殖方法 | 对大气污染的抗性 SO₂ | Cl₂ | HF | Hg | NH₃ | O₃ | 粉尘 | 绿化用途 | 其他用途 |
|---|---|---|---|---|---|---|---|---|---|---|---|---|---|---|---|---|---|---|---|
| 132 | 珊瑚树 | 常绿灌木或小乔木 | 忍冬科 | 华东、华南、西南 | 喜光也耐阴，喜温暖肥沃湿润土 | 3～6 | | 快 | 强 | 播种 | 强 | 中 | | | | | | 中等污染区做绿篱及庭园绿化 | |
| 133 | 欧洲绣球 | 灌木 | 忍冬科 | 华北、华东 | | 2～3 | | 中 | 中 | 扦插、分株 | | | | | | | | 重污染区绿化 | 观赏 |
| 134 | 珊瑚藤 | 落叶木质藤本 | 蓼科 | 广东、广西 | 喜光、喜肥沃湿润土 | | 根系发达 | 快 | 强 | 播种 | 强 | 弱 | 强 | | | | | 作攀缘绿植物 | |
| 135 | 五叶地锦 | 落叶木质藤本 | 葡萄科 | 华北、华中、华南、华东 | 喜湿润土 | | 根系发达 | 快 | 强 | 播种 | 强 | 弱 | | | | | | 作攀缘绿植物 | |
| 136 | 爬山虎 | 落叶藤本 | 葡萄科 | 华北、华中、华南、华东 | 喜湿润沃土 | | 根系发达 | 快 | 强 | 播种 | 强 | 中 | 强 | | | | | 庭园观赏植物 | |
| 137 | 炮仗花 | 常绿藤本 | 紫葳科 | 广西、广东 | 喜光、宜肥沃土 | | 根系发达 | 快 | 强 | 扦插 | 强 | 弱 | | | | | | 作攀缘绿植物 | |
| 138 | 野牛草 | 多年生草本 | 禾本科 | 华北、西北 | 耐旱瘠 | 0.05～0.25 | 浅根 | 中 | 强 | 播种、分根 | 强 | 强 | 强 | | | 中 | 强 | 保持水土，固沙、固堤 | 牧草 |
| 139 | 美人蕉 | 多年生草本 | 美人蕉科 | 长江以南 | 喜光和水湿条件良好的环境 | 1.5 | 浅根 | 快 | 强 | 分根 | 强 | 强 | 中～强 | | | | | 庭园绿化 | 根茎含淀粉 |
| 140 | 竹节草 | 多年生草本 | 禾本科 | 长江流域以南 | 生长于山坡及旷野、耐旱瘠 | 0.2～0.5 | 浅根 | 快 | 强 | 播种、分根 | 中～强 | 中～强 | | | | | | 优良水土保持草本植物 | 牧草，药用 |
| 141 | 拌根草 | 多年生草本 | 禾本科 | 黄河以南 | 生长于旷野草地、田间等地 | 0.1～0.2 | 浅根 | 快 | 强 | 分根、播种 | 中～强 | 中～强 | | | | | | 优良固堤保土草本 | 牧草 |

续表

| 编号 | 植物名 | 植物性状 | 科名 | 分布区 | 适宜生境 | 一般高/m | 根系分布 | 生长速度 | 萌生能力 | 主要繁殖方法 | 对大气污染的抗性 SO₂ | Cl₂ | HF | Hg | NH₃ | O₃ | 粉尘 | 绿化用途 | 其他用途 |
|---|---|---|---|---|---|---|---|---|---|---|---|---|---|---|---|---|---|---|---|
| 142 | 假俭草 | 多年生草本 | 禾本科 | 华东、华南、西南 | 湿润草地或旷野均能生长 | 0.1~0.3 | 浅根 | 中 | 中 | 分根、播种 | 中~强 | 中~强 | | | | | | 优良固堤保土草本 | 良好牧草 |
| 143 | 玉簪 | 多年生草本 | 百合科 | 各地 | 宜湿润沃土 | 0.3~0.8 | 浅根 | 中 | 中 | 分根 | 强 | | 弱 | | | | | 盆景及庭园绿化 | |

# 参 考 文 献

[1] 刘常富,陈玮. 园林生态学[M]. 北京:科学出版社,2003.

[2] 汪新娥. 植物配置与造景[M]. 北京:中国农业出版社,2008.

[3] 欧阳志云. 区域生态规划理论与方法[M]. 北京:化学工业出版社,2005.

[4] 曹凑贵. 生态学概论[M]. 北京:高等教育出版社,2002.

[5] 崔晓阳. 城市绿地土壤及其管理[M]. 北京:中国林业出版社,2001.

[6] 管东生,丁键,王林,等. 旅游和环境污染对广州城市公园森林植物和土壤的影响[J]. 中国环境科学,2002,20(30):277-280.

[7] 冷平生,苏叔钗. 园林生态学[M]. 北京:气象出版社,2001.

[8] 冷平生. 园林生态学[M]. 北京:中国农业出版社,2003.

[9] 沈清基. 城市生态与城市环境[M]. 上海:同济大学出版社,1998.

[10] 田中民. 根系分泌物在植物磷营养中的作用[J]. 咸阳师范学院学报,2001(3):60-64.

[11] Robert W, Miller. Urban Forestry-Planning and Managing Urban Greenspaces. N. J. Prentice Hall, 1998.

[12] 黄昌勇. 土壤学[M]. 北京:中国农业出版社,2000.

[13] 孔国辉. 大气污染与植物[M]. 北京:中国林业出版社,1988.

[14] 周淑贞. 城市气候学[M]. 北京:气象出版社,1994.

[15] 林成谷. 土壤学[M]. 北京:中国农业出版社,1996.

[16] Bernatzky A. 树木生态与养护[M]. 陈自新,许慈安,译. 北京:中国建筑工业出版社,1987.

[17] 李敏. 城市绿地系统与人居环境规划[M]. 北京:中国建筑工业出版社,1999.

[18] 鲁敏,李英杰. 城市生态绿地系统建设[M]. 北京:中国林业出版社,2005.

[19] 薛建辉. 林木根系与土壤环境相互作用研究综述[J],南京林业大学学报(自然科学版),2002(3):79-84.

[20] 姚方,张文颖. 园林生态学[M]. 郑州:黄河水利出版社,2010.

[21] 徐荣. 园林植物环境[M]. 北京:中国建设工业出版社,2008.

[22] 温国胜,杨京平,陈秋夏. 园林生态学[M]. 北京:化学工业出版社,2007.

[23] 内蒙古大学生物系. 植物生态学实验[M]. 北京:高等教育出版社,1986.

[24] 陈有民. 园林树木学[M]. 北京:中国林业出版社,1998.

[25] 北京林业大学园林系花卉教研组. 花卉学[M]. 北京:中国林业出版社,2004.

[26] 李博. 生态学[M]. 北京:高等教育出版社,2000.

[27] 曲仲湘,吴玉树. 植物生态学[M]. 2版. 北京:高等教育出版社,1983.

[28] 祝廷成,钟章成. 植物生态学[M]. 北京:高等教育出版社,1988.

[29] 唐文跃,李晔. 园林生态学[M]. 北京:中国科学技术出版社,2006.

[30] 尚玉昌. 普通生态学[M]. 北京:北京大学出版社,2002.

[31] 曹凑贵. 生态学概论[M]. 北京:高等教育出版社,2006.

[32] 龙冰雁. 园林生态[M]. 北京:化学工业出版社,2009.

[33] 李小川. 园林植物环境[M]. 北京:高等教育出版社,2002.
[34] 蒋三登. 从生物入侵看园林植保的新使命[J]. 北京园林,2002(3):35-37.
[35] 杨士弘. 城市生态环境学[M]. 2版. 北京:科学出版社,2003.
[36] 刘建斌. 园林生态学[M]. 北京:气象出版社,2005.
[37] 宋永昌,由文辉,王祥荣. 城市生态学[M]. 上海:华东师范大学出版社,2000.
[38] 李景文. 森林生态学[M]. 2版. 北京:中国林业出版社,1994.
[39] 金岚. 环境生态学[M]. 北京:高等教育出版社,1992.
[40] 刘燕. 园林花卉学[M]. 北京:中国林业出版社,2003.
[41] 孙儒泳,李博,诸葛阳. 普通生态学[M]. 北京:高等教育出版社,1993.
[42] 章家恩. 生态学常用实验研究方法与技术[M]. 北京:化学工业出版社,2007.
[43] 马月萍,白淑媛. 屋顶绿化设计与建造[M]. 北京:机械工业出版社,2010.
[44] 臧德奎. 园林植物造景[M]. 北京:中国林业出版社,2008.
[45] 屠兰芬. 室内绿化与内庭[M]. 北京:中国建筑工业出版社,2004.
[46] 鲁平. 园林植物修剪与造型造景[M]. 北京:中国林业出版社,2006.
[47] 徐惠风,金研铭. 室内绿化装饰[M]. 北京:中国林业出版社,2008.
[48] 《园林植物生态学》编写组. 园林植物生态学[M]. 北京:中国林业出版社,1999.